JN029124

2級 電気通信工事施工管理技士

関根康明［著］

はじめに

「2級電気通信工事施工管理技士」の資格制度は、建設業法に基づく国家資格で、令和元年度から実施されています。資格を取得すると、電気通信工事の主任技術者になることができます。

この資格は、個人にとってだけでなく、会社にとっても技術力で評価され、電気通信工事の受注機会が増えるなど、大きなメリットがあります。

本書の作成にあたって、**過去の出題頻度**や**出題傾向**を加味し、**分野ごとに重要学習項目を抽出**しています。苦手項目を重点的に学習しやすいよう工夫して、得意分野を再認識することで取りこぼしをなくし、最小限の学習で合格ラインを突破できる構成となっています。また、節ごとに★の数で重要度を示しており、重要度順に学べる構成にすることで、短期間で効率的に習得できるように編集しました。さらに、重要事項が覚えやすい『ごろあわせ』と、要点を端的に表した『Point』を載せ、また、各章の過去問題により、学習効果を測定できるようにしました。

本書により、2級電気通信工事施工管理技術検定に合格されることを祈念いたします。

なお、本書を刊行するに当たり、編集、校正にご尽力いただいた株式会社オーム社の方々に感謝する次第です。

2024年2月

関根康明

目次

受検ガイダンス

1. 2級電気通信工事施工管理技士の概要

電気通信工事施工管理技術検定とは

国土交通省は、建設工事に従事する技術者の技術の向上を図ることを目的として、建設業法第27条の規定に基づき技術検定を行っています。技術検定には、「**電気通信工事施工管理**」など7種目があり、それぞれ「**1級**」と「**2級**」に区分されています。

電気通信工事施工管理技術検定の構成

技術検定は、「**第一次検定**」と「**第二次検定**」に分かれています。2級の場合、第一次検定の合格者は所定の手続き後「**2級電気通信工事施工管理技士補**」、第二次検定の合格者は所定の手続き後「**2級電気通信工事施工管理技士**」と称することができます。

2. 受検の手引き

受検資格

【第一次検定】

試験実施年度中に満17歳以上となる者

【第二次検定】

令和6年度より施工管理技術検定の受検資格が変わります。

第二次検定は、令和6年度から**令和10年度までの5年間は制度改正に伴う経過措置として、**【令和6年度からの新受検資格】と【令和5年度までの旧受検資格】**のどちらの受検資格でも受検が可能**です。

【令和5年度までの旧受検資格】

次のイ、ロのいずれかに該当する者

イ　2級電気通信工事施工管理技術検定・第一次検定の合格者で、次のいずれかに該当する者

学歴	電気通信工事施工に関する実務経験年数	
	指定学科の卒業者	指定学科以外の卒業者
大学卒業者 専門学校卒業者（「高度専門士」に限る）	卒業後1年以上	卒業後1年6か月以上
短期大学 高等専門学校卒業者専門学校卒業者（「専門士」に限る）	卒業後2年以上	卒業後3年以上
高等学校卒業者 中等教育学校卒業者 専修学校の専門課程卒業者	卒業後3年以上	卒業後4年6か月以上
その他の者	8年以上	
電気通信事業法（昭和59年法律第86号）による電気通信主任技術者資格者証の交付を受けた者	1年以上	

ロ　第一次検定免除者

1）　令和元年度以降の学科試験のみを受検し合格した者で、第一次検定の合格を除く2級電気通信工事施工管理技術検定・第二次検定の受検資格を有する者（当該合格年度の初日から起算して12年以内に連続2回の第二次検定を受検可能）

2）　技術士法による第二次試験のうち技術部門を電気電子部門又は総合技術監理部門（選択科目を電気電子部門に係るものとするものに限る。）とするものに合格した者で、第一次検定の合格を除く2級電気通信工事施工管理技術検定・第二次検定の受検資格を有する者

【令和6年度からの新受検資格】

2級	令和3年度以降の 1級 第一次検定合格者	合格後　1年以上の実務経験年数
	令和3年度以降の 2級 第一次検定合格者	合格後　3年以上の実務経験年数
	技術士第二次試験合格者 （土木施工管理技術検定のみ）	合格後　1年以上の実務経験年数
	電気通信主任技術者証の交付を受けた者、又は 電気通信主任技術者試験合格者であって1級又は2級 第一次検定合格者（電気通信工事施工管理技術検定のみ）	電気通信主任技術者証の交付を受けた後、又は 電気通信主任技術者試験合格後1年以上の実務経験年数

受検手続き

【前期（第一次検定のみ）】

・申込受付：例年3月上旬～3月下旬

・試験日　：例年6月上旬

・合格発表：例年7月上旬

・試験地　：札幌、仙台、東京、新潟、名古屋、大阪、広島、高松、福岡、那覇の10地区（近郊都市を含む。）

【後期（第一次・第二次同日受検、第一次検定のみ、第二次検定のみ）】

・申込受付：例年7月上旬～7月下旬

・試験日　：例年11月中旬

・合格発表：第一次検定のみ→例年1月上旬
　　　　　　第一次・第二次同日受検、第二次検定のみ→例年3月上旬

・試験地　：札幌、青森、仙台、東京、新潟、金沢、静岡、名古屋、大阪、広島、高松、福岡、鹿児島、那覇の14地区
（近郊都市を含む。静岡地区は当面の間の臨時開催地区。）

電気通信工事施工管理技術検定に関する申込書類提出および問合先
一般財団法人　全国建設研修センター　電気通信工事試験部
〒187-8540 東京都小平市喜平町2-1-2
https://www.jctc.jp

試験に関する情報は、今後変更される可能性があります。受検する場合は、国土交通大臣指定試験機関である全国建設研修センターなどの公表する最新情報を必ずご確認ください。

3. 第一次検定の試験形式と合格基準

試験形式

次の検定科目の範囲とし、問題は択一式で解答はマークシート方式で行います。試験時間は130分です。

出題分野	出題分類	出題数	解答数
電気通信工学等	電気理論、通信工学、情報工学、電子工学	12（No. 1～No.12）	9
電気通信設備	有線電気通信設備、無線電気通信設備、ネットワーク設備、情報設備、放送機械設備等	20（No.13～No.32）	7
法規	建設業法、労働基準法、労働安全衛生法、電気通信事業法、有線電気通信法、電波法等	12（No.33～No.44）	7
関連分野	公共工事標準請負契約約款	1（No.45）	1
	電気設備関係、機械設備関係、土木・建築関係	7（No.46～No.52）	3
施工管理法	工事施工、施工計画、工程管理、品質管理、安全管理	9（No.53～No.61）	9
施工管理法（基礎的な能力）	工事施工、施工計画、工程管理、安全管理等	4（No.62～No.65）	4
計		65問	40問

※試験形式は変更される可能性があります。

合格基準

次の基準以上の者を合格とします。ただし、試験の実施状況等を踏まえ変更する可能性があります。

・第一次検定　　**得点が60%以上**

4. 第二次検定の試験形式と合格基準

試験形式

次の検定科目の範囲とし、問題は記述式で解答します。試験時間は120分です。

出題分野	試験問題番号	解答方式
施工経験記述	問題1	実際に経験した電気通信工事について、文章形式で解答する。
施工全般	問題2	設問1：電気通信工事の用語について、施工上の留意点を文章形式で解答する。 設問2：JIS図記号について、名称と機能または概要を文章形式で解答する。 設問3：電気通信設備工事に関して、選択欄から語句を選んで解答する。
工程表 安全管理	問題3	アローネットワーク工程表または、労働災害防止対策などの安全管理について解答する。
電気通信用語	問題4	技術的な内容を文章形式で解答する。
法規	問題5	選択欄から語句または数値を選んで解答する。

※試験形式は変更される可能性があります。

合格基準

次の基準以上の者を合格とします。ただし、試験の実施状況等を踏まえ変更する可能性があります。

・第二次検定　　**得点が60%以上**

第一次検定

電気通信工学等

電気理論

1　導体の抵抗

重要度★★★

電線は電流が流れやすい材質でできており，これを**導体**という．

導体の抵抗値 R〔Ω〕は，次の式で計算できる．

$R=\rho\ell/S$ ……①

R：抵抗〔Ω〕 ρ（ロー）：抵抗率〔Ωm〕 ℓ：長さ〔m〕 S：断面積〔m^2〕

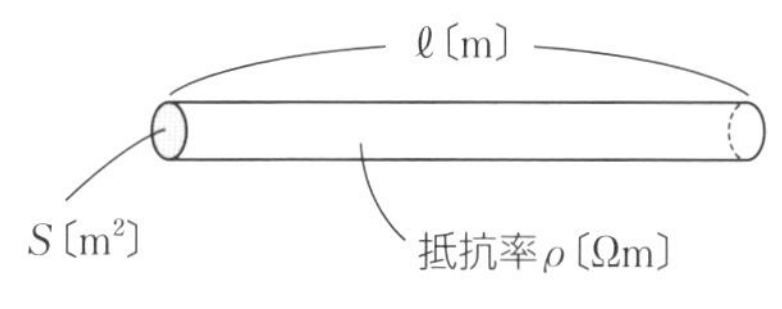

図１・１　導体の抵抗

ごろあわせ　スーパーで労得る（スーパーで労働所得を得る）

S　ρ　ℓ

また，導電率を σ（シグマ）とすると，$\sigma=1/\rho$ の関係がある．これを先の公式①に当てはめると，

$R=\ell/\sigma S$ ……②

抵抗率（ρ）は電流の流れにくさ，導電率（σ）は電流の流れやすさを表す．

導体の抵抗値 R〔Ω〕と温度〔℃〕には次の関係がある．

$R=R_0(1+\alpha t)$ ……③

R_0：ある温度の時の抵抗値〔Ω〕 α：抵抗温度係数〔$℃^{-1}$〕

t：温度上昇〔℃〕

導体では，温度が上昇すると抵抗値は大きくなる．半導体ではその逆のものもある．

2 電気回路の法則　重要度★★★

(1) オームの法則

$V = IR$

V：電圧〔V〕　I：電流〔A〕　R：抵抗〔Ω〕

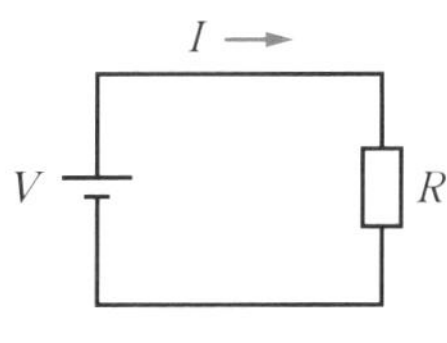

図1・2　直流回路

ごろあわせ　ぼくはアイである（ぼくは英語でI（アイ）である）
V　I　R

$V = IR$の公式から，$I = V/R$，$R = V/I$と変形できる．

オームの法則は，直流回路だけでなく交流回路でも成り立つ．その場合，抵抗Rの代わりにインピーダンスZにすればよい．

(2) 電力と電力量

［①電力］

直流回路における電力は，

$P = VI$ ……①

P：電力〔W〕　V：電圧〔V〕　I：電流〔A〕

①式にオームの法則の公式$V=IR$を代入すると，

$$P=VI=I^2R \cdots\cdots ②$$

公式②は，抵抗Rの導体に電流が流れたときの**消費電力**を表す．

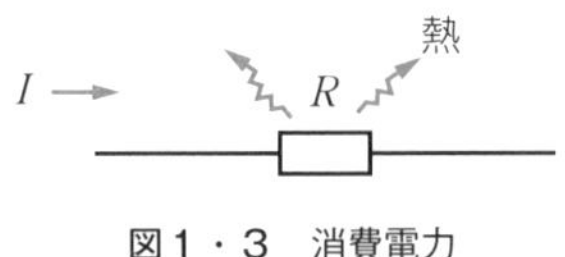

図1・3　消費電力

導体に電流が流れると**熱（ジュール熱）が発生**する．t〔s〕間に流れ続けたとき，

$$Q=I^2Rt \cdots\cdots ③$$

Q：熱エネルギー〔J〕　I：電流〔A〕　R：抵抗〔Ω〕　t：時間〔s〕

③は，②の電力〔W〕に時間をかけたもので，電力量〔Ws〕という．

電力量と熱量はどちらもエネルギーであり，電力量〔Ws〕＝熱量〔J〕である．

(3) キルヒホッフの法則

[①第1法則]

電気回路の1点に流れ込む**電流の和は0**である．

（流れ込む電流を＋符号，流れ出す電流を－符号）

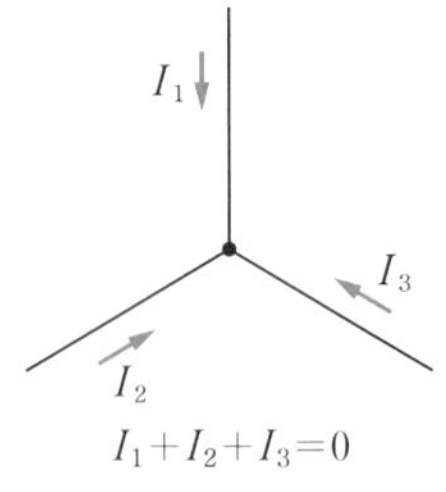

図1・4　第1法則

[②第2法則]

回路において，起電力（電圧）の合計と抵抗の電圧降下の合計は等しい．

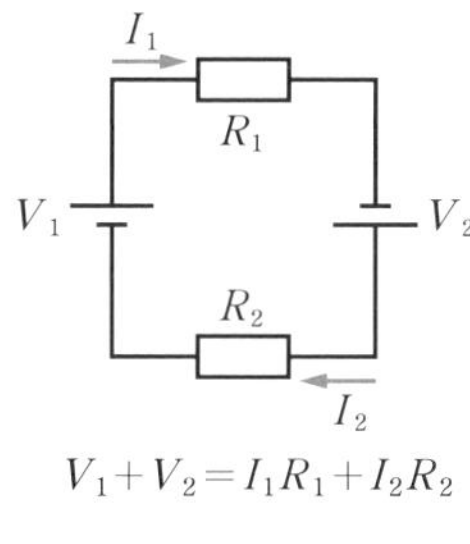

図1・5　第2法則

3　合成抵抗　重要度★★★

合成抵抗とは，2個以上の抵抗を接続したときの全体の抵抗をいう．接続の仕方により，合成抵抗の求め方が異なる．

［①直列接続］

抵抗R_1，R_2を**直列接続**したとき，端子ab間の合成抵抗は，

$$R = R_1 + R_2$$

図1・6　抵抗の直列接続

抵抗が3個以上でもすべての抵抗値を足し算すればよい．

［②並列接続］

抵抗R_1，R_2を**並列接続**したとき，端子ab間の合成抵抗は，

$$R = \frac{R_1 R_2}{R_1 + R_2} \quad \cdots\cdots ①$$

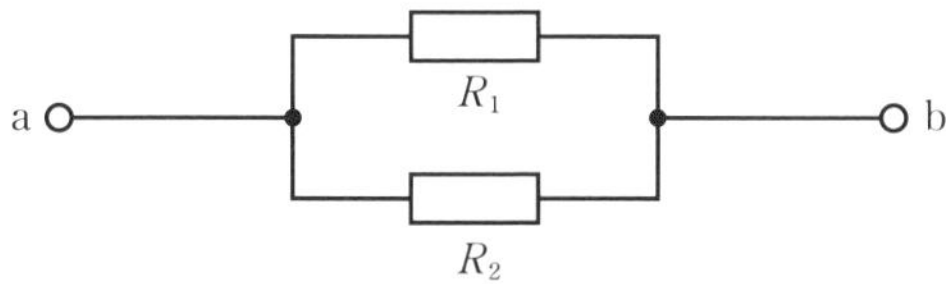

図1・7　抵抗の並列接続

抵抗2個の並列接続の場合は，「積/和」で計算できる．3個以上のときは，万能公式として，

$1/R = 1/R_1 + 1/R_2 + 1/R_3 + \cdots\cdots$　からRを計算するが，一般には，式①を複数回利用する．

4　コンデンサと合成容量　重要度★★★

(1) 帯電体と静電誘導

帯電とは，＋または－の電気（電荷）を帯びた状態をいい，**帯電体**とは帯電している物体をいう．

帯電してない導体に帯電体を近づけると，導体は帯電する．

たとえば，図のように＋（正）に帯電した物体Ⅰを，物体Ⅱに近づけると，－（負）の電荷がⅠに近い側に集まる．この現象を**静電誘導**という．

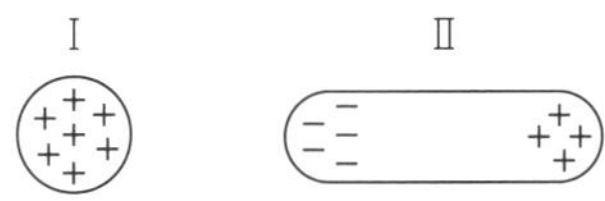

図1・8　静電誘導

(2) コンデンサ

導体に電圧を加えると電荷が現れる．その電荷を蓄える機器が**コンデンサ**であり，その能力を**静電容量**といい，**記号はC，単位は〔F〕**（ファラド）で表す．蓄えられる電荷量Q〔C〕（クーロン）※は，次のとおりである．

$$Q = CV$$

C：静電容量〔F〕　V：電圧〔V〕

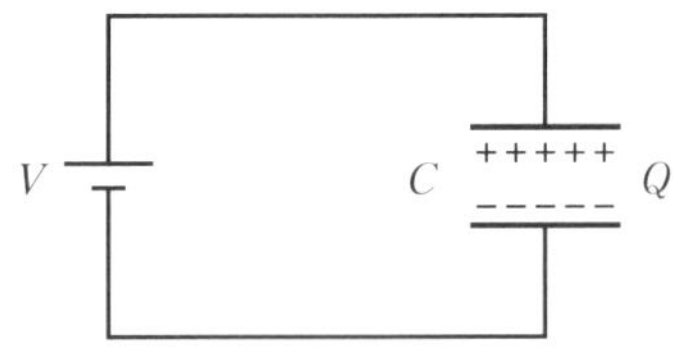

図1・9　コンデンサの電荷量

一般には，〔μF〕，〔pF〕の単位が使われる．

$1\,\mu\mathrm{F}=10^{-6}\mathrm{F}$　　$1\,\mathrm{pF}=10^{-12}\mathrm{F}$

※電荷の単位はC（クーロン）で，静電容量の表示記号はC（シー）である．

ごろあわせ　給料 は 渋い（あの会社で稼げる給料は渋い）

$Q\ =\ CV$

(3) 合成容量

合成容量とは，2個以上のコンデンサを接続したときの，全体のコンデンサの静電容量をいう．接続の仕方により，合成容量の求め方は異なる．

[①直列接続]

コンデンサC_1，C_2を**直列接続**したときの合成容量は，

$$C=\frac{C_1C_2}{C_1+C_2}$$

積/和の式が利用できるのは，コンデンサ2個の直列接続の場合である．

図1・10　コンデンサの直列接続

[②並列接続]

コンデンサC_1，C_2を**並列接続**したときの合成容量は，

$C=C_1+C_2$

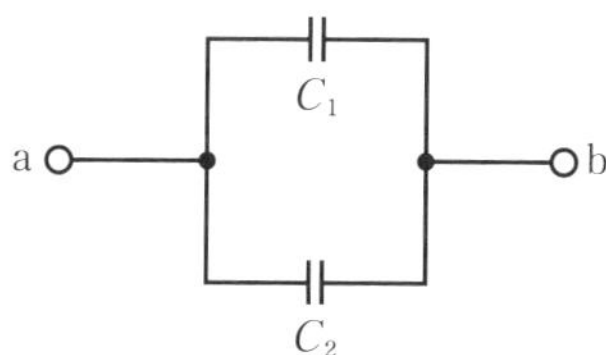

図1・11　コンデンサの並列接続

コンデンサの合成容量は，抵抗の合成抵抗の逆の公式である．

5 平行板コンデンサの静電容量 重要度★★★

(1) 誘電体

誘電体とは，電界（電気の働く場）において，原子が**誘電分極**（＋と－に分離すること）する物体をいう．プラスチックがその一例で，誘電体は**絶縁体**である．

自由電子はほとんどないため，直流電流は流れない．ただし，交流の電界中では分極の遅れによる交流電流が流れ，**誘電損失**を生じる．

誘電率ε（イプシロン）は，平行電極間に充填（じゅうてん）された物質の誘電分極のしやすさをいう．誘電分極しやすい物質はεの値が大きくなる．

真空の誘電率はε_0で表し，その値は$\varepsilon_0 \fallingdotseq 8.854 \times 10^{-12}$〔F/m〕である．

ある誘電体の誘電の度合いを示すとき，誘電率（ε）のε_0に対する比で表す．

$$\varepsilon_S = \varepsilon / \varepsilon_0$$

このε_Sを**比誘電率**という．なお，真空中の誘電率は，空気中の誘電率にほぼ等しい．

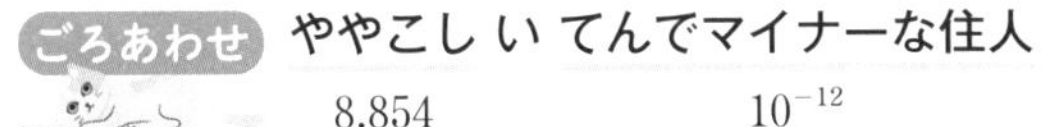

ごろあわせ　ややこしい てんでマイナーな住人
8.854　10^{-12}

(2) 平行板電極間の静電容量

2枚の平板（金属板）を平行においてコンデンサを作る．このときの静電容量C〔F〕は，次の式で表される．

$$C = \varepsilon S / d$$

d：平行板間距離〔m〕　ε：誘電率〔F/m〕　S：平行板面積〔m²〕

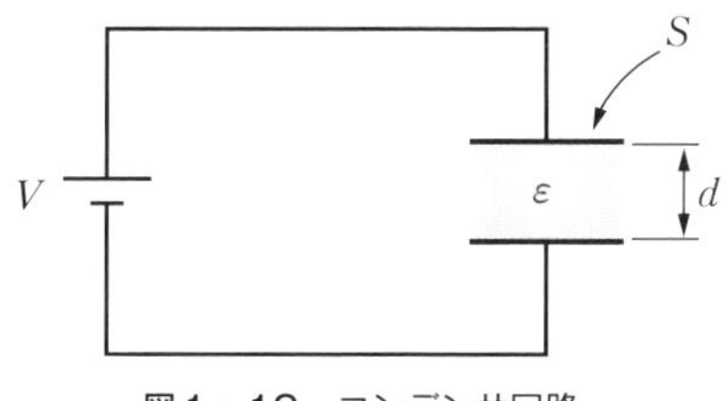

図1・12　コンデンサ回路

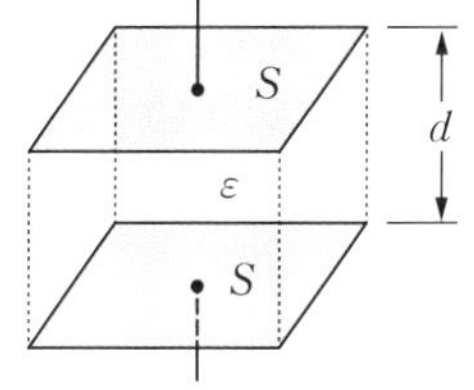

図1・13　コンデンサ詳細

デーブ 氏 の ゆで 麺
d分 の 誘電率 面積

6　電界とクーロンの法則

重要度★★

(1) 電界

電界は電場ともいい，電荷に**電気力の働く空間**をいう．また，空間内のある点で，単位電荷1C（クーロン）に働く電気力を電界の強さという．

電気力線は，電界の方向と一致させた仮想の線であり，次の性質がある．

①正電荷に始まり負電荷に終わる．
　※電位の高い点から低い点に向かう．
②密度は，その点の電界の大きさを表す．
　※電気力線が密集するほど電界は強い．
③等電位面と垂直に交わる．

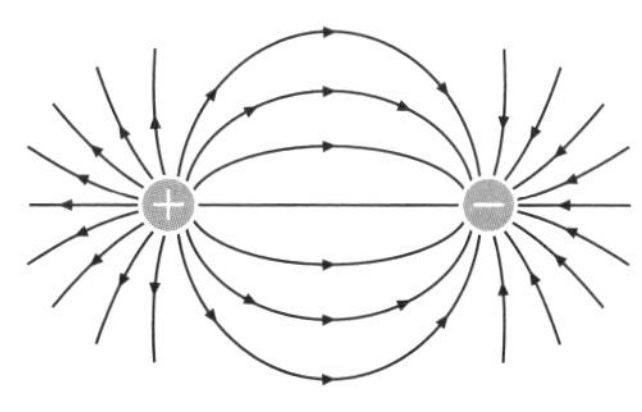

図1・14　電気力線

電気力線は，電気がどのように作用するかを示した仮想線であり，実際に目に見えない．

(2) クーロンの法則

2つの点電荷（点状の小さな電荷）に働く**静電力**F〔N〕は次の式で表される．

$$F = Q_1 Q_2 / 4\pi\varepsilon r^2$$

Q_1, Q_2：電荷〔C〕　ε：電荷を取り巻く媒質の誘電率〔F/m〕

r：2つの電荷の距離〔m〕

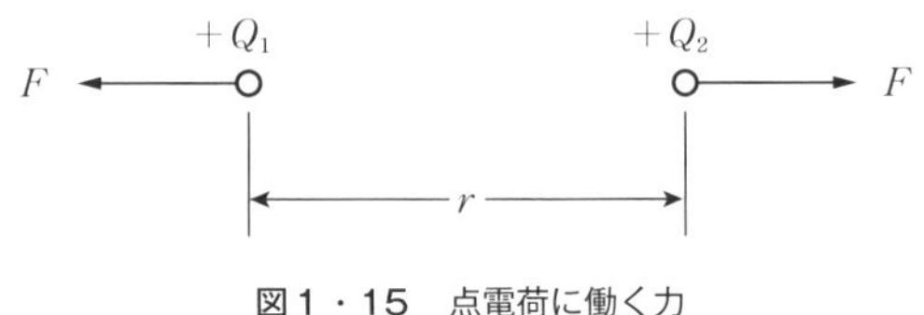

図1・15　点電荷に働く力

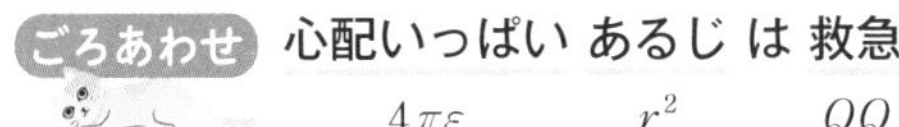

電荷が同符号（＋同士，－同士）は反発，異符号（＋と－）は吸引

7 磁界

重要度★★

(1) 磁界とは

磁石を置くと，その周囲に鉄などを吸いつける力が働く．この力を**磁力**といい，磁力の作用する周囲（場，フィールド）を**磁界**という．磁界は磁場ともいう．

磁石において，N極からS極に向かって矢線が出ており，これを**磁力線**という．磁力線は，電界の場合の電気力線と同様に，仮想的な線である．磁力線の本数が多ければ，「磁力が強い」と表現する．

磁界には次の性質がある．

①磁石にはN極とS極がある．

②磁力線は，N極から出てS極に入る．

③磁力線は分岐，交差はしない．

④異種の磁極（NとS）の間には，吸引力が働く．

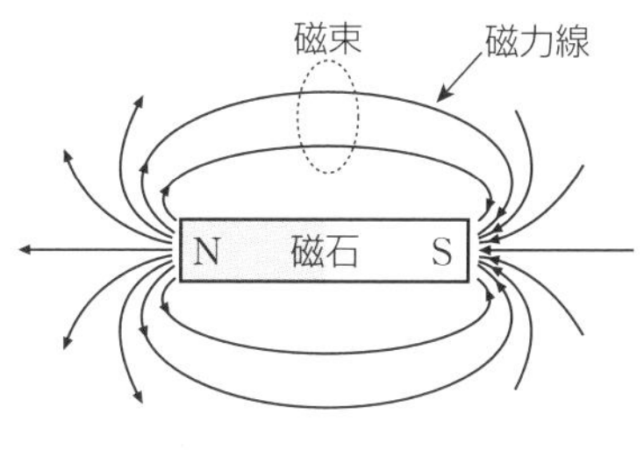

図1・16　磁力線

(2) 磁性体

磁石の性質を持ったものを**磁性体**という．

磁界中に鉄，ニッケル，コバルトのような金属を置くと強く磁化（磁石の性質をもつ）される．これを強磁性体という．

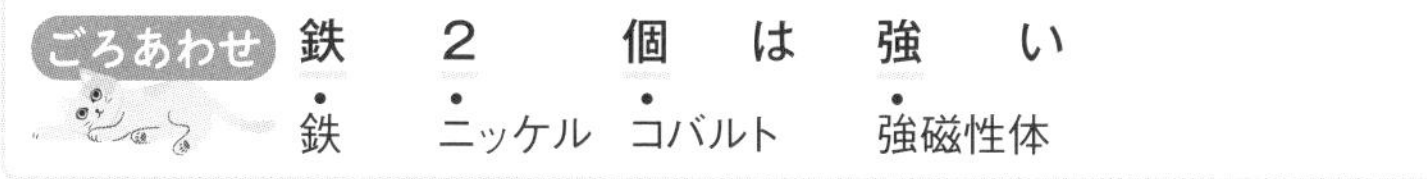

8 右ねじの法則　重要度★★★

(1) 電流と磁界

導体（電線）に電流が流れると導体を中心とした**同心円状に磁界が発生**する．導体（電線）に電流が流れるとき，その方向をねじの進む向きにとると，右ねじを回す方向に同心円状の磁界が発生する．これを**右ねじの法則**という．

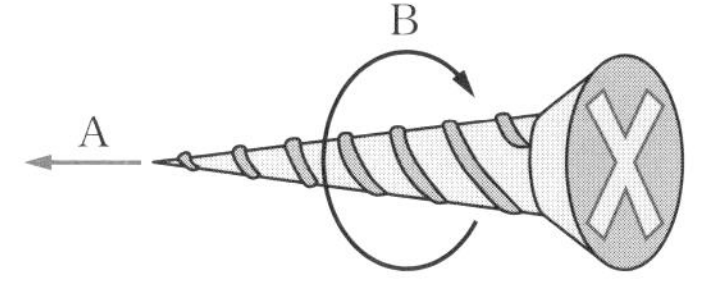

A：電流の流れる方向
B：磁界の発生する方向

図1・17　電流と磁界

導体に電流が流れると周囲に磁界が生じる．磁界があると電流が流れる．
（起電力が生じる）

(2) 電流と磁界の方向

電流の流れる方向や磁界の方向などを，紙面上で表現するには，次の記号を用いると便利である．

⊗　矢尻を見ている（机上の紙面の上から下に向かう方向）

⊙　矢先を見ている（机上の紙面の下から上に向かう方向）

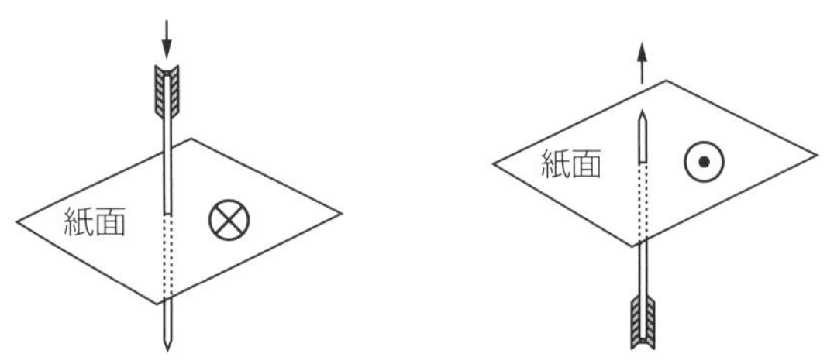

図1・18　流れる向きの表示法

(3) 直線状導体

無限に長い直線状導体に，図に示す方向（下から上）に電流Iが流れているとき，点Pにおける磁界の向きは**右ねじの法則**により，矢印の方向となる．

また，磁界の大きさH〔A/m〕は次の式で表される．

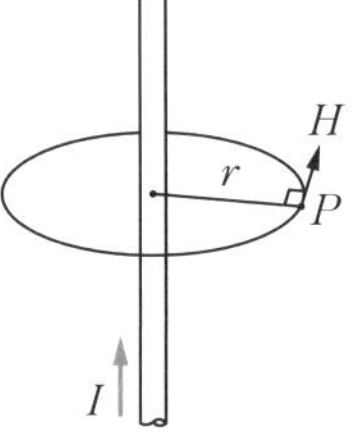

図1・19　直線状導体

$$H=\frac{I}{2\pi r}$$

I：電流〔A〕　r：電線からの距離〔m〕

突っ張り で 出る
$2\pi r$　電流（I）

(4) 円形状導体

導体を円形にしたものに電流を流すと，磁界は円の中心部に**直線状に発生**する．

そのときの磁界の大きさ H〔A/m〕は次の式で表される．

$$H = I/2r$$

I：電流の大きさ〔A〕　r：円の半径〔m〕

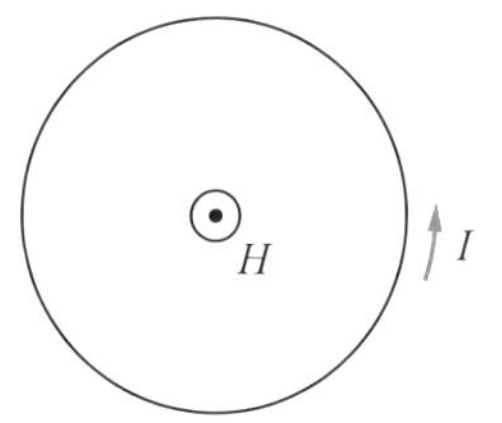

図1・20　円形状導体

ごろあわせ　2人 で 出る
2r　電流（I）

9 フレミングの法則　重要度★★

(1) フレミングの左手の法則

磁界中に導体（電線）を置き電流を流すと，導体を動かそうとする力が働く．この力を**電磁力**という．

左手の親指，人さし指，中指をそれぞれ直角になるように開く．人さし指を磁界B，中指を電流Iの方向に向けると親指の方向に電磁力Fが働く．

たとえば，U字形磁石の中に導体を軽い糸で吊り下げ，電流を流すと，導体は上向きに力を受けて移動する．

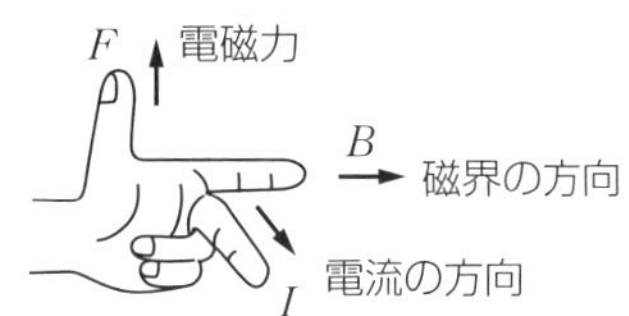

図1・21　フレミングの左手の法則

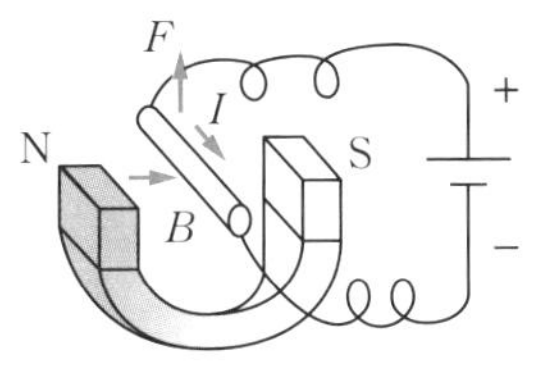

図1・22　導体に働く力

ごろあわせ　左ききの FBI
親指から順にF（電磁力）B（磁界の方向）I（電流の方向）

(2) 平行導体に働く力

2本の無限に長い導体L_1とL_2は平行である．これに電流を流す．

①導体L_1とL_2に**同方向**に電流を流すと，導体に**吸引力**(F)が働く．

②導体L_1とL_2に**反対方向**に電流を流すと，導体に**反発力**(F)が働く．

同方向の場合を例にとると，L_1に電流が流れることで右ねじの法則によりL_2に⊗方向に磁界B_1が発生する．一方，L_2の電流により，L_1に⊙方向にB_2が発生する．L_1，L_2でそれぞれフレミングの左手の法則を適用すると，図のようにFが働く．

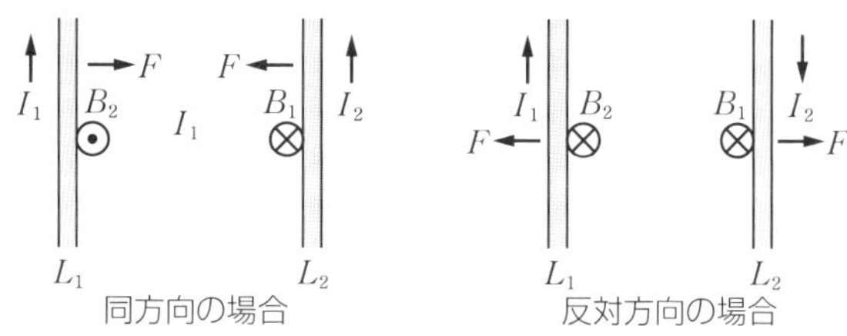

図1・23　平行導体に働く力

ごろあわせ　同 級 半 々（同級生と先輩の数は半々である）
同 方向 吸引 反 対方向 反発

10 電磁誘導と磁気回路　重要度★★★

(1) ファラデーの電磁誘導の式

コイルの中を通る**磁束が変化**すると，コイルに電圧e〔V〕が生じる．この誘導された起電力を**誘導起電力**という．eは次の式で表される．

$e = -N\varDelta\Phi/\varDelta t$

N：コイルの巻数　$\varDelta\Phi$：磁束の変化〔Wb（ウェーバ）〕　$\varDelta t$：時間の変化〔s〕

これを**ファラデーの電磁誘導の法則**という．

point
－（マイナス符号）がつくのは，磁束の変化を妨げる向きに磁束が発生するため．

(2) 自己誘導作用

自己誘導とは，**自己のコイル**に流れる電流により，起電力が発生する現象である．

ファラデーの電磁誘導の法則において，起電力の大きさだけ考慮すると次のようになる．

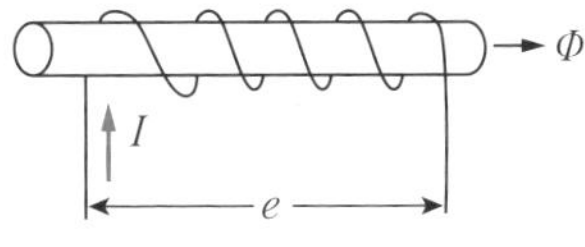

図1・24　自己誘導

$e = N\Delta\Phi/\Delta t$ ……①

ここで，電流がΔIだけ変化すると，磁束は$\Delta\Phi$だけ変化し，$\Delta\Phi = k\Delta I$の関係がある．$\Delta\Phi$とΔIは比例する．

①式に代入すると，$e = Nk\Delta I/\Delta t$であり，$Nk = L$とおけば，

$e = L\Delta I/\Delta t$ ……②

このLが**インダクタンス**で，単位は〔H〕（ヘンリー）である．

①，②より，$LI = \phi N$が成り立つ．

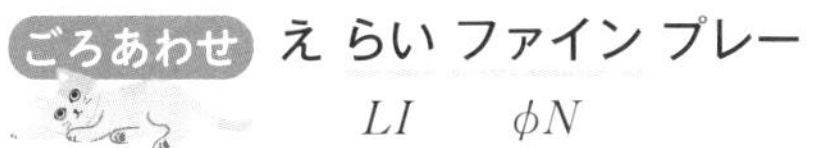

point

Lを自己インダクタンスといい，コイルの能力を示す．単位は〔H〕（ヘンリー）である．コンデンサの能力を示す静電容量〔F〕（ファラド）と対照して記憶するとよい．

(3) 相互誘導作用

コイルAの電流変化により，コイルBに電圧が誘起される現象を，**相互誘導作用**という．

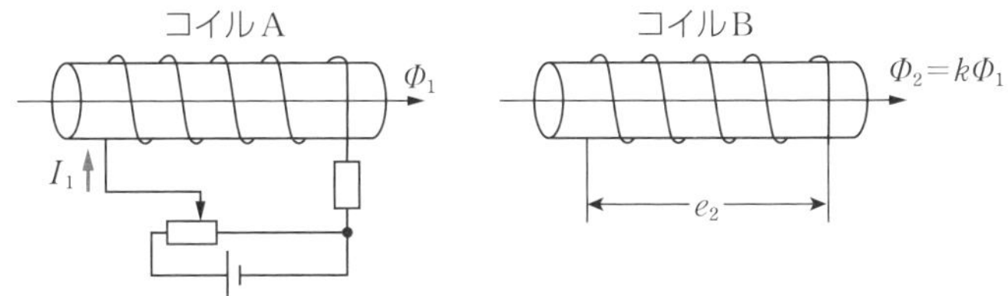

図1・25　相互誘導

その電圧の大きさe_2〔V〕は，次の式で表される．

$e_2 = M\Delta I_1/\Delta t$

M：相互インダクタンス〔H〕 ΔI_1：コイルAに流れる電流の変化〔A〕

また，コイルAには**自己誘導作用**によって，$e_1 = L_1\,\Delta I_1/\Delta t$〔V〕の電圧が発生している．

コイルAに流した電流により，磁束Φ_1が生じ，そのうちの何%かがコイルBと**鎖交**（さこう）（貫通）する．鎖交する磁束をΦ_2とすると，$\Phi_1 = k\Phi_2$の関係がある（$0 \leqq k \leqq 1$）．このkを**結合係数**という．

相互インダクタンスMと自己インダクタンスL_1，L_2には次の関係がある．

$M = k\sqrt{L_1 L_2}$

ごろあわせ ミー は 蹴（け）ると りんりん 鈴鳴らす

$M \quad = \quad k \quad \sqrt{\ } \quad L_1 \quad L_2$

（4）環状コイルのインダクタンス

環状の磁性体の**磁気抵抗**R_mは，$R_m = \ell/\mu S$ ……①で表される．環状磁性体に電線をN〔回〕巻き，電流I〔A〕を流すと，磁束Φが発生する．ここでINを**起磁力**といい，

磁気抵抗R_mは$R_m = IN/\Phi$ ……②

①，②より，$\Phi = \mu S\,IN/\ell$ ……③

自己インダクタンスLは，$LI = \Phi N$より

$L = N\Phi/I = \mu SN^2/\ell$（③を$\Phi$に代入する）

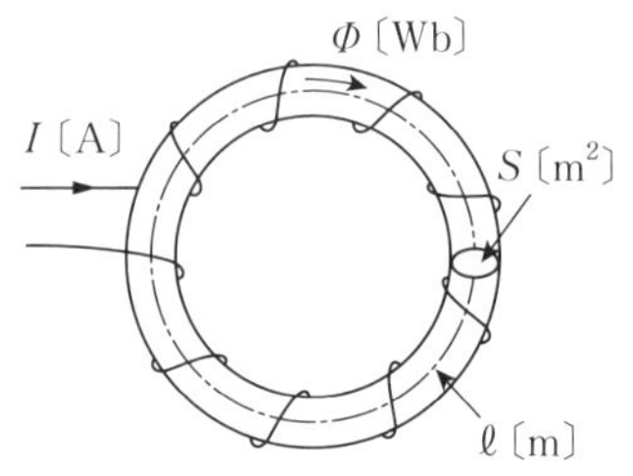

図1・26 環状コイル（一巻）

point

Lは環状コイルの形状や材質によって決まる．

次に，環状鉄心に2つのコイルが巻かれた，**環状コイル**を考える．相互インダクタンスM〔H〕は，次の式で表される．(漏れ磁束はないものとする)

$M = \mu S N_1 N_2 / \ell$

ℓ：平均磁路長〔m〕　S：断面積〔m^2〕

μ：透磁率〔H/m〕　N_1, N_2：巻数

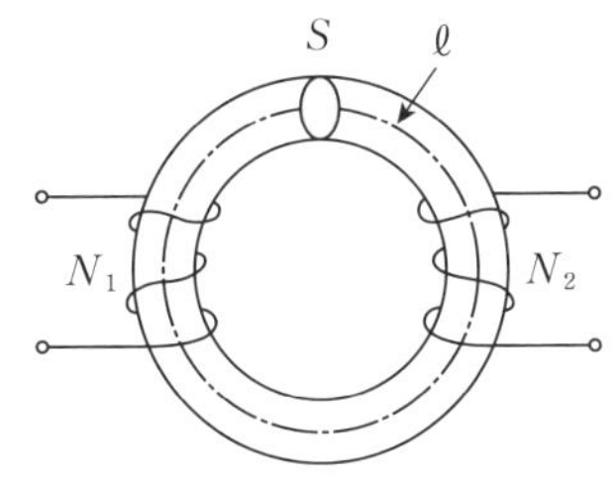

図1・27　環状コイル（二巻）

ごろあわせ　次郎長親分 マイク で シング ニンニン
磁路長分の　μ　S　N_1N_2

11 単相交流回路

重要度 ★★★

(1) 交流回路とは

流れる電流の方向および大きさが，一定の周期（T）で変化するものを**交流**という（電圧も同様）．

波形は三角波，方形波（四角）など種々（しゅじゅ）あるが，一般に扱うのは**正弦波**（sin曲線）である．

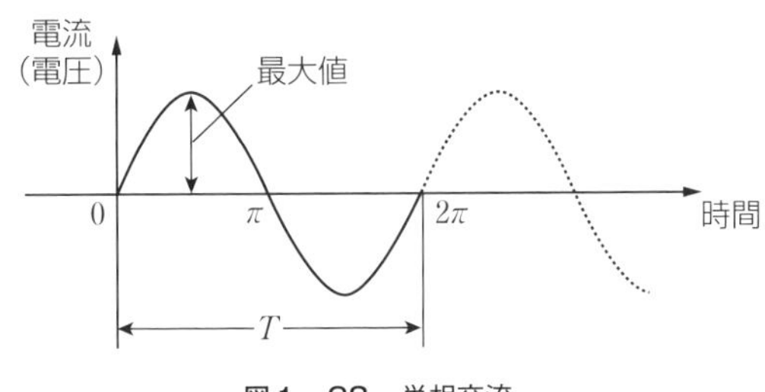

図1・28　単相交流

周波数f〔Hz（ヘルツ）〕は波が1秒間に振動する回数で，交流電源の周波数として，50 Hzと60 Hzが使用されている．周期T，角周波数ω（オメガ）とは次の関係がある．

$T = 1/f$　　$\omega = 2\pi f$

一般に，交流の電圧，電流の値は**実効値**で表示される．

E_e, I_eは実効値の電圧，電流で，E_m, I_mは最大値である．

$E_e = E_m/\sqrt{2}$　　　$I_e = I_m/\sqrt{2}$

また，電圧，電流の**瞬時値**は次のように小文字で表わす．

$i = I_m sin\omega t$　　　$e = E_m sin\omega t$

I_m：電流の最大値〔A〕　E_m：電圧の最大値〔V〕　t：時間〔s〕

(2) 交流回路の基本パーツ

交流回路を構成する要素（パーツ）として，抵抗R，インダクタンスL，静電容量Cの3つがある．

[①抵抗R〔Ω〕]

抵抗は，直流,交流とも純粋に抵抗分として作用する．

[②インダクタンスL〔H〕]

インダクタンスLは，コイル固有の値で周波数とは無関係である．直流回路では，コイルは単なる巻線として作用するので，抵抗分しかないが，交流回路では，抵抗分のほか電流を阻止する**リアクタンス$X_L = \omega L$**がある．

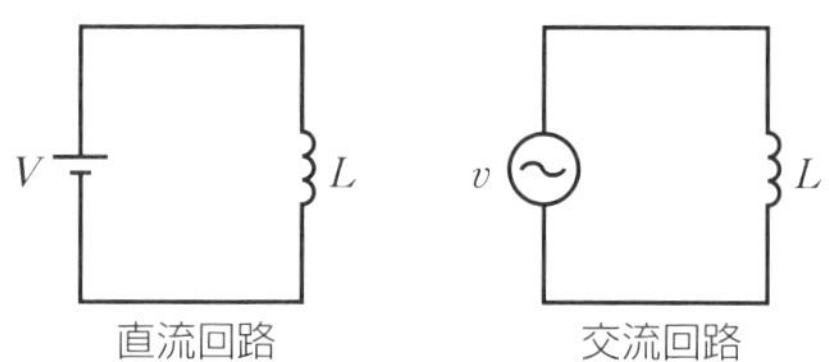

図1・29　コイルの回路

[③静電容量C〔F〕]

静電容量Cは，コンデンサ固有の値で周波数に無関係である．コンデンサは電極間に絶縁材が充填されており，流れる電流は，直流では0であるが，交流では流れを妨げる**リアクタンス$X_C = 1/\omega C$** がある．

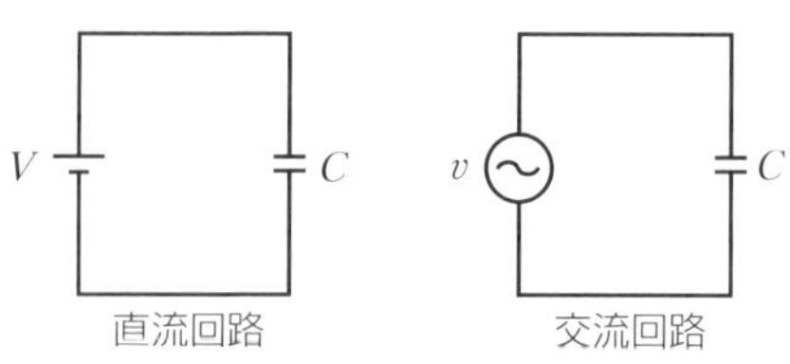

図1・30　コンデンサの回路

(3) インピーダンス

インピーダンスZは，抵抗とリアクタンスを合成したものである．一般に，インピーダンスは，虚数を使って表わすことができる．

虚数とは，ある数を2乗するとマイナスとなるような数をいう．現実に存在する実数に対し，「虚数」は架空の数である．たとえば，$x^2=-5$となるようなxは虚数である．また，$j^2=-1$となるjを虚数単位という．

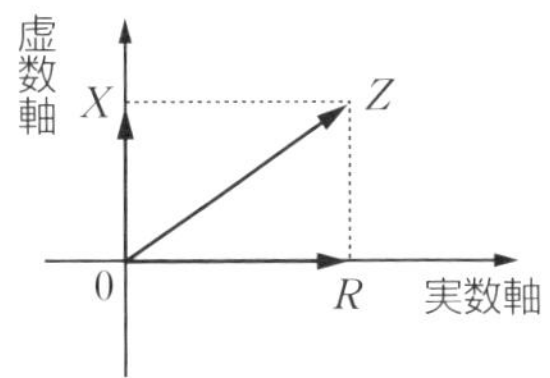

図1・31　直交座標

$Z=R+jX$

R：抵抗　　X：リアクタンス

リアクタンスとは「抵抗するもの」の意味で，記号はXで表し，コイルによる**誘導リアクタンス**$X_L\ (=\omega L)$と，コンデンサによる**容量リアクタンス**$X_C\ (=1/\omega C)$がある．

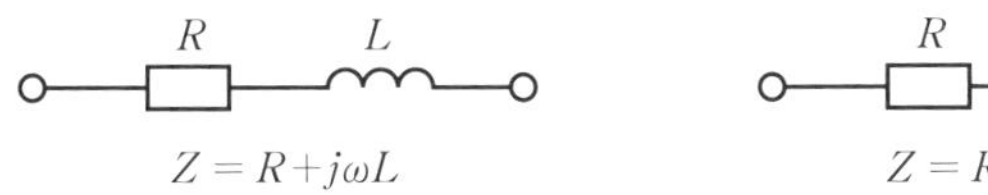

図1・32　インピーダンスZ

point

$X_L=\omega L$，$X_C=1/\omega C$の単位は〔Ω〕である．周波数が高くなるほどコイルには電流が流れにくいが，コンデンサには流れやすくなる．

ごろあわせ　**ゆう通りおめえが得る**

誘導リアクタンス　ωL　容量リアクタンスはLとCを入れ替えて逆

インピーダンス（Z）の大きさは，次の式で表せる．

$$Z=\sqrt{R^2+(X_C-X_L)^2}$$

(4) 位相

位相とは，交流波のある任意の点に対する相対的位置をいう．交流回路では，抵抗だけの負荷では位相差を生じないが，コイルやコンデンサが接続されていると，**電圧と電流で波形にずれ**（位相差）が生じる．

［①コイル］

電圧 V と電流 I をそれぞれ図で表すと，電流は電圧より $\pi/2$（90°）だけ遅れている．このとき電流の方が先に進んでいるように見えるが，$t=0$ で見ると，電圧は0で電流は－である（遅れている）．

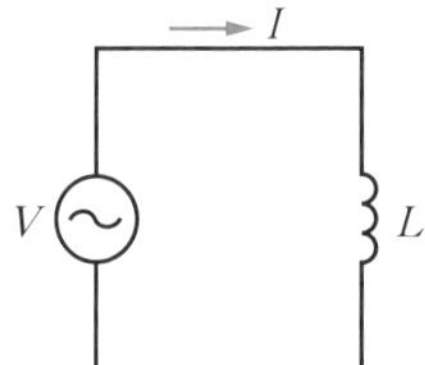

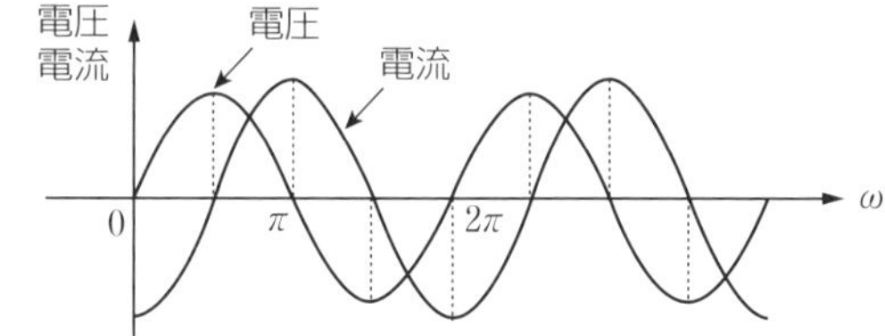

図1・33　コイルの電流と電圧

ベクトルで表記すると図のようになる．

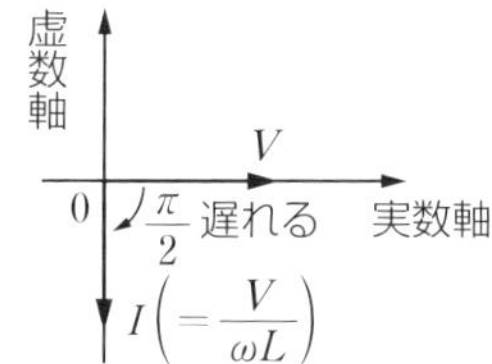

図1・34　コイルのベクトル表記

出る　の　遅れる
電流　　　遅れ L

［②コンデンサ］

コンデンサに流れる電流は，電圧より **$\pi/2$ だけ進んでいる**．

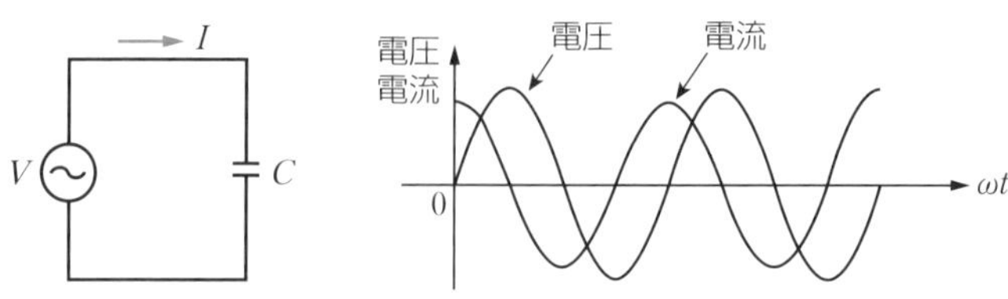

図1・35　コンデンサの電流と電圧

ベクトルで表記すると図のようになる．

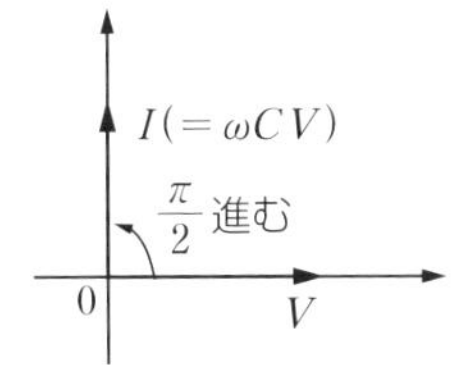

図1・36　コンデンサのベクトル表記

鈴虫
進む C

12 ブリッジ回路・共振回路　重要度★★

(1) ブリッジ回路

図のような電気回路を**ブリッジ回路**という．

ブリッジ回路で，**検流計**Ⓖに電流が流れない（両端の電位差＝0）なら，向かい合ったインピーダンス（抵抗）同士を掛け算すると等しくなる．

$$Z_1 \cdot Z_3 = Z_2 \cdot Z_4$$

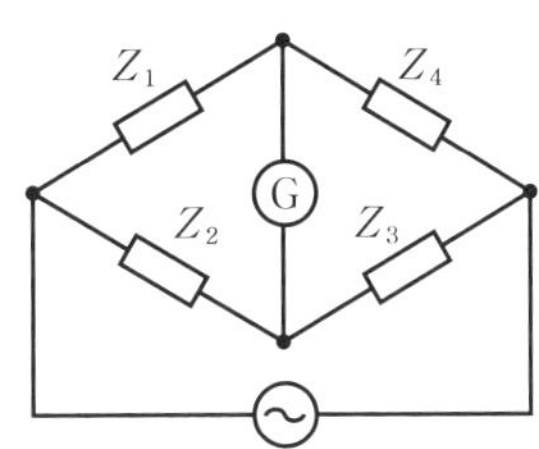

図1・37　ブリッジ回路

ごろあわせ

ブリッジ（橋）は 対岸 に 架ける
ブリッジ回路　対岸　掛ける

(2) 共振回路

R, L, Cが直列接続されている回路がある.

この回路のインピーダンスZは,

$Z=R+j(\omega L-1/\omega C)$

虚数部$\omega L-1/\omega C=0$のとき,「**共振**している」と表現する.

$\omega L=1/\omega C \rightarrow \omega=1/\sqrt{CL}$　$\omega=2\pi f$だから,

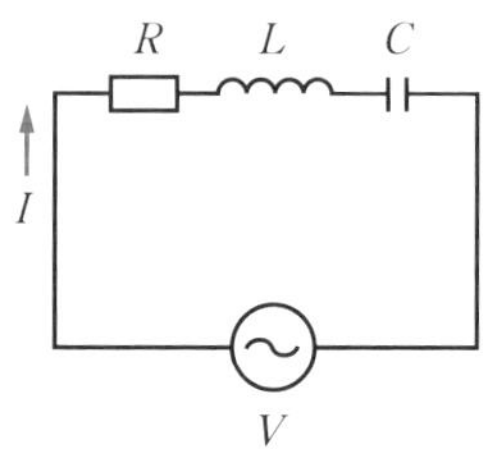

図1・38　共振回路

$f=1/2\pi\sqrt{CL}$

C：静電容量〔F〕　L：インダクタンス〔H〕

この周波数を**共振周波数**〔Hz〕という.

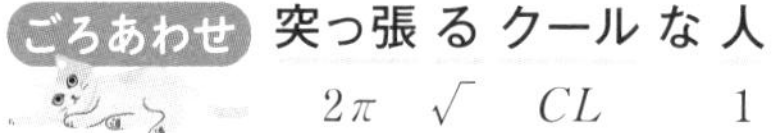

突っ張る クールな 人
2π　$\sqrt{\ }$　CL　1

fは,並列回路でも成り立つ.

過去問チャレンジ（章末問題）

問1　R4-後期　➡ 2 電気回路の法則

下図に示す回路において，抵抗 $R = 2\Omega$ に電圧 $E = 10\mathrm{V}$ を3分間かけたときに発生する熱量 Q〔J〕の値として，適当なものはどれか．

(1)　60 J
(2)　150 J
(3)　1,800 J
(4)　9,000 J

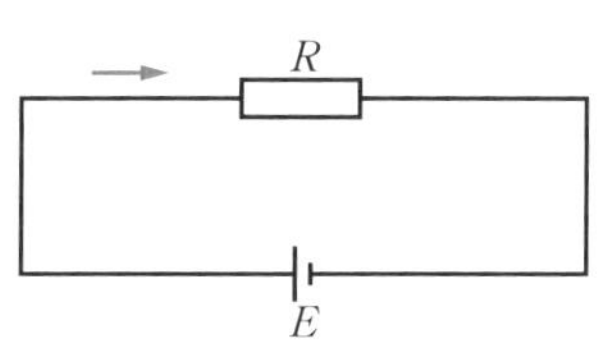

解説　回路に流れる電流 $I = E/R = 10/2 = 5\,\mathrm{A}$
熱量 $Q = I^2Rt = 5^2 \times 2 \times 3 \times 60 = 9{,}000\,\mathrm{J}$

解答　(4)

問2　R1-前期　➡ 2 電気回路の法則

下図に示す回路において，抵抗 R_1 に流れる電流 I_1〔A〕の値として，適当なものはどれか．ただし，抵抗 $R_1 = 2\Omega$ とする．

(1)　1.0 A
(2)　2.0 A
(3)　3.0 A
(4)　4.0 A

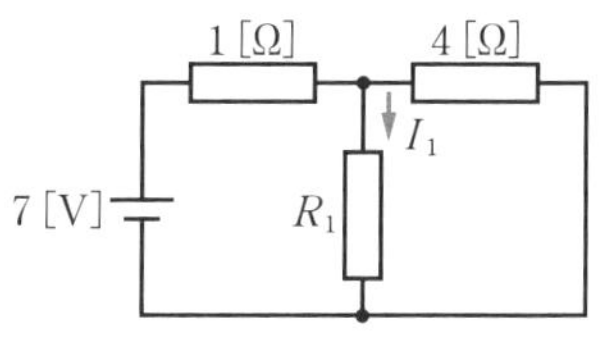

解説　キルヒホッフの法則を利用する．1Ωの抵抗を流れる電流を I〔A〕とすると，4Ωの抵抗を流れる電流は $I - I_1$ である．

①　左側の閉回路で第2法則を使用すると，$7 = \mathrm{I} \times 1 + I_1 \times 2$ → $7 = I + 2I_1$ …①

②　一番大きな閉回路で第2法則を使用すると，$7 = I \times 1 + (I - I_1) \times 4$ → $7 = 5I - 4I_1$ …②

①式 ×5 − ②式より，$I_1 = 2\,\mathrm{A}$

解答　(2)

問3　R5-前期　➡4 コンデンサと合成容量

下図に示す静電容量がC ＝ 100μFの2つのコンデンサを直列に接続し電圧E＝20Vを加えたとき，この2つのコンデンサに蓄えられる電荷量Q〔C〕の値として，適当なものはどれか．

(1)　1.0×10^{-3}〔C〕
(2)　4.0×10^{-3}〔C〕
(3)　1.0×10^{-2}〔C〕
(4)　4.0×10^{-2}〔C〕

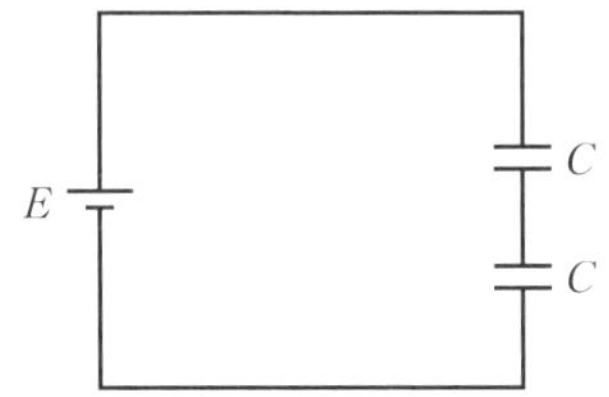

解説　$Q = CE = 100 \times 10^{-6} \times 20 = 1 \times 10^{-3}$〔C〕

解答　(1)

問4　R4-後期　➡5 平行板コンデンサの静電容量

下図に示す平行板コンデンサの電極板にV＝10Vの電圧を加えたときの平行板コンデンサが蓄える電気量Q〔C〕の値として，適当なものはどれか．

ただし，電極板の面積$S = 10\,\mathrm{cm}^2$，電極板の間隔$d = 2\,\mathrm{mm}$，電極板の間にある誘電体の比誘電率$\varepsilon_r = 2$，真空の誘電率はE_o〔F/m〕とする．

(1)　$2.5\,\varepsilon_0$〔C〕
(2)　$5\,\varepsilon_0$〔C〕
(3)　$10\,\varepsilon_0$〔C〕
(4)　$100\,\varepsilon_0$〔C〕

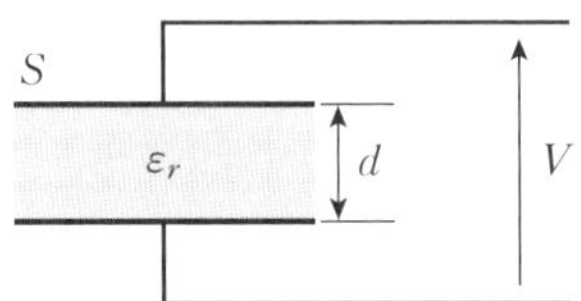

解説　$Q = CV = \varepsilon SV/d = (2\varepsilon_0 10 \times 10^{-4} \times 10)/(2 \times 10^{-3}) = 10\varepsilon_0$

解答　(3)

問5　R2-後期　⇒8 右ねじの法則

下図に示す無限に長い直線導体に$I = 6.28$ Aの電流が流れているとき，導体から$r = 5$ cm離れた場所A点の磁界の強さH〔A/m〕と磁界の向きの組合せとして，適当なものはどれか．

	（磁界の強さ）	（磁界の向き）
(1)	20.0 A/m	a方向
(2)	20.0 A/m	b方向
(3)	125.6 A/m	a方向
(4)	125.6 A/m	b方向

解説　磁界の強さは$H = I/2\pi r = 6.28/2\times 3.14\times 5\times 10^{-2} = 20$ A/m
磁界の向きは，右ねじの法則により，b方向である．

解答　(2)

問6　R4-前期　⇒10 電磁誘導と磁気回路

下図に示す巻数$N = 100$のコイルに電流$I = 2$ Aを流したときコイルを貫く磁束が$\phi = 0.1$〔Wb〕であった．このコイルの自己インダクタンスL〔H〕の値として，適当なものはどれか．

(1)　0.2 H
(2)　5 H
(3)　20 H
(4)　500 H

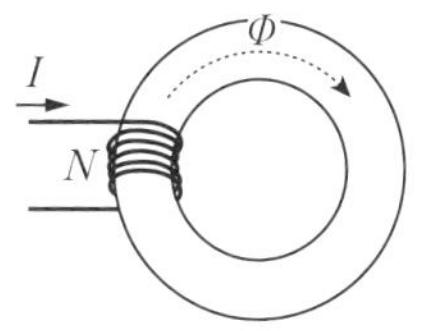

解説　$LI = \phi N$ より，$L = \phi N/\mathrm{L} = 0.1\times 100/2 = 5$ H　　解答　(2)

問7　**R3-前期**　⇒11 単相交流回路

下図に示すRC直列回路において，抵抗R〔Ω〕，コンデンサの静電容量C〔F〕とした場合の合成インピーダンスの大きさZ〔Ω〕として，適当なものはどれか．

ただし，ωは電源の角周波数〔rad/s〕である．

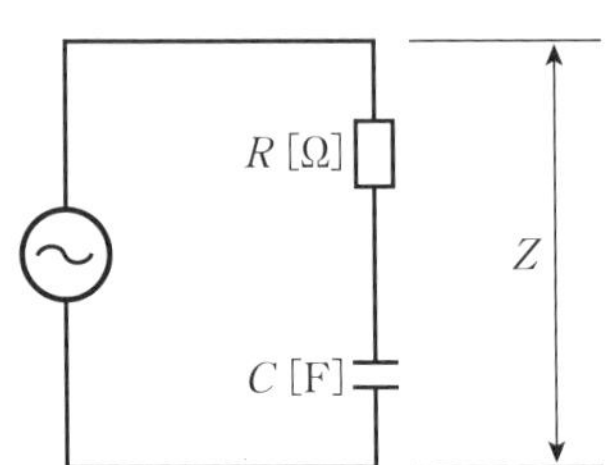

(1)　$Z=\dfrac{1}{\sqrt{\left(\dfrac{1}{R}\right)^2+(\omega C)^2}}$〔Ω〕

(2)　$Z=\dfrac{1}{\sqrt{\left(\dfrac{1}{R}\right)^2+\left(\dfrac{1}{\omega C}\right)^2}}$〔Ω〕

(3)　$Z=\sqrt{R^2+\left(\dfrac{1}{\omega C}\right)^2}$〔Ω〕

(4)　$Z=\sqrt{R^2+(\omega C)^2}$〔Ω〕

解説　インピーダンス$Z=\sqrt{R^2+(X_C-X_L)^2}$で計算できる．

$X_C=1/\omega C$，$X_L=0$なので，$Z=\sqrt{R^2+\left(\dfrac{1}{\omega C}\right)^2}$〔Ω〕　　解答　(3)

第2章 通信工学

1 通信方式・技術

重要度★★★

(1) 電気通信設備

通信は英語で言うと**コミュニケーション**と訳される．情報のやり取りをし，共通認識をする手段である．

[①用語]

- 電気通信

有線，無線その他の**電磁的方式**により，符号，音響又は影像を送り，伝え，又は受けることをいう．

- 電気通信設備

電気通信を行うための機械，器具，線路その他の電気的設備をいう．

- 電気通信設備工事

電気通信線路設備工事，電気通信機械設置工事，放送機械設置工事，空中線設備工事，データ通信設備工事，情報制御設備工事，TV電波障害防除設備工事をいう．

[②電気通信設備のモデル図]

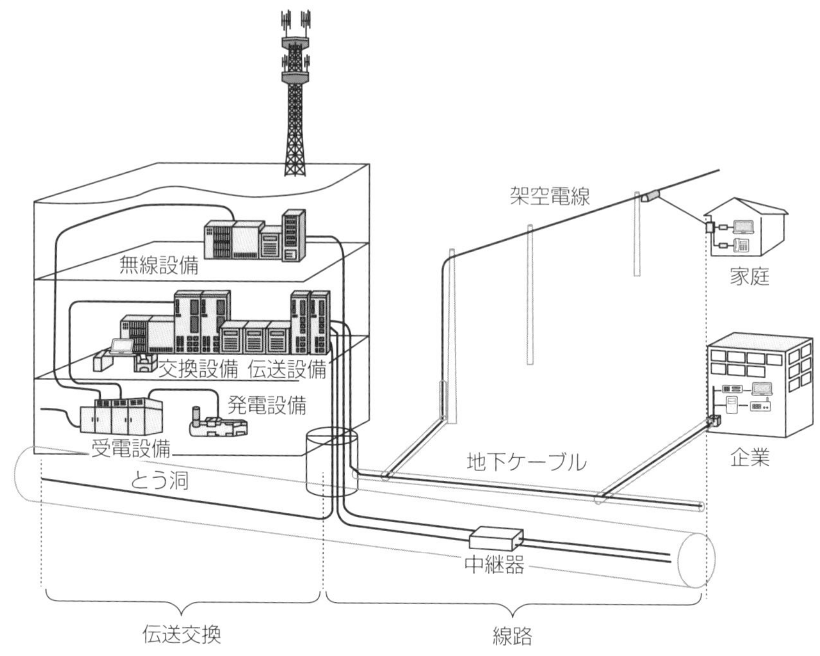

(国土交通省資料を参考に作成)

図2・1 電気通信設備の例

(2) 電気通信設備の分類

電気通信設備を大別すると，以下のとおりである．

[①端末設備]

伝えたい信号を電気信号に変換して，伝送路に載せるまでの設備(**送信機**)と，元の信号に復元する設備(**受信機**)をいう．

[②伝送路設備]

端末設備間において，電気信号を伝送する設備．**電線路**，中継器等から構成される．

[③交換設備]

多対多の電気通信において，発信者の要求に従って伝送路間の接続を自動的に切り替え，目的の**回線につなぐ設備**をいう．

(3) 電話交換機

[①通話信号の用語]

電話機と交換機との間の通話接続のための信号に関する用語は次のとおりである.

- **発呼**(はっこ)**信号**：発信側電話機から交換機に対して，電話をかけることを知らせるための信号である.
- **呼出信号**：交換機から着信側電話機に電話がかかってきたことを知らせるための信号である.
- **選択信号**：プッシュホン式電話機から交換機に送る信号である.
- **切断信号**：発信側電話機から交換機へ通話が終了したことを知らせるための信号である.

[②交換機の機能]

- 迂回制御機能

  主伝送路の容量を超える通話が発生したときに，副伝送路に迂回させる機能.
- 課金機能

  通話料金の管理を行う機能をいう.
- 翻訳機能

  電話機に付帯した，翻訳を行うことができるアプリケーション機能をいう.
- 輻輳(ふくそう)制御機能

  交換機の呼処理(こしょり)に悪影響を及ぼす状態を回避させるための機能．発信規制，入呼規制等がある.

(4) 漏話

[①漏話とは]

漏話(ろうわ)はクロストークとも呼ばれ，アナログ電話で他の通話内容が漏れ聞こえることから名付けられた．一種の混線である．高速デジタル信号では，他の信号配線へ影響を及ぼすことや影響を受けることを意味する．信号**送信部の近傍**(きんぼう)で生じる**近端漏話**NEXT (Near End Crosstalk) と**受信部の近傍**で生じる**遠端漏話**FEXT (Far End Crosstalk) 等がある.

ごろあわせ 送 金 受 けるの 遠 慮する
送信部　近端　受信部　遠端

［②対策］

漏話は回線と回線の間に発生する**静電結合と電磁結合が原因**であるため，銅線による伝送回線では，シールドされた**ツイスト線**，**同軸ケーブル**を用いる．

光ケーブルでは，ファイバの形式によっては漏話が起きる可能性もあるが，基本的には相互干渉は生じない．

(5) 伝送線路

伝送線路には，次のような**線路定数**が分布している．

①**インダクタンス**：L（電流によって生じる磁界が発生源）
②**静電容量**：C（電位差によって生じる電界が発生源）
③**抵抗**：R（伝線路の導体抵抗による）
④**コンダクタンス**：G（電線路間の漏れ電流による）

等価回路で表すと，図のようになる．

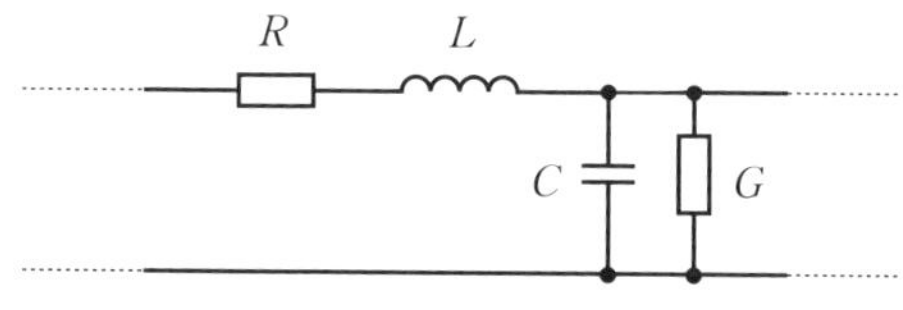

図2・2　線路定数の分布

この伝送線路の**特性インピーダンス**：Z_oは

$Z_o=\dfrac{V}{I}=\sqrt{\dfrac{R+j\omega L}{G+j\omega C}}$ で表され，RとGが無視できれば，

$Z_o=\sqrt{\dfrac{L}{C}}$ となる．

特性インピーダンスが異なる2本の通信ケーブルを接続したとき，その接続点で送信側に入力信号の一部が戻る現象を**反射**という．進行波と反射波が干渉し合い**定在波**(ていざいは)を生じる．

反射が起こるため，特性インピーダンスの異なる同軸ケーブルは接続しない．

(6) 通信方式の概要

[①情報の種類による分類]

• **音声通信**

電話による通信をいう．**音声周波数**で，人が聞き取れる周波数は，一般に20～20,000 Hz（20 kHz）であり，話が明瞭に聞こえる周波数は300～4,000 Hz程度である．

• **データ通信**

文字や画像などのデータを，通信回線を介してコンピュータ間でやりとりする．インターネットなどによる通信をいう．

[②伝送信号による分類]

• **アナログ通信**

• **デジタル通信**

デジタル通信は，情報を「0」と「1」の組合せで符号化して送るため，通信途中でノイズが生じても「0」と「1」の識別可能な範囲内であれば，データを復元することができる．

[③伝送方法による分類]

ケーブルを伝送路として通信する**有線通信**と，ケーブルを伝送路として使用せず，電波を送受信する**無線通信**がある．

また，通信の向きが常に一方向の**単方向モード**と，**双方向通信**が可能な次のものがある．

表2・1　伝送モードとその特徴

伝送モード		特徴
直列伝送（シリアル伝送） 1本の伝送路	**半二重伝送**	送信と受信を，時間を分けて伝送する．
並列伝送（パラレル伝送） 複数の伝送路	**全二重伝送**	送信用と受信用に伝送路を分け，同時送受信できる．

(7) 同期方式

電気通信における**同期**とは，送信側と受信側との間で通信を行う際，情報の区切りを合わせることをいう．同期方式には，次のものがある．

[①調歩同期方式]

シリアル通信における同期方式の一種．一文字分の文字情報を送るときに，**データの先頭に送信開始の情報**（スタートビット），データ末尾にデータ送信終了の信号（ストップビット）を付け加えて送受信を行う方式をいう．

[②フレーム同期方式]

フレーム（送信するデータの一団）**の先頭**に同期通信を開始することを表す信号を付記して，データをやりとりする方式をいう．

[③キャラクタ同期（SYN）方式]

同期用の制御文字を使い，**キャラクタ（メッセージ）単位で同期**をとる方式をいう．

[④連続同期方式]

最初に**同期信号を2個以上送り**，そのあとに，連続してキャラクタを伝送する方式をいう．

(8) アナログ信号のデジタル化

アナログ信号のデジタル化，つまり，**AD変換**は次の手順で行う．

[①標本化（サンプリング）]

アナログ信号の大きさを，**サンプリング周波数に従い一定間隔ごとに測定**する．図の，3.4 3.8 2.7 3.0 1.2 3.6 4.8がそれにあたる．

[②量子化]

標本化した数値に近い**整数値**にする．

→3 4 3 3 1 4 5

[③符号化]

量子化した整数値を**2進数（0，1）で表わし**，対応するパルス列に変換する．

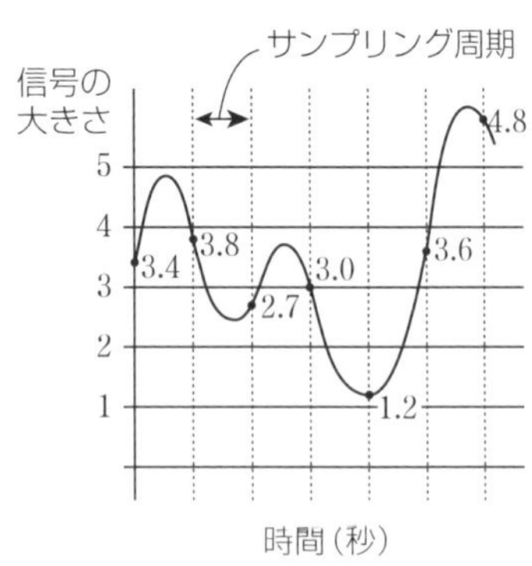

図2・3　サンプリング

→011　100　011　011　001　100　101

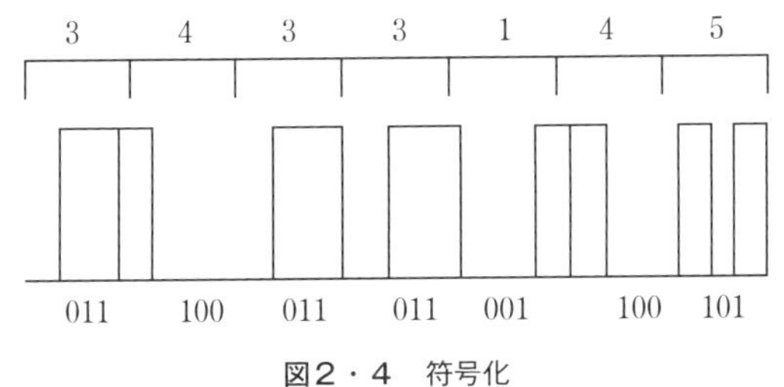

図2・4　符号化

[④復号化]

受信したパルス列を**元の信号に戻す**.

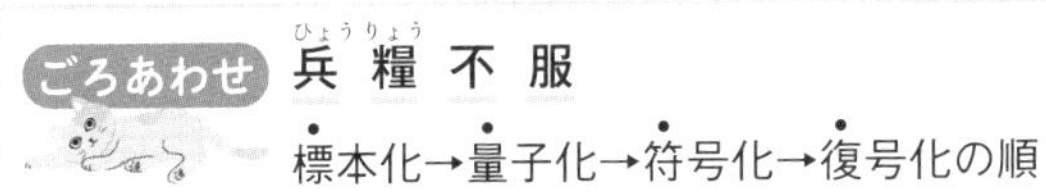

アナログ信号をデジタル信号に変換するとき，右図のように忠実に再現することは困難で，元のアナログ信号（黒線）とデジタル信号（赤線）にずれが生じる．これが**量子化雑音**である．

アナログ信号3.4を，量子化すると3であり，0.4の量子化雑音が生じている．

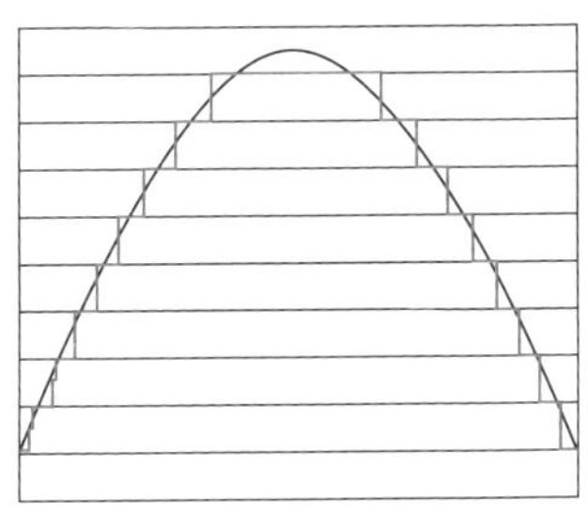

図2・5　量子化雑音

(9) デジタル伝送の特徴

情報が電圧の有無や高低などの2値（0，1）として伝送される方式である．

①コンピュータとの**親和性が良い**．（コンピュータは0，1の2進数を扱う）

②アナログ伝送に比べ**雑音に強い**．

③**多種類の情報**をまとめて伝送できる．

④信号レベルが**しきい値（閾値）**より低下すると品質が急激に悪くなる．

しいき値とは，「高電位」と「低電位」を区別する境となる電位で，たとえば，図のようにAでの受信信号はしきい値を下回っているので0と見なされ，Bでは超えているので1と判断される．

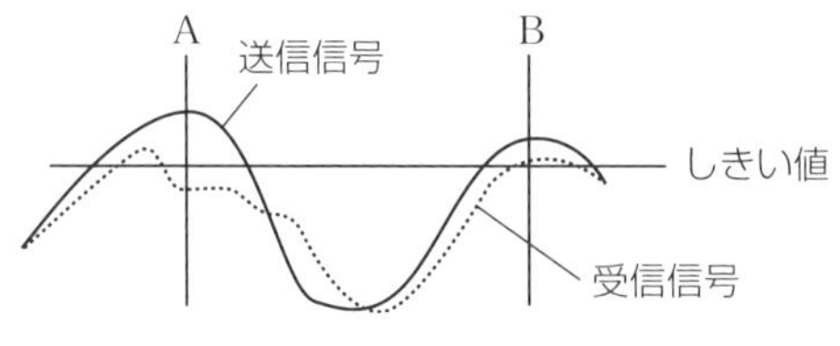

図2・6　信号レベルとしきい値

［①ナイキスト・シャノンの標本化定理］

1928年にナイキスト，1949年にシャノンが示した定理である．

元のアナログ信号をどのような周波数（周期）でサンプリングすれば，忠実に復元できるかを示す．この定理によれば，元の信号の**最高周波数の2倍の周波数でサンプリング**を行えばよいとされる．

たとえば，CDのサンプリング周波数は44.1kHz，量子化16ビットで記録している．つまり，毎秒44,100回の信号を測定し，その強度を（$2^{16}=65{,}536$）段階の値で表す．

（10）通信の現状

ICT（Information and Communication Technology：情報通信技術）は，急速な進歩を遂げ続け，今や，**AI**（Artificial Intelligence），いわゆる人工知能が登場したり，**IoT**（Internet of Things）で，あらゆるものがインターネットにつながる時代になりつつある．

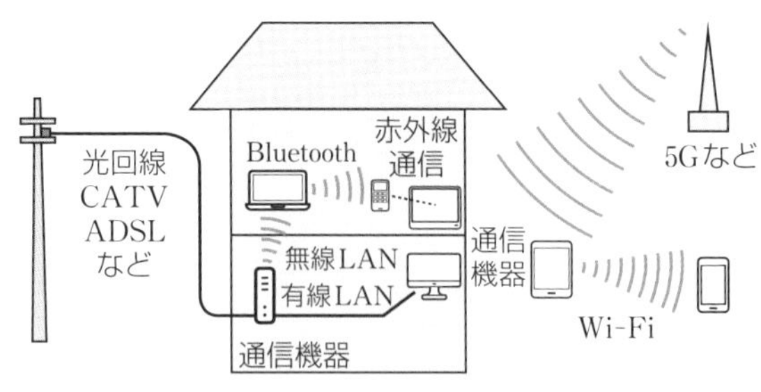

図2・7　通信モデル

［①赤外線通信］

赤外線を使った通信．**1m程度以内の通信**で，途中に障害物があると通信できない．テレビのリモコンは赤外線通信である．

［②Bluetooth（ブルートゥース）］

スウェーデンのエリクソン社が開発し，IEEE802.15.1として2.4GHz帯の電波を使って無線通信を行う規格として標準化した．クラスにより通信距離等は異なるが，**一般的なクラス2**では，**通信距離10m程度**が可能である．

表2・2　クラスの特徴

クラス	最大出力の上限	最大通信距離
1	100mW	100m
2	2.5mW	10m
3	1mW	1m

PCで**インターネット接続**する場合は，Bluetoothでなく，**Wi-Fi**（Wireless Fidelity：IEEE802.11シリーズに準拠した無線LANのブランド名）の方が通信速度は速く距離が長い．

［③IEEE（アイ・トリプル・イー）］

Institute of Electrical and Electronics Engineersで，**米国電気電子学会**のこと．

［④次世代通信5G］

スマートフォン（スマホ）は，携帯電話とパソコンの機能を併せ持つ機器で，2007年に発売されて以来急速に普及し，いまやインターネットに最も接続されている．

スマホやタブレットPCなどの**移動通信規格**である，「3G」，「4G」，「5G」の「G」は「Generation（世代）」の意味．

3G　→　LTE※　→　4G　→　5G　と進化し，通信速度が高速，安定化する．5Gは，第5世代携帯電話システムで，超高速，多数接続などが期待される（5Gは2020年開始）．

※LTE：Long Term Evolution．長期的進化の意味で，4Gに含めることもある．LTEについては，変調方式**64QAM**（➡P.47）が使用されており，5Gは**256QAM**，さらにそれ以上が検討されている．4Gの通信速度は，最大1Gbpsで，5Gではさらに高速化する．なお，5Gの周波数帯は

3.7GHz，4.5GHz，28GHzが割り当てられる．

【⑤LPWA（Low Power Wide Area）】

文字通り，**低消費電力**，**長距離**（数km〜数十km程度）での利用が可能な無線通信技術のこと．IoT時代においては，不可欠な技術である．

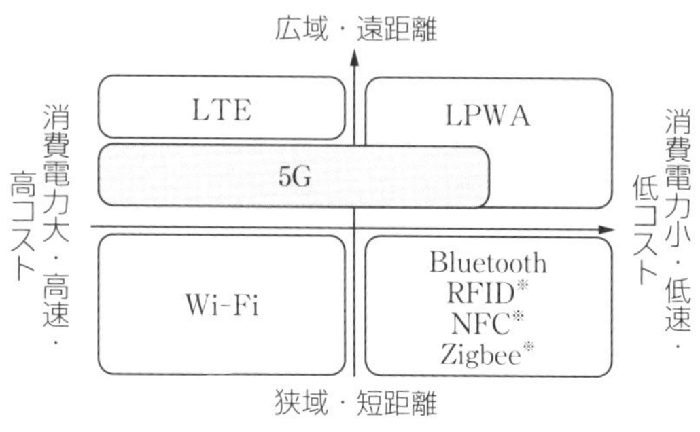

図2・8　無線通信の特徴

※RFID：Radio Frequency Identification

NFC：Near Field Communication

Zigbee（ジグビー）：ICタグにより物品を識別管理する無線通信など，10数cm程度の近距離無線通信．

2　有線通信　重要度★★★

(1) 有線LANの構成機器

有線通信は，送信端と受信端を**ケーブルで接続**し，電気信号や光信号を伝送して行う通信である．

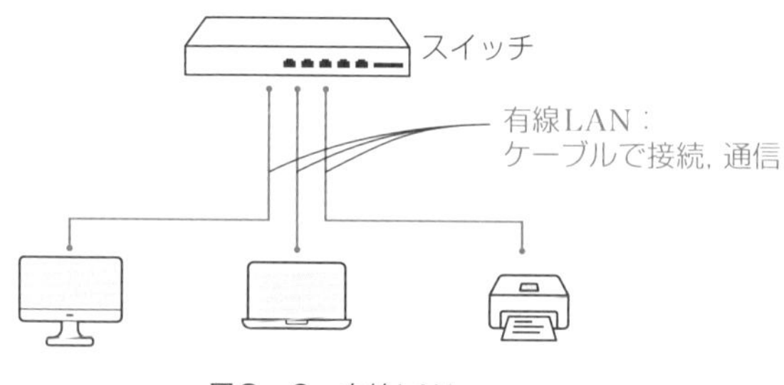

図2・9　有線LAN

電気信号の伝送には**銅線ケーブル**（メタルケーブル）が使用され，光信号の伝送には**光ファイバケーブル**が使用される．

LANはLocal Area Networkのことで，建物内や敷地内で利用するデータ通信網をいう．また，最も普及している有線LANの規格であるイーサネットは，次の部品で構成されている．

［①LANケーブル］

LAN配線で使用するケーブルで，UTPケーブル，STPケーブル，光ファイバケーブルがある．L1（**レイヤー1**：物理層）に該当する．レイヤーとは**階層**のことで，ISO（**国際標準化機構**）では**7階層に分類**している（➡P.53）．

［②スイッチングハブ（switching hub）］

ハブの本来の意味は，車輪の中心部品のことで，転じて複数のケーブルを接続して相互通信するための**集線装置**や中継装置のことをいう．**スイッチングハブ**は，L2（**レイヤー2**：データリンク層）スイッチで，受信データを**宛先の端末のみ**に中継送信する機能をもつ．なお，受信した信号を**すべての機器に送信するのはリピータハブ**（repeater hub）である．

［③ルータ（router）］

パソコンやスマートフォンなど**複数の機器**を，同時にインターネットに接続できるようにする．異なるネットワークへの接続が可能である．L3（**レイヤー3**：ネットリンク層）スイッチである．

(2) 銅線ケーブル

［①ツイストペアケーブル］

被覆銅線2本1組でより合わせた構造．高周波信号の**長距離伝送には不向き**で，**LANなどに使用**される．次の2種がある．

表2・3　ツイストペアケーブルの種類

種類	シールド	特徴
UTP（アンシールデッドツイストペア）	無し	曲げに強く集線接続が容易
STP（シールデッドツイストペア）	有り	電磁波やノイズに強い

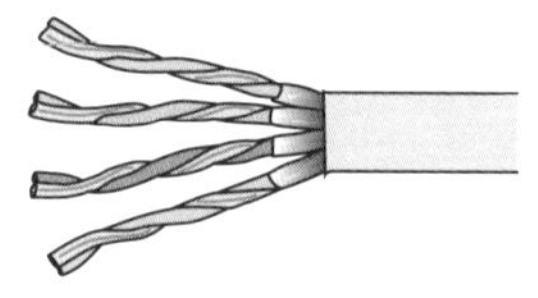
図2・10　UTP

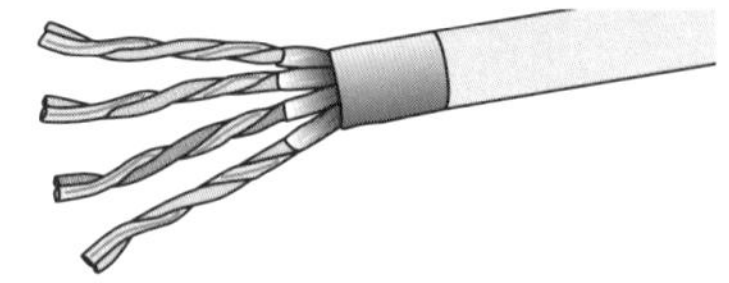
図2・11　STP

STPケーブルは，芯線をアルミでカバー（シールド）をしてある．

［②同軸ケーブル］

中心部の銅線周りをポリエチレンなどの絶縁体で，その絶縁体を網目状の外部導体で覆い，さらにポリエチレンなどで保護した構造である．

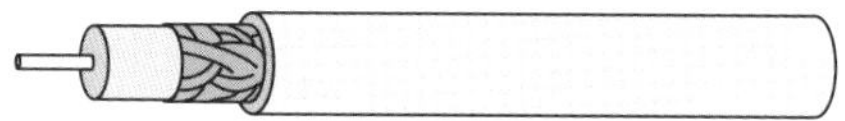
図2・12　同軸ケーブル

電気信号の漏洩やノイズの侵入が少ない．高周波の電気信号の長距離伝送が可能である．LAN，**テレビケーブル**などに使用されている．

(3) 光ファイバケーブル

図のような構造である．**光信号をコアにだけ伝搬**させる．コアとクラッドは石英ガラスかプラスチックでできており，石英ガラスの方が伝送損失は少ない．**電磁誘導の影響も受けない**．

光ファイバケーブルには，**シングルモードファイバ**（SMF）と**マルチモードファイバ**（MMF）の2種類がある（➡P.92）．また高周波信号の長距離伝送が可能である．光ファイバケーブルは，LANはもとより，ネットワーク用の海底ケーブルなどに使用されている．

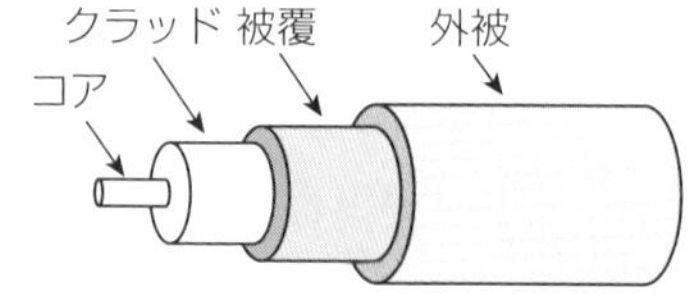

図2・13　光ファイバケーブル

(4) イーサネット (Ethernet) 規格

イーサネットは，パソコンなどの機器を**有線接続**する際の通信規格の一つである．**有線LAN**の規格といってもよい．IEEE802.3で，表の通り規格している．

表2・4　イーサネット規格

規格	伝送速度	使用ケーブル	最大伝送距離
10 BASE 2	10 Mbps	同軸ケーブル	200 m
10 BASE 5	10 Mbps	同軸ケーブル	500 m
10 BASE－T	10 Mbps	ツイストペアケーブル	100 m
1000 BASE－T	1000 Mbps	ツイストペアケーブル	100 m
100 BASE－TX	100 Mbps	ツイストペアケーブル	100 m
1000BASE－SX	1000 Mbps	光ファイバケーブル	550 m
100 BASE－FX	100 Mbps	光ファイバケーブル	2,000 m
1000BASE－LX	1000 Mbps	光ファイバケーブル	5,000 m

（表の見方）
・最初の数字は伝送速度
・BASEは，**ベースバンド伝送**（信号を変調せずに送出する方式で，**ブロードバンド伝送**の対語）
・末尾の2，5は同軸ケーブルの伝送距離（200 m，500 m）
・末尾のTはツイストペアケーブルで，伝送距離はいずれも100 m
・S，F，Lは光ファイバケーブル　Xは符号化の方式

最後に数字があれば同軸ケーブル，Tが付いていたらツイストペアケーブル，それ以外は光ファイバケーブルである．

3 無線通信

重要度 ★★★

無線通信は，情報を電波により送受信する通信をいう．

(1) 無線通信の種類

無線通信の主なものは次のとおりである．

[①無線LAN]

無線LANは，有線でなく**電波を使って**ネットワーク接続する．パソコンやタブレット，スマートフォンなどの機器を**アクセスポイント**に接続し，アクセスポ

イントを経由して**サーバと通信**する．図2・14はインターネット接続の概要図である．また，**ONU**（Optical Network Unit）は，光信号と電気信号を相互に変換する装置である．

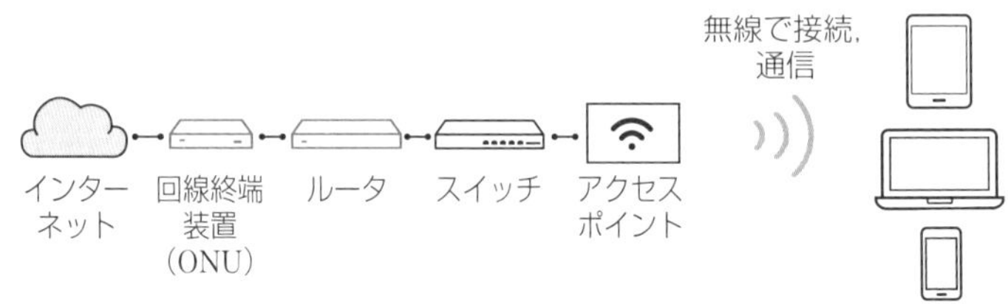

図2・14　インターネット接続

［②衛星通信］

地球上の通信衛星を利用した広範囲にわたる無線通信である．通信用，放送用の静止通信衛星の**高度は約36,000 km**で，衛星放送（BS放送，CS放送）などがある．

［③移動体通信］

移動体通信は，携帯電話，スマートフォンなどの**移動端末**で行う無線通信をいう．送信側と受信側の両方が固定された通信（固定通信）以外の方式で，いずれか一方または両方が移動しながら行う無線通信である．

(2) アンテナ

［①アンテナとは］

アンテナは，**電気信号を空間へ放射**し，また，空間を流れる電流（空間電流という）を**導線へ誘導**することができる機器である．送信も受信も行う．

アンテナに電圧を加えて電流を流すと，周囲に電界や磁界が生じる．この**電界と磁界により，電波が生まれる**．

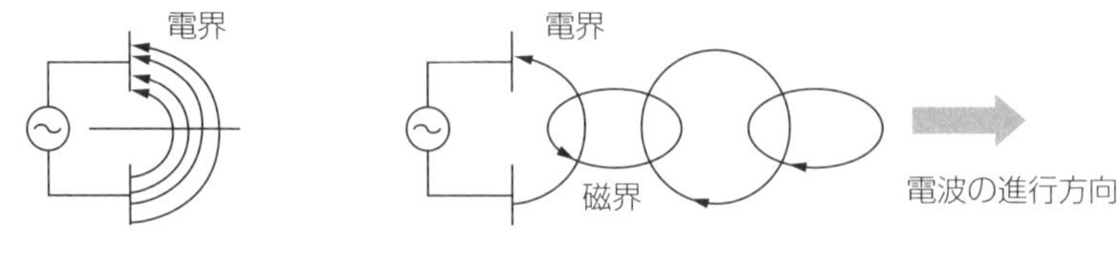

図2・15　電界の発生　　図2・16　電波の放射

[②アンテナの基本構造]

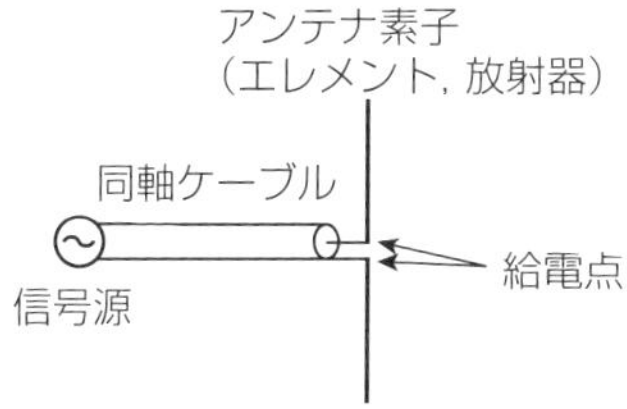

図2・17　ダイポールアンテナの例

2本の開いた銅線の間に電圧をかけて電波を放射させるアンテナを**ダイポールアンテナ**という.

全体の長さが約**1/2波長**(片側で1/4波長)付近まで長くなると, 電流が流れやすく(**共振**), 強い電波が飛ぶ. アンテナから電波を飛びやすくするには, アンテナに加わる電圧や電流を大きくする, 形状を大きくする, アンテナと信号源の**インピーダンス整合をとる**などが必要である.

[③インピーダンス整合(マッチング)]

伝送線路や空中線は, インピーダンスがあり, インピーダンスの異なる媒体の**接合点では反射が起こる**. マッチングが取れていると, アンテナに給電される電力は最大となり, 効率よく放射する.

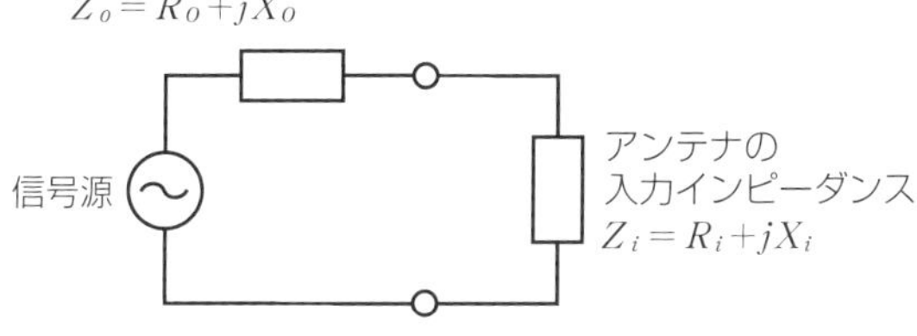

図2・18　インピーダンス整合

マッチングが取れないと, 送信機の電力増幅回路の動作が不安定になり, 効率の良い送受信ができない. また, 電波障害の発生原因となる.

無線通信による電波は, 空間を電界と磁界が直交した状態で振動して伝わる. これを電波伝播(でんぱ)という.

(3) 電磁波の分類

電磁波は，波長の長い方から，次のように分類される．

①電波

②光（赤外線・可視光線・紫外線）

③放射線（X線・γ（ガンマ）線）．

電磁波								
電波				光			放射線	
VLF LF HF	HF VHF	UHF マイクロ波	ミリ波 サブミリ波	赤外線	可視光	紫外線	エックス線	ガンマ線

波長	100m	1m	1cm	0.1mm	1000nm	10nm	0.1nm
周波数	3MHz	300MHz	30GHz	3THz	300THz	30PHz	3EHz

図2・19　電磁波の分類

波長（λ（ラムダ））と周波数（f：frequency）の関係は，

$f\lambda = c$　（c：光速で30万km/s ＝ 3×10^8m/s）

ごろあわせ　**高周波**

光速 ＝ 周波数 × 波長

電波は，周波数が**3THz（テラヘルツ）以下**（**300万MHz以下**）のことで，この周波数帯は無線通信や高周波利用設備などに利用されている．※1THz = 1,000GHz

電波のうち，1～10GHzまでの周波数帯は，比較的電波の減衰が少なく，また雑音が低いので，宇宙通信に適している．この周波数帯は「**電波の窓**」と呼ばれている．通信分野では，マイクロ波は周波数3～30GHz（波長1～10cm）のことをいう．

(4) 無線通信の周波数と特徴

無線通信に使用される周波数とその特徴は，次のとおりである.

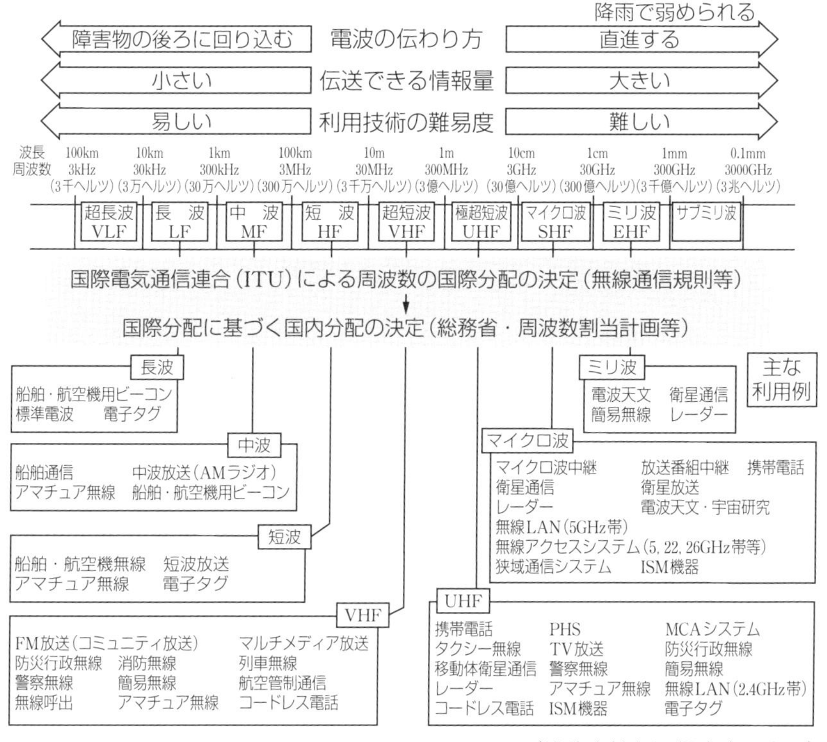

図2・20 周波数と特徴

(5) 電波の伝わり方

[①短波(HF)帯]

• フェージングが発生しやすい.

フェージングとは，経路差(時間差)により，電波の波長が干渉し合う電波障害である.

• デリンジャ現象が発生することがある

デリンジャ現象とは，太陽から放出される紫外線が増大し，**電離層**の電子密度が高まり，地表波の伝搬が途絶える現象をいう．電離層は地上約80km～300kmの上空にあり，電子密度が大きく，電波を反射する層をいう．

- 電離層（F層）と地表との間で反射をくり返して**遠くまで伝搬**する
  最下層からD層，E層，F層があり，A層～C層はない．

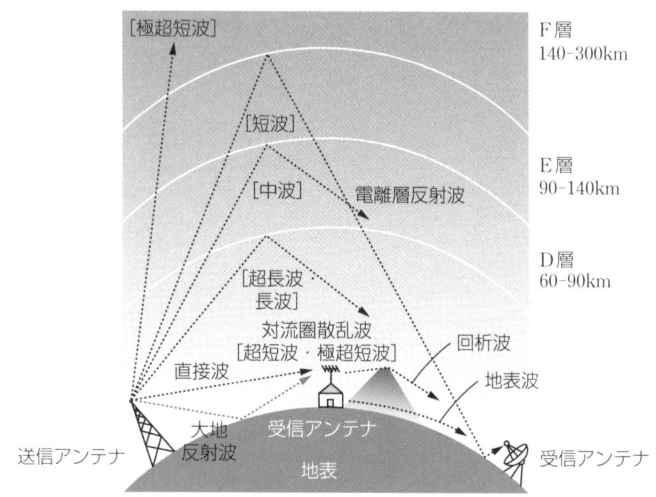

図2・21　電波の伝わり方

［②超短波（VHF）帯］

- 見通し距離での直接波による伝搬が主であるが,）山岳回折により山の裏側に伝わることがある．
- **スポラディックE層（E_S）**の発生により，非常に遠くまで伝搬することがある．ESは，突発的に出現するプラズマ密度の高い層をいう．
- 降雨による減衰は小さい．

4　変調

重要度★★★

（1）変調方式

変調とは，**搬送波**（キャリア）に伝えたい情報を乗せることをいう．

一般に，電波で変えることができるのは「**振幅**」，「**周波数**」，「**位相**」の3つである．

変調方式は次に分類される．

［①アナログ変調］

アナログ変調は，音声信号からなる信号により，搬送波の振幅を変化させることで伝送する方式である．**AMラジオ放送**に用いられている．周波数を変化させることで伝送するのは**FMラジオ放送**に用いられている．

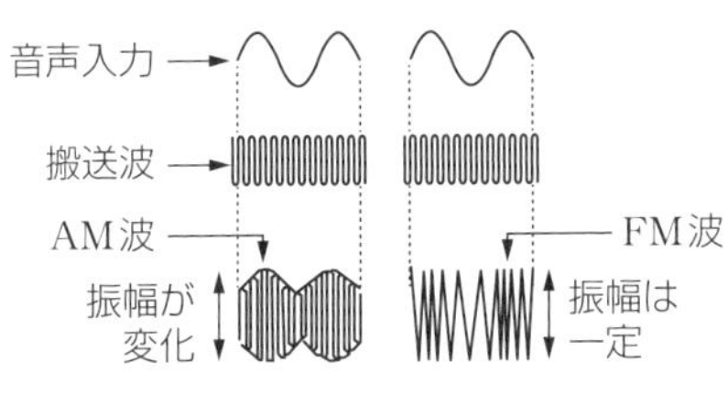

図2・22　アナログ変調

［②デジタル変調］

デジタル変調方式は，方式「0」と「1」の**デジタル信号**を変調して信号を伝送する方式である．

［③パルス変調］

パルス変調は，信号でパルスの幅を変えたPWM，位相を変えたPPM，振幅を変えたPAMや音楽CDで使用されるPCMがある．

表2・5　変調の各方式

信　号	変えるもの	
アナログ	振幅	振幅変調（**AM**：Amplitude Modulation）
	周波数	周波数変調（**FM**：Frequency Modulation）
	位相	位相変調（**PM**：Phase Modulation）
デジタル	振幅	振幅偏移変調（**ASK**：Amplitude Shift Keying）
	周波数	周波数偏移変調（**FSK**：Frequency Shift Keying）
	位相	位相偏移変調（**PSK**：Phase Shift Keying）
	振幅・位相	直交振幅変調（**QAM**：Quadrature Amplitude Modulation） 直角位相振幅変調ともいう
	周波数・振幅	直交周波数分割多重 （**OFDM**：Orthogonal Frequency Division Multiplexing）

※　keying ≒ modulationで，いずれも「変調」と訳される．

(2) 振幅偏移変調（ASK）

「0」のときは振幅なし，「1」のときは振幅のあることを表す．

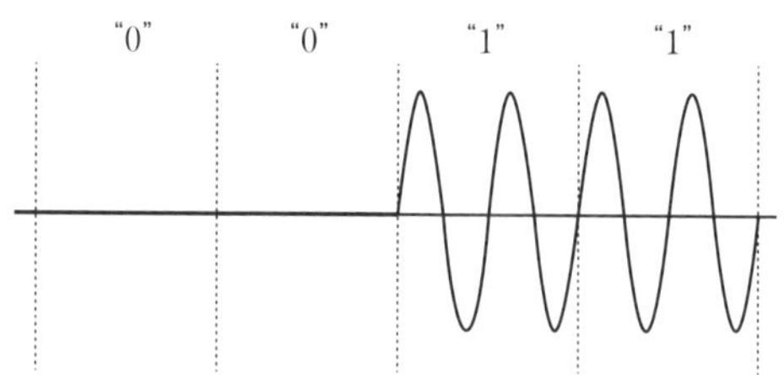

図2・23　振幅偏移変調

(3) 周波数偏移変調（FSK）

「0」と「1」で周波数が異なる.

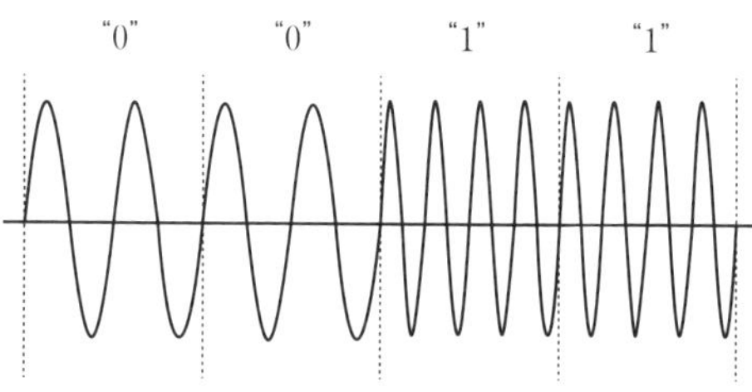

図2・24　周波数偏移変調

(4) 位相偏移変調（PSK）

「0」と「1」で位相が180°異なる.

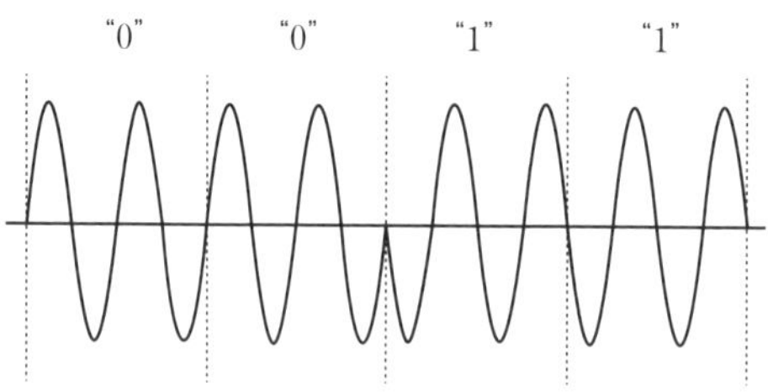

図2・25　位相偏移変調

QPSK（Quarter Phase Shift Keying）は，位相変調角が90度単位なので，伝送波形は4つの位相になる.

「00」「01」「10」「11」という4つの状態に対応するので，1波形あたり**2bit**

のデータが送れる.

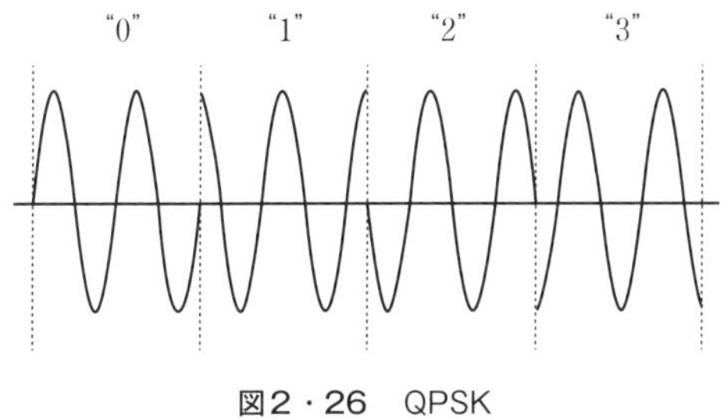

図2・26 QPSK

(5) QAM

振幅と位相の両方を変える. 図は16QAMで, 4 bit (24 = 16通り) 伝送できる.

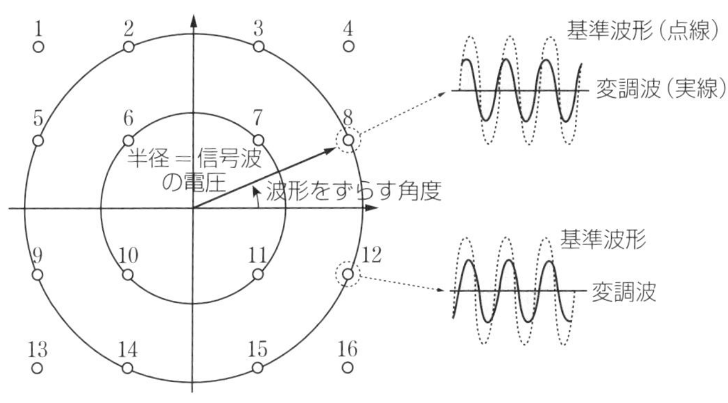

図2・27 16QAM

16 QAMは, 受信信号レベルが安定していたら16 PSKに比べ**BER※特性が良好**となる.

※BER：Bit Error Ratio

さらに, 64QAMがあり, 同じ周波数帯域幅でも16QAMの4倍の情報が送れる. しかし, 細かく分割されている分, ノイズなどに弱い.

搬送波信号を**ダイアグラム**で表わして比較すると, 次のようになる.

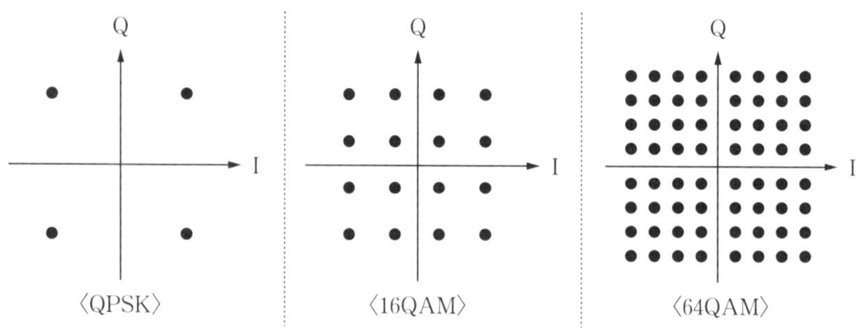

図2・28　情報量の比較

信号点の間隔は，QPSKを1とすると，16QAMは1/3，64QAMは1/7となる.

(6) 変調速度

データ伝送速度は，1秒間に伝送できるビット数で表し，単位は〔bps〕(bits per second) である．一方，**変調速度**は，伝送路上で，ある変調状態が持続する時間間隔の逆数を〔Baud〕(人名) という単位で表す.

たとえばデータ伝送において，変調速度を800〔baud〕とし，QPSKにより変調を行う場合のデータ伝送速度を計算してみる．QPSKは4つの位相 (2ビット分) を変えるので，2ビット×800＝1,600 bps である.

5　多重化技術　重要度★★★

(1) 多重化とは

多重化とは，一つの伝送路を用いて多数の利用者からの信号を束ねて送信することをいい，**多重分離**とは，多重化された信号を分離することをいう.

1本のケーブルに複数の信号をそのまま重ねて送ると区別できなくなる．そこで，信号を区別する仕組みを作れば，1本のケーブルに複数の回線を乗せることができる.

通信事業者の回線網では，末端に小容量のアクセス回線が多数配線されており，その多数の接続を大容量の回線に束ねる際，多重化技術が利用されている．

多重化には**周波数分割多重**，**時分割多重**，**符号分割多重**，**空間分割多重**等がある．

(2) 周波数分割多重（FDM：Frequency Division Multiplexing）

周波数帯の異なる複数の信号を合成して送受信する方式で，各端末からの複数の信号を**分割された周波数に割り当て**，1つの伝送路を利用する方式をいう．

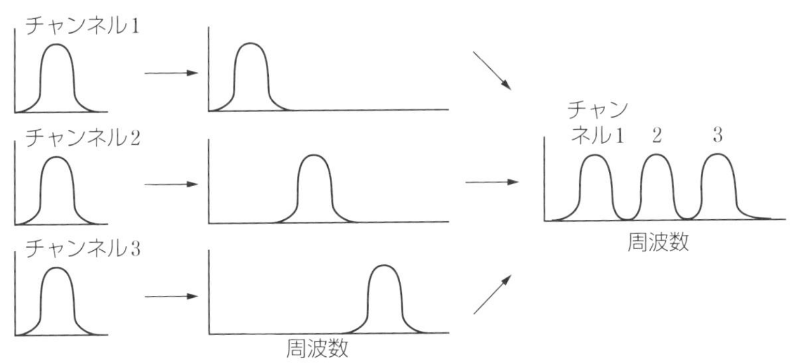

図2・29　各チャンネルの伝送

主に**アナログ信号の伝送**に使われ，たとえばテレビは，放送番組の周波数を変えて送っているので，**同じアンテナ**で受けた電波から見たい番組を選べる．多重化した後の信号の周波数帯域は広くなる．図2・30は，1本のケーブルに3種類の周波数の信号を流すイメージ図である．

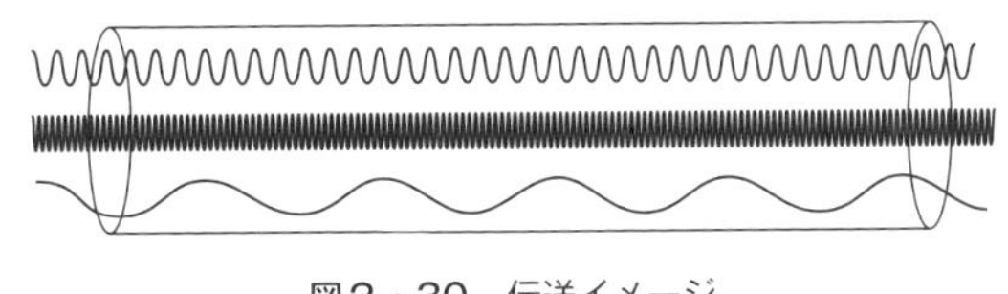

図2・30　伝送イメージ

【例】テレビ放送（VHF，UHF）の1チャンネルの帯域は6 MHzで，3チャンネルを周波数分割多重化すると，3チャンネル×6 MHz＝18 MHzの帯域が必要である．実際に，第1チャンネルから第3チャンネルは，90～

108 MHzの周波数である．

(3) 時分割多重（TDM：Time Division Multiplexing）

多数の**異なるデジタル信号**を時間的に細かく分割，配列して，1つの伝送路で伝送する方式である．

複数チャンネルのデジタル信号や符号化された音声信号を，複数ビットずつ時間を区切って（ずらして）配置し，順番に並べる．複数の情報を，時間のズレ（並び順）で区別する．

時間間隔を短くすれば，人には**連続した信号として認識**される．

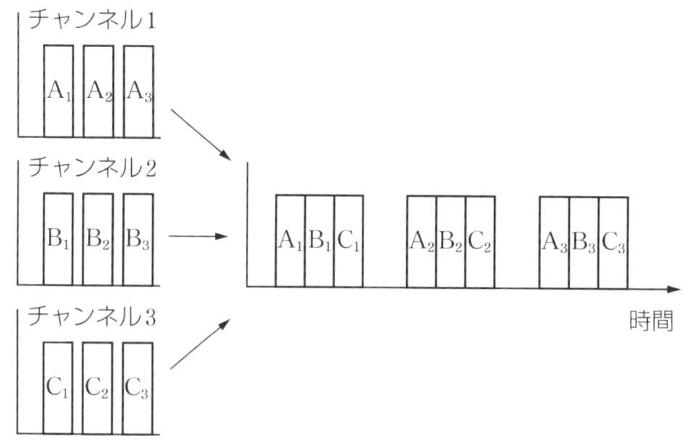

図2・31　時分割多重

【例】3種類（チャンネル）の信号を8 bitずつ配置すると，チャンネル1の信号の後にチャンネル2の信号，その後にチャンネル3の信号がそれぞれ8 bitで順に送られる．8 bitのパルス列をフレームと呼び，繰り返しの周期を示すためにフレームの最初にはフレーム**同期パルス**を挿入する．多重化後のパルス幅は多重化前のパルス幅に比べて，送信したチャンネル数の逆数倍になる．（パルス幅は圧縮される）

また，伝送速度は1秒間に伝送するビット数が増え，送信したチャンネル数倍になる．

(4) 符号分割多重（CDM: Code Division Multiplexing）

回線ごとに異なる符号をつけて他の信号と区別できるようにしておき，受信側では希望回線の信号を取り出す方式である．

送信時にデータごとに違う符号（コード）を混ぜ，それぞれの受信先で対応した**コードの付いたデータだけを取り出す**．

身近な例をあげると，ベルトコンベアでいろいろな荷物を同時に運ぶとき，行先別に色の異なるステッカーを貼ったり，名前を書いたりして受領者に正しく届けるシステムのようなものである．

なお，その符号に対応していないデータは雑音のままなので，対応しないデータを受信することはできない．つまり暗号化を兼ねられる．

CDM は複数のデータを混ぜた状態で送信する．

(5) 空間分割多重（SDM：Space Division Multiplexing）

ケーブルの1条当たりの**収容回線数を大きくする**方式で，ケーブルの心線数を増やし，各導線に異なる信号を流す．物理的に信号が流れる場所（空間）が異なるので空間分割という．

6 ネットワーク

重要度★★★

(1) ネットワークトポロジー

ネットワークトポロジーとは，コンピュータにおけるネットワーク配線で，端末や各種機器が接続されている形状を表す用語である．

形状には，**リング型**，**メッシュ型**，**スター型**，**ツリー型**，**バス型**などあるが，大規模なネットワークでは，これらを複数組み合わせることが多い．

例えば，バス型は**基幹となるケーブルを1本敷設**し，そこから複数の支線が延びるようにネットワークを構築する方式である．

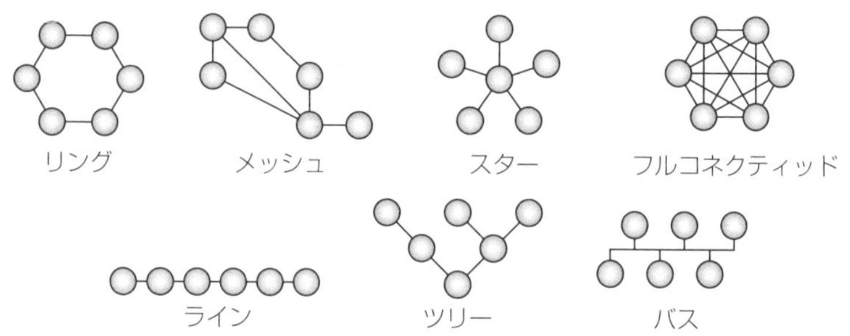

図2・32　ネットワークの形状

図中の交点（◯の部分）を**ノード**といい，通信ネットワークではコンピュータや通信機器など，通信の主体となる個々の機器をいう．

(2) プロトコル

プロトコルとは，通信を行う者同士が，**通信の手順やルール**を定めた**通信規約**のことである．

プロトコルには，IP，TCP，UDP，HTTP，SMTP，POP，DHCP，ARPなどがあり，その総称が**TCP/IP**（Transmission Control Protocol/Internet Protocol）と呼ばれるプロトコルである．

［①IP］

複数のネットワークを繋ぎ，相互に通信することができる経路制御を行うプロトコルをいう．インターネットは世界中に張り巡らしたネットワークである．

［②TCP］

IPを基盤にその上層で利用されるプロトコルで，**トランスポート層**に属する．

通信相手の状況を確認して接続し，データ伝送が終わると切断するという手順で，相手が確実に**データを受け取ったかの確認**や，データの欠落や破損を検知して再送する，届いたデータを送信順に並べ直すといった**制御を行う**プロトコルである．信頼性は高いが転送速度は低い．

［③UDP（User Datagram Protocol）］

送ったデータが相手に届いたか確認しないで通信するやり方であり，再送制御などを行わず**送りっぱなしにする**仕組みのため，確実性より転送効率や即時性を重視する場合のプロトコルである．転送速度は高いが信頼性が低い．

TCPは安全性重視，UDPはスピード重視．

(3) OSI参照モデル

通信プロトコルを**標準化**することにより，**異機種間のデータ通信を実現**することができる．

国際標準化機構ISO (International Organization for Standardization) は，OSI (Open Systems Interconnection) を策定し，**OSI参照モデル**とした．これは，コンピュータなどの通信機器の持つべき機能を**7つの階層に分割**したものである．階層は次の区分となる．

［①第1層（物理層）］

データを通信回線に送出するための電気的な変換や機械的な作業を行う．

［②第2層（データリンク層）］

通信相手との物理的な通信路を確保し，通信路を流れるデータのエラー検出などを行う．

［③第3層（ネットワーク層）］

相手までデータを届けるための通信経路の選択や，通信経路内のアドレスの管理を行う．

［④第4層（トランスポート層）］

相手まで確実に効率よくデータを届けるためのデータ圧縮や誤り訂正，再送制御などを行う．

［⑤第5層（セッション層）］

通信プログラム同士がデータの送受信を行うための仮想的な経路の確立や解放を行う．

［⑥第6層（プレゼンテーション層）］

第5層から受け取ったデータをユーザが分

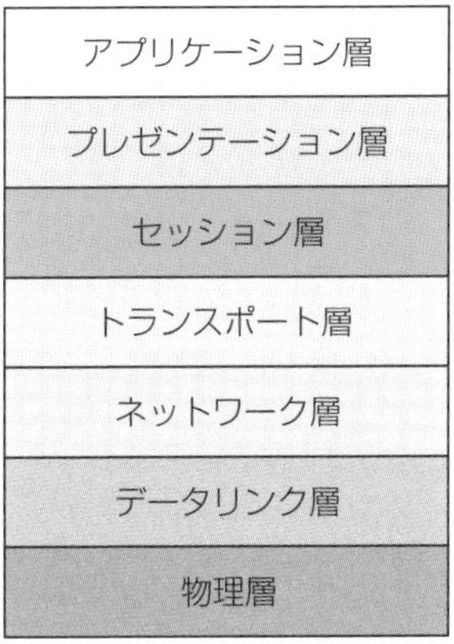

アプリケーション層
プレゼンテーション層
セッション層
トランスポート層
ネットワーク層
データリンク層
物理層

図2・33　OSI参照モデル

かりやすい形式に変換したり，第7層から送られてくるデータを通信に適した形式に変換する．

[⑦第7層（アプリケーション層）]

データ通信を利用した様々なサービスを人間や他のプログラムに提供する．

例えば，第1層をレイヤー1と表現する場合もある．

ごろあわせ **物でねえと拙者プア（安い物でねえと…拙者はプア（貧乏）だ）**

物理層　データリンク層　ネットワーク層　トランスポート層
セッション層　プレゼンテーション層　アプリケーション層

(4) アドレス・ポート

[①アドレス]

「住所」という意味で，機器，データなどの所在を表す文字列や番号，ビット列などをいう．

- IPアドレス：インターネットをするときにコンピュータに割り当てられる住所
- MACアドレス（MAC：Media Access Control）：ネットワーク機器に割り当てられた住所

[②ポート]

「港」という意味で，機器やソフトウェアが外部の機器と接続・通信するための末端部分のこと．

具体的には，機器の側面などに設けられた，ケーブルやコネクタの差込口のことをいう．1つのコンピュータ内の，どのソフトウェアが通信するかを指定するためにポート番号（port number）が用いられる．

過去問チャレンジ（章末問題）

問1　R3-前期　➡1 通信方式・技術

アナログ・デジタル（AD）変換に関するする次の記述の〔　　〕に当てはまる数値として，適当なものはどれか

「最高周波数が20kHZのアナログ信号をサンプリングする場合，もとのアナログ信号を再現するために必要なサンプリング時間は，〔　　〕μs以下となる.」

(1)　25
(2)　50
(3)　100
(4)　200

解説　ナイキストの標本化定理によれば，最高周波数の2倍でサンプリングすればよい.
20 × 2 = 40kHZは1秒間に40,000回なので，1 ÷ 40,000 = 25μs

解答　(1)

問2　R4-後期　➡3 無線通信

HF帯の電波の伝わり方に関する記述として，適当でないものはどれか.

(1)　デリンジャ現象が発生することがある.
(2)　ラジオダクトによる見通し外への伝搬が起こりやすい.
(3)　フェージングが発生しやすい.
(4)　電離層と地表との間で反射をくり返して遠くまで伝搬する.

解説　ラジオダクトは，あたかも電波がダクト内を反射しながら伝わる状況をいう．気象状況によって大気中の電波の屈折率が大きくなり，地表面や海面との反射を繰り返す．通常では届かない遠方へ届くようになる．ラジオダクトによる伝搬は主にUHF帯以上の高い周波数で発生する.

解答　(2)

問3　R1-後期

➡4 変調

パルス符号変調（PCM）方式の送信側に関する次の記述の〔　〕に当てはまる語句の組合せとして，適当なものはどれか.

「アナログ信号の信号波形を一定の間隔で抜き取り，パルス波形に置き換えること〔　ア　〕といい，抜き取られたパルスを，2^nの間隔で分けられた大きさのパルスに近似することを〔　イ　〕という．さらに，パルスの大きさを，2^nで重み付けした2進数のデジタル信号に変換することを〔　ウ　〕という.」

	（ア）	（イ）	（ウ）
(1)	標本化	符号化	量子化
(2)	標本化	量子化	符号化
(3)	量子化	標本化	符号化
(4)	量子化	符号化	標本化

解説　標本化→量子化→符号化の順である.

解答　(2)

問4　R4-後期

➡4 変調

デジタル変調方式に関する次の記述の〔　〕に当てはまる語句の組合せとして，適当なものはどれか.

「デジタル信号の1と0に応じて搬送波の周波数を切り換える変調方式を〔　ア　〕，デジタル信号の1と0に応じて搬送波の位相を切り換える変調方式を〔　イ　〕という.」

	（ア）	（イ）
(1)	FSK	PSK
(2)	PSK	FSK
(3)	PSK	ASK
(4)	ASK	FSK

解説 デジタル信号の1と0に応じて搬送波の周波数を切り換える変調方式を周波数偏移変調（FSK：Frequency Shift Keying）という．また，デジタル信号の1と0に応じて搬送波の位相を切り換える変調方式を，位相偏移変調（PSK：Phase Shift Keying） という．

解答 (1)

問5 **R5-後期** ➡4 変調

データ伝送において，変調速度を1,600 [baud] とし，8 PSK により変調を行う場合のデータ伝送速度s [bps] の値として，適当なものはどれか．

(1) 1,600 [bps]
(2) 4,800 [bps]
(3) 9,600 [bps]
(4) 12,800 [bps]

解説 8 PSKは $8=2^3$ なので，3ビットである．したがって，$3\times1{,}600=4{,}800$ bpsである．

解答 (2)

情報工学

1 情報理論

重要度★★★

(1) 情報理論とは

情報理論とは，情報を定量的，数学的に扱う理論である．たとえば，効率の良い符号化，雑音の少ない伝送路の情報圧縮方法，部外者に秘密の漏えいを防止する暗号理論などである．

(2) ビットとバイト

[①1ビット※（bit）]

0か1かの2つの情報を表す最小単位をいう．

[②1バイト※（Byte）]

2^8（＝256）ビットのことをいう．

※ビットは小文字の「**b**」，バイトは大文字の「**B**」で表記することもある．

(3) 2進数・10進数・16進数

一般に数字表現は，0～9までの10種類の数字を使った**10進法**であるが，情報処理の分野では，**2進数**や**16進数**が扱われる．

2進数は0と1の2つの数字のみを使う.16進数は0～9の**10の数字**と，アルファベットの**A～Fまでの6つの文字**を使って表す．

[①10進数を2進数で表す]

【例題】10進数の14を，2進数で表しなさい．

【解説】（手順）①　14を2で割っていく．

②　その余りを脇に書く．

③　下から読む．

$$
\begin{array}{r|l}
2 & 14 \\
2 & 7 \quad \cdots 0 \\
2 & 3 \quad \cdots 1 \\
 & 1 \quad \cdots 1
\end{array}
$$

1110

したがって$(14)_{10}=(1110)_2$

（左辺は，10進数の14であり，右辺は2進数の1110であることを意味する）

［②2進数を10進数で表す］

10進数の構成は次のようになっている．

たとえば，326という数は，百の位が3，十の位が2，一の位が6である，

$326 = 3 \times 100 + 2 \times 10 + 6 = 3 \times 10^2 + 2 \times 10^1 + 6 \times 10^0$

10進数なので，10の累乗となっている．2進数なら，2の累乗にする．

【例題】$(1110)_2$を10進数にしなさい．

【解説】$(1110)_2 = 1 \times 2^3 + 1 \times 2^2 + 1 \times 2^1 + 0 \times 2^0 = 8 + 4 + 2 + 0 = 14$

（答）$(1110)_2 = (14)_{10}$

［③2進数を16進数で表す］

2進数を**10進数に変換してから**16進数に変換する．16進数では，10進数の10＝A，11＝B，12＝C, 13＝D，14＝E, 15＝Fである．

【例題】$(1101100101101010)_2$を16進数にしなさい．

【解説】4桁ずつに区切り，10進数に変換する．1101＝13 → D，1001＝9，0110＝6，1010＝10 → A

（答）$(1101100101101010)_2$＝D96 A

なお，16進数を2進数に変換する場合は，この逆を行う．

［④16進数を10進数で表す］

【例題】$(\mathrm{CFA})_{16}$を10進数にしなさい．

【解説】C＝12，F＝15，A＝10　　$12 \times 16^2 + 15 \times 16 + 10 = 3322$

（答）$(\mathrm{CFA})_{16} = 3322$

(4) データ圧縮

情報を記録する**ファイルの容量を小さく**して保存したり，**通信量を少なく**

して伝送するために，データの圧縮を行う．圧縮には次の方式がある．

[①可逆圧縮]

データが完全に元の状態に**復元できる**．プログラムやデータは可逆圧縮であることが求められる．複数のファイルを1つにまとめられ，容量を小さくできるファイルとしてzip等がある．

[②非可逆圧縮]

データが完全に元の状態には**復元できない**．一度画像を圧縮すると完全には画質を元に戻せないjpg等がある．

出現頻度の多いデータには，短い符号を割り当てる．

2 論理回路

重要度★★★

(1) ベン図

[①論理和 (OR)]

AとBの論理和を$A+B$で表す．

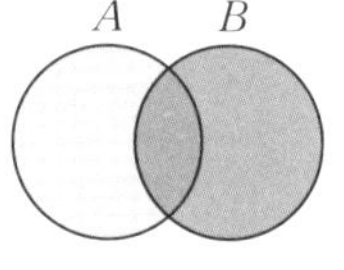

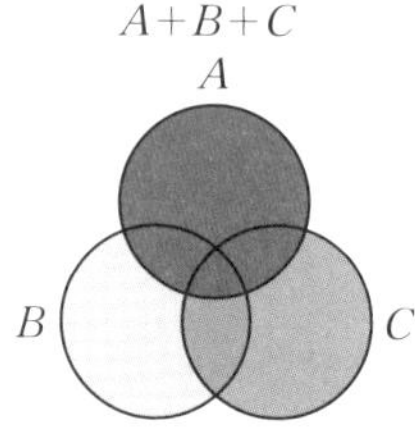

図3・1　論理和

[②論理積 (AND)]

AとBの論理積を$A \cdot B$で表わす．

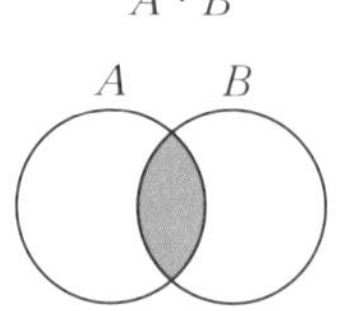

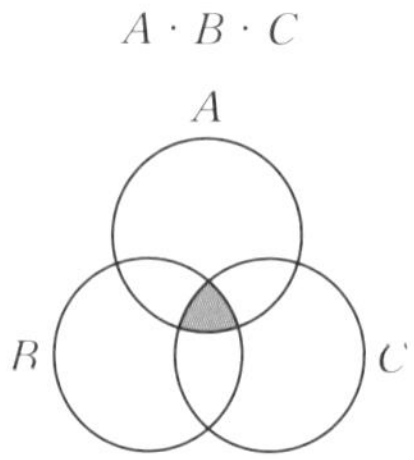

図3・2　論理積

(2) 法則

[①交換法則]

$$A+B=B+A$$

$$A\cdot B=B\cdot A$$

[②結合法則]

$$(A+B)+C=A+(B+C)$$

$$(A\cdot B)\cdot C=A\cdot(B\cdot C)$$

[③ド・モルガンの定理]

① $\overline{A+B}=\overline{A}\cdot\overline{B}$

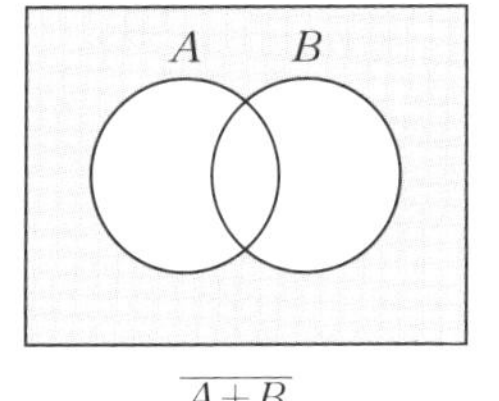

$\overline{A+B}$

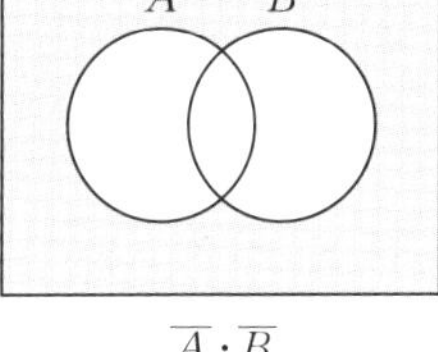

$\overline{A}\cdot\overline{B}$

図3・3　ド・モルガンの定理①

② $\overline{A\cdot B}=\overline{A}+\overline{B}$

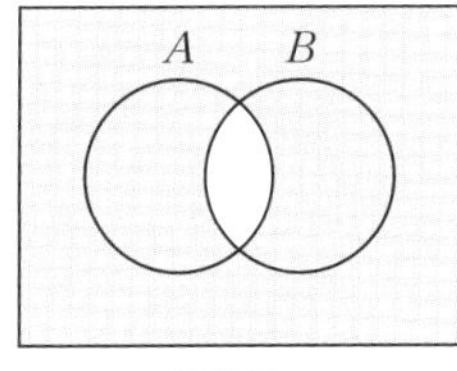

$\overline{A\cdot B}$

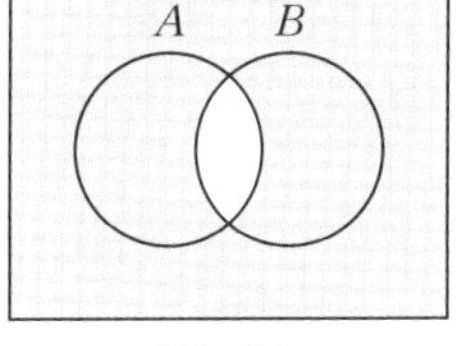

$\overline{A}+\overline{B}$

図3・4　ド・モルガンの定理②

(3) 論理回路

[(1) OR (オア) 回路]

$$Y=A+B$$

A, Bに0と1を入力したとき，出力Yの値を表にしたものを**真理値表**という．

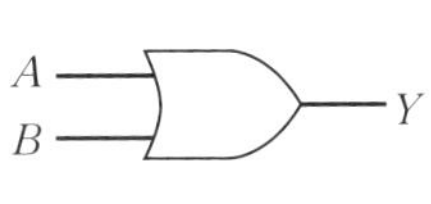

A	B	Y
0	0	0
1	0	1
0	1	1
1	1	1

図3・5　OR回路と真理値表

[(2) AND (アンド) 回路]

$Y = A \cdot B$

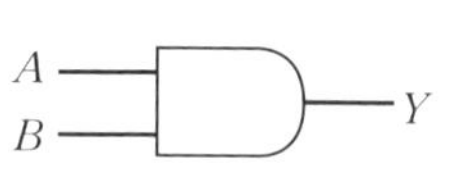

A	B	Y
0	0	0
1	0	0
0	1	0
1	1	1

図3・6　AND回路と真理値表

[(3) NOT (ノット) 回路]

$Y = \overline{A}$

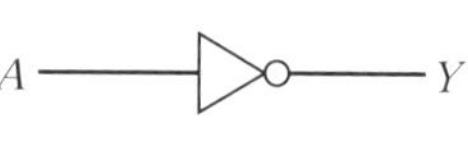

A	Y
0	1
1	0

図3・7　NOT回路と真理値表

[(4) NOR (ノア) 回路]

$Y = \overline{A + B}$

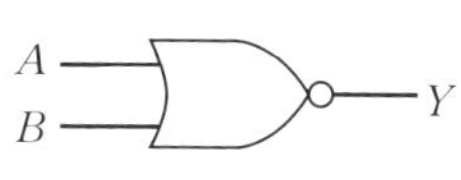

A	B	Y
0	0	1
1	0	0
0	1	0
1	1	0

図3・8　NOR回路と真理値表

（OR回路）と（NOT回路）を合成してができたもので，OR回路のNOT（否定）である．

[(5) NAND (ナンド) 回路]

$Y = \overline{A \cdot B}$

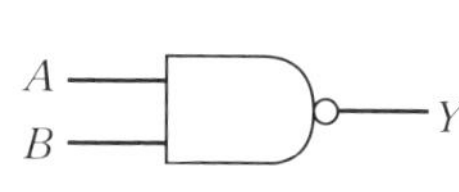

A	B	Y
0	0	1
1	0	1
0	1	1
1	1	0

図3・9　NAND回路と真理値表

3　コンピュータ

重要度★★★

(1) コンピュータの機能

コンピュータは，次の5つの機能がある．

①入力　②出力　③記憶　④演算　⑤制御

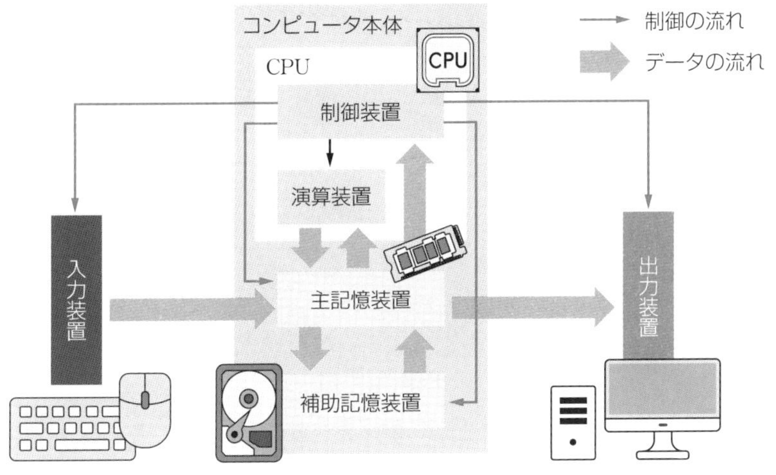

図3・10 コンピュータの機能

(2) 設備構成

[①入力装置]

コンピュータに命令やデータを入力する装置で，**キーボード**，**マウス**，スキャナ，ジョイスティック，バーコードリーダ，**OCR** (Optical Character Reader) などがある．OCRは，手書き文字などを画像データとして光学的に読み取り，解析して文字データに変換する装置である．

[②出力装置]

コンピュータによって処理されたデジタル信号を人間にわかる文字や図形に変換する装置で，**ディスプレイ**，**プリンタ**，**プロジェクタ**などがある．

[③主記憶装置（メモリ）]

ソフトウェアを実行するために必要なプログラムやデータを記憶する装置で，**CPU** (中央処理装置) から直接読み書きすることができる．記憶場所にはアドレスが割り当てられ，プログラムでアドレスを指定して記憶されているデータの読み取りや書き込みができる．制御装置が主記憶装置に対して，データの読み取り・書き込み命令を出す．そこからデータ転送が終了するまでの時間を**アクセスタイム**といい，コンピュータの性能を示す指標の一つである．

また，**RAM** (Randam Access Memory)，DRAM (Dynamic RAM) をメモリということもある．

ROM (Read　Only Memory) は読み出し専用のメモリであり，固定的なプログラムや定数などのデータの格納場所として使われる．

なお，電源を切ると記憶していた情報が消滅して，読み取ることができない記憶装置を**揮発性記憶装置**（きはつせい）という．

［④補助記憶装置（ストレージ）］

プログラムやデータを永続的に保管しておく外部記憶装置をいう．ハードディスク (HDD)，ソリッドステイトドライブ (SSD)，CD-Rなどがある．

HDDは磁気ディスク，SSDはフラッシュメモリ（半導体素子）を用いてデータを記録する．SSDはHDDのような回転円盤（ディスク）やモーターのような機械部品がないため，消費電力が少ない．そのため耐衝撃性に優れ，振動や駆動音もなく，小型軽量である．読み書きは高速であるが，フラッシュメモリは書き込みを行うごとに劣化し，値段も高価である．

USBはパソコンと周辺機器をつなぐ**シリアルインタフェース**である．

主記憶装置は直接CPUとやり取りする．補助記憶装置は，いったん主記憶装置にデータを移してからCPUとやり取りする．

［⑤中央処理装置（CPU：演算処理装置）］

制御装置からの制御信号により算術演算や論理演算などの演算を行う．

CPU (Central Processing Unit) は，**メモリに記憶されたプログラムを実行する**装置である．メモリや入力装置からデータを受け取り，演算，加工，出力する．1回の命令で同時処理できるデータ量により，8ビット，16ビット，32ビットなどがある．

【例】8ビット：2^8個＝256　16ビット：2^{16}＝65,536　2^{32}＝4,294,967,296の情報量

ビット数とともに，**クロック周波数**（1秒間に実行できる命令の回数で，Hzで表す）がCPUの性能を決定する．クロック周波数（クロック数）とは，**クロック信号**（処理の同期信号）が，1秒間に何回発生するかを示す値をいう．クロック周波数の値が高いほど，多くの処理を同時にこなすことができ，処理性能が高いことを示す．

たとえば，1秒間にクロック信号が200個あればクロック周波数は200

〔Hz〕と表現する．

また，CPUが1秒間に実行可能な命令数を百万単位で表したものを，MIPS（Million Instructions Per Second）という．

【例題】平均命令実行時間が0.5μsであるCPUのMPISを求めよ．

【解説】1秒間に1/（0.5×10^{-6}）$= 2 \times 10^{6}$　の命令が実行可能である．

（答）2 MPIS

［⑥制御装置］

コンピュータシステムの構成要素のうち，主に他の要素の動作の制御などの機能を担うもの．

(3) RASIS

RASIS（Reliability Availability Serviceability Integrity Security）とは，コンピュータシステムが備えるべき5つの特性の頭文字である．

［①R＝Reliability（信頼性）］

障害による停止等の発生のしにくさを表す．MTBF：Mean Time Between Failures（平均故障間隔）で表す．

MTBF＝稼働時間の和÷故障回数

［②A＝Availability"（可用性）］

稼働率の高さをいう．

稼働率＝実際の稼働時間÷期待される稼働時間

［③S＝Serviceability（保守性）］

障害発生時の復旧のしやすさを表す．MTTR：Mean Time To Repair（平均修復時間）で表す．

MTTR＝修復時間の和÷故障回数

［④I＝Integrity（完全性）］

データの破壊や喪失，不整合などの起こりにくさをいう．

［⑤S＝Security（機密性）］

データやプログラムの改竄（かいざん）や機密データの漏洩（ろうえい）などの起こりにくさをいう．

(4) ソフトウェア

[①OS (Operating System)]

OSは，基本ソフトであり，機器の基本的な管理や制御のための機能や，多くのソフトウェアが共通して利用する基本的な機能など，システム全体を管理する．特徴は次のとおりである．

- 入出力装置や主記憶装置（メインメモリ），外部記憶装置（ストレージ，ディスク）の管理．
- 外部装置やネットワークとのデータ通信の制御．
- OSが同じであれば，どのアプリケーションソフト（application software）も動作する．
- OSの提供する機能を利用することにより，ソフト開発が容易になる．

OSの種類は，PC用としてWindows（Microsoft），Mac OSX（Apple），企業向けにLinux，Windows Server，スマートフォンやタブレット向けにAndroid（Google），iOS（Apple）などがある．

[②言語プロセッサ]

コンピュータ言語で書かれたデータを読み込んで処理・解釈し，別の言語やデータ構造による表現に変換するソフトウェアの総称である．

[③データベース管理システム]

データベースの定義・操作・制御などの機能をもち，データベースを**統合的に管理**するためのソフトウェアをいう．

[④アプリケーションソフトウェア]

特定の目的や業務などで利用されるソフトウェアをいう．

[⑤ミドルウェア]

OSとアプリケーションソフトウェアの間で動作する．汎用的な機能を提供するソフトウェアの総称である．

(5) 符号化と文字コード

符号化とは，信号やデータを一定の規則に従ってデータ化することをいう．アナログ信号のデジタルデータ化やそれを暗号化することである．

コンピュータは，情報源の信号を0と1の数字に変換する必要があり，これが符号化である．

文字コード（キャラクターコード）とは，コンピュータ上で文字を表示するために，ひとつひとつの文字に固有に割り当てた番号のことである．

ASCII（アスキー）コード，シフトJISコード，Unicode（ユニ）などがある．

［①ASCIIコード（American Standard Code for Information Interchange）］

アルファベットや数字，記号などを収録した文字コードである．米国国家規格協会（ANSI）が制定し，最も基本的な文字コードとして世界的に普及している．1バイト（8ビット）を単位としてデータを扱うと都合がよいので，**7ビットの整数（0～127）で表現**される．

［②JISコード］

JIS（日本産業規格）によって考案されたコードで，日本語を表現する文字コードのひとつである．英数字・カタカナ・記号を8ビットもしくは7ビットのコードで表し，**漢字を16ビットのコード**で表す．

［③シフトJISコード］

多くのパソコンで標準の日本語用の文字コードとして使われている．**JISコードを改良**したもので，すべての文字を2バイト（16ビット）で表す．文字の先頭の8ビットで半角文字か全角文字か区別できる．

(6) 二分探索木

木構造とは，データ構造の1つで木のような階層構造でデータを管理するものをいう．ハードディスクの**ファイルシステム**などの管理で使用されている．

木構造は，1つの親に対して複数の子を持ち，世代が下がるに従い，枝分かれして広がっていくもので図3・11のような構造である．

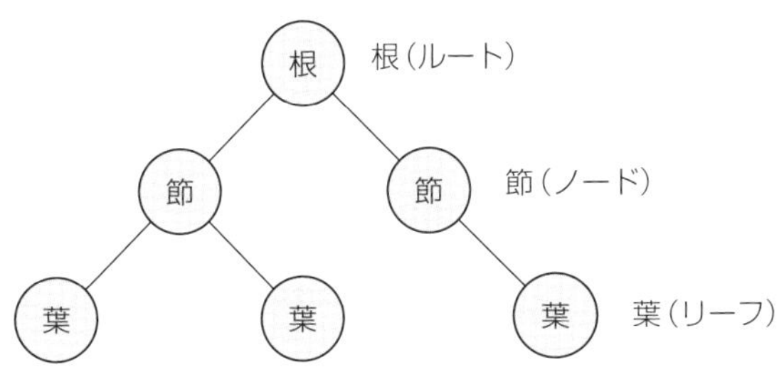

図3・11　木構造

二分探索木（binary search tree）は，木の形をしたデータ構造で，コンピュータプログラムにおいて，「**左の子孫の値 ＜親の値＜右の子孫の値**」という条件を持つ．

【例題】空の二分探索木に，8，12，5，3，10，7の順にデータを与えたときにできる二分探索木を求めよ．ただし，8はルート（根）である．

【解説】

- 8 … ⑧はルート（根）であり，最上位に書く．
- 12 … 12＞8より，右に書く．

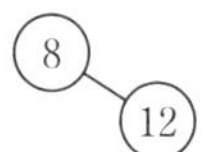

- 5 … 5＜8より，左に書く．

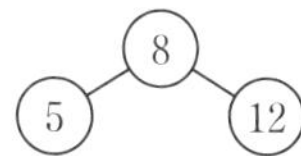

- 3 … 3＜8なので左のエリア．さらに3＜5のためノード（節）⑤の左になる．

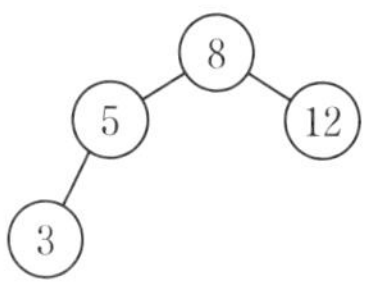

- 10 … 10＞8なので右のエリア．さらに10＜12のためノード⑫の左．

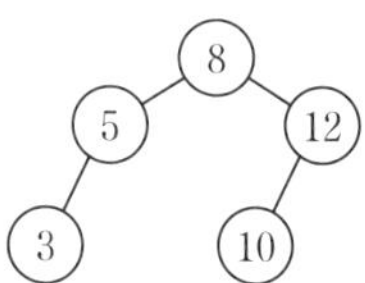

- 7 … 7＜8なので左のエリア．さらに7＞5のためノード⑤の右になる．

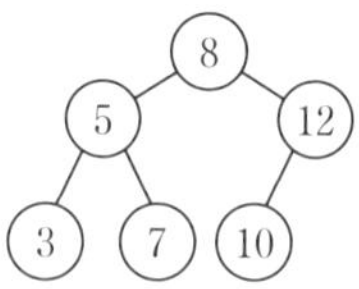

図において，⑧をルート，⑤と⑫をノード，③，⑦，⑩をリーフという．

この結果より，左から順に3→5→7→8→10→12の小さい順になっていることがわかる．

二分探索木は，「左＜中＜右」の関係を満たす．

4 情報とセキュリティ

重要度★★★

(1) 情報のやり取り

GUI (Graphical User Interface) は，アイコンをマウスで選択し視角から直感的に操作指示できる画面をいうが，コンピュータ間での情報のやり取りに使用される用語は次のとおりである．

[①サーバ]

機能や情報を**提供する側**のコンピュータ，ソフトウェアのことをいう．

[②クライアント]

機能や情報の**提供を受ける側**のコンピュータ，ソフトウェアのこと．

[③ユーザ]

機器やソフトウェア，サービスなどを使う**人や集団**のこと．

(2) 情報セキュリティ

ユーザ名やパスワードを盗み出し，他人になりすましてコンピュータにログインし，不正に利用することを**不正アクセス**という．データの盗難，システム改変などが行われるおそれがあるため，**セキュリティ対策**をとる必要がある．

(3) 暗号化

コンピュータのデータを特定の人だけが読めるようにするため，**一定の計算手順に基づき**元の状態が推定できない形に変換することを**暗号化**という．

[①暗号]

秘密の符号（暗号キー）．

[②復号]

暗号キーを用いて正規のデータにする．

[③攻撃]

暗号キーを用いず，データを割り出そうとする．

[④解読]

正規のデータを割り出す．

(4) 認証

認証とは，コンピュータを使用する者がまちがいなく**本人であること**を確かめることで，認証方法には，次のようなものがある．

[①知識認証（パスワード認証）]

パスワードは本人認証の方法として最もよく用いられる．ただし，パスワードの管理が不適切であると，盗聴や漏洩の可能性があり，十分とはいえない．他の手段との**併用が望ましい**．

[②生体認証]

バイオメトリクス認証とも呼ばれ，本人固有の**身体的特徴**などにより認証する．指紋認証，声紋認証，網膜認証や，署名するときの速度や筆圧から特徴点を抽出して認証することもできる．

[③二要素認証]

2つの認証方式を併用する，セキュリティの精度は向上する．

[④チャレンジレスポンス認証]

クライアントにおいて，利用者が入力したパスワードとサーバから送られてきた**チャレンジコード**からハッシュ値を生成し，サーバに送信する．ハッシュ値とは，元になるデータから一定の計算手順により求められた，規則性のない固定長の値をいう．

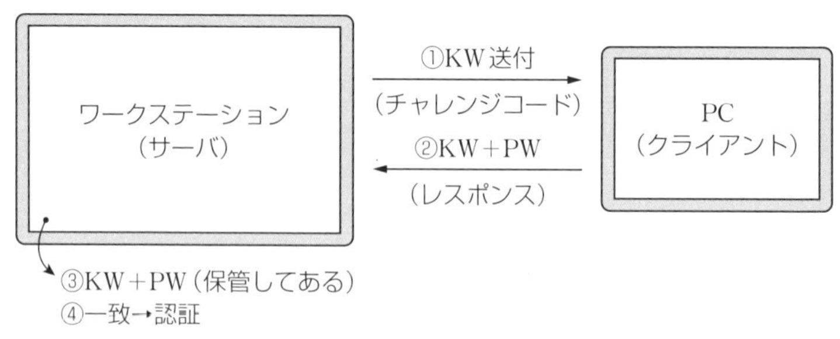

図3・12　チャレンジレスポンス認証

（手順）
- サーバからクライアントにKW（Key Word）送付．このKWをチャレンジコードという．
- クライアントはPW（Pass Word）を付加してハッシュ値を返送．これをレスポンスという．
- サーバはKWに保管してあるPWを付加してみる．
- 一致を見れば認証OK

(5) 電子署名・デジタル署名

いずれも同じ意味に使用される場合もあるが，厳密には次のとおりである．

［①電子署名］

ファイルの正当性を証明するため，**電子的にファイルに添付する**データ（署名）全般をいう．

［②デジタル署名］

公開鍵暗号方式により，ファイルの正当性を証明するため，ファイルに添付するデータをいう．公開鍵暗号方式とは，自分だけが持つ鍵（秘密鍵）と一般に公開する鍵（公開鍵）の2つの鍵を使う暗号化のやり方である．受信者は，デジタル署名の検証に，送信者の公開鍵を用いる．送信データの完全性と送信者の真正性を確認できる．

電子証明書は，この方式を使って安全な通信を行うために，電子認証局が発行するもので，公開鍵の情報等が盛り込まれている．

なお，**共通鍵暗号方式**は，通信の当事者間で共通の鍵を持ち，暗号化と復号に同じ鍵を使用する．

5 自動制御

重要度 ★

機器や装置を，使用目的に合った状態にコントロールすることを**制御**といい，自動的に行うことを**自動制御**という．自動制御には次の2つの方式がある．

(1) フィードフォワード制御（シーケンス制御）

あらかじめ定められた順序又は手続に従って，制御の各段階を**逐次**（ちくじ）**進めて**いく制御であり，一般に「入」と「切」などの不連続量を対象として扱う．

Feed Forward＝前へ進むという意味であり，**シーケンス**（Sequence）と同意である．

(2) フィードバック制御

フィードバックとは，Feed Back＝帰還（回って帰る）であり，出力信号を入力側に戻す制御をいう．制御量を目標値と比較し，それらを一致させるように操作量を生成する．

負で戻すのを**負帰還**，正で戻すのを**正帰還**という．戻すことによって，目標値と制御量を一致させるようコントロールする．フィードバックの基本構成は図のとおりである．

フィードバック制御は，回路構成が必ず**閉ループ**になる．

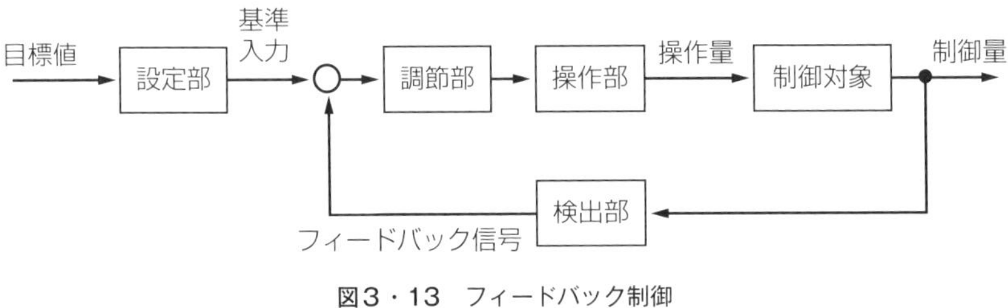

図3・13　フィードバック制御

①制御量が検出部によって検出される．
②それが基準入力と比較される．
③その差を調節部に加え，操作部で操作量が決定される．
④制御量に加えられる．

PID制御もフィードバック制御のひとつである．PID制御は，比例制御に微分制御と積分制御を加えた制御方式で，温度制御やモーター制御，ロボット制御など，多くの分野で使われている．

過去問チャレンジ（章末問題）

問1 R3-前期

➡1 情報理論

10進数の666を2進数に変換したものとして，適当なものはどれか．

(1) 1001011110

(2) 1001111010

(3) 1010011010

(4) 1010111010

解説 666を2で割っていき，余りを求める．

```
2) 666
2) 333 …0
2) 166 …1
2)  83 …0
2)  41 …1
2)  20 …1
2)  10 …0
2)   5 …0
2)   2 …1
     1 …0
```

解答 (3)

問2 R4-後期

➡2 論理回路

下図に示す論理回路の真理値表として，適当なものはどれか．

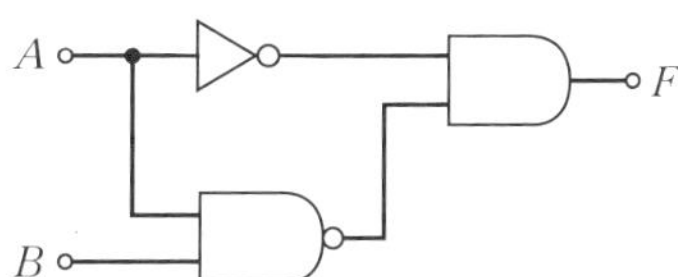

(1)

入力		出力
A	B	F
0	0	0
1	1	1
0	0	0
1	1	1

(2)

入力		出力
A	B	F
0	0	0
0	1	1
1	0	1
1	1	1

(3)

入力		出力
A	B	F
0	0	1
0	1	1
1	0	0
1	1	0

(4)

入力		出力
A	B	F
0	0	1
0	1	1
1	0	1
1	1	0

解説 入力$A=0$, $B=0$のとき，出力$F=1$である．

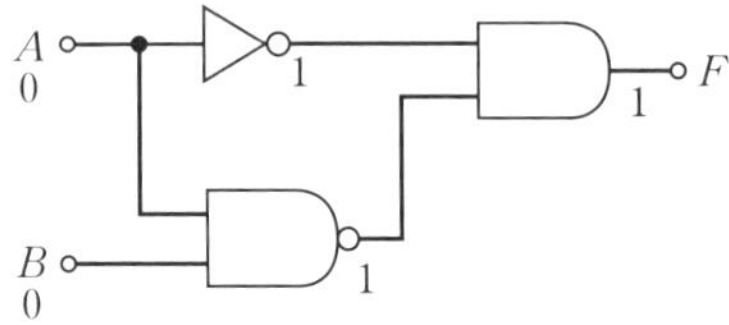

選択肢の(3)又は(4)がこれに該当する．両者の違いは入力$A=1$, $B=0$の場合なので，入力すると図のようになり，出力$F=0$である．

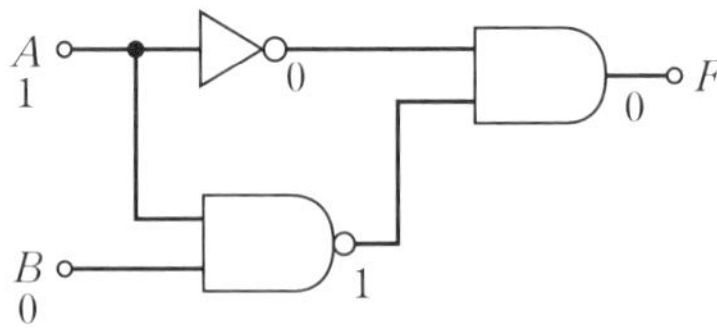

解答 (3)

問3 R4-前期

➡3 コンピュータ

オペレーティングシステムの機能に関する次の記述に該当する名称として，適当なものはどれか.

「限られた容量の主記憶装置を効果的に利用し，容量の制約をカバーする機能である.」

(1) タスク管理
(2) 入出力管理
(3) ファイル管理
(4) 記憶管理

解説 限られた容量の主記憶装置を効果的に利用し，容量の制約をカバーする機能は，記憶管理である．

解答 (4)

問4 R5-前期

→ 3 コンピュータ

コンピュータの基本構成に関する記述として，適当でないものはどれか．

(1) 中央処理装置は，プログラムの命令を解読して実行する働きをもち，キーボードとディスプレイからなる．
(2) 主記憶装置は，プログラムやデータ，演算処理結果などを一時的に記憶する装置で，半導体 記憶装置が使われる．
(3) コンピュータと周辺装置の接続に用いられるインタフェースには，シリアル伝送方式とパラレル伝送方式がある．
(4) 補助記憶装置は，比較的大きなプログラムやデータの記憶に用いられ，ハードディスク装置などが使われる．

解説 キーボードは入力装置で，ディスプレイは出力装置である．

解答 (1)

問5 R1-後期

→ 4 情報とセキュリティ

本人を認証する手法の一つであるバイオメトリクス認証に利用される情報として，適当でないものはどれか．

(1) 声紋
(2) 虹彩
(3) 指紋
(4) 個人番号

解説 個人番号は知識認証である．

解答 (4)

電子工学

1 電子デバイス

重要度★★★

(1) デバイスとは

デバイスとは，装置という意味の英単語である．コンピュータのデバイスでは，CPU，メモリ，ストレージ（外部記憶装置）のほか，キーボード，マウス，プリンタ，ディスプレイなどが含まれる．

また，電子デバイスは，電子の働きを応用して，増幅などを行う素子の総称である．具体的には，半導体，ダイオード，トランジスタなどの**能動素子**をいうが，IC（集積回路）のように抵抗器・コンデンサなど**受動素子**を含んでいる素子についても，一般には電子デバイスに含める．

(2) 半導体

半導体（semiconductor）は，電気をよく通す導体（conductor）と通しにくい絶縁体（insulator）の**中間の性質**を持つ物質をいう．

Si（シリコン）やGe（ゲルマニウム）などの純粋な結晶からなる**真性半導体**や，正の電荷を運ぶ**P型半導体**，負の電荷を運ぶ**N型半導体**がある．

p型とn型の組み合わせで，ダイオードやトランジスタなどの素子ができる．

［①P型半導体］

電荷を運ぶものを**キャリア**といい，半導体のキャリアには**自由電子**（負の電気）と**正孔**（正の電気を帯びた孔でホールともいう）がある．

キャリアが正孔である半導体をP型半導体という．たとえば，シリコン（Si）やゲルマニウム（Ge）などの**価電子**が4価の物質の結晶中に，3価のホウ素（B）などを添加したものである．なお，価電子とは，原子核から一番遠い軌道を周回する電子をいう．

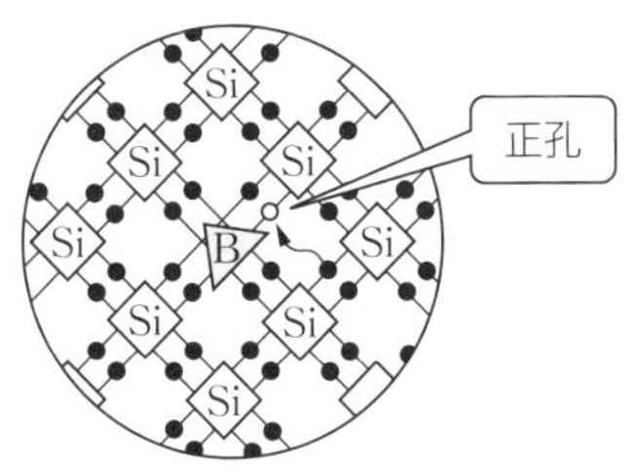

図4・1　P型半導体

[②N型半導体]

電荷を運ぶキャリアに自由電子が使われる半導体をN型半導体という．たとえば，シリコン（Si）やゲルマニウム（Ge）などの4価の物質の結晶中に，価電子数の多い5価のリン（P）やヒ素（As）を添加したものである．

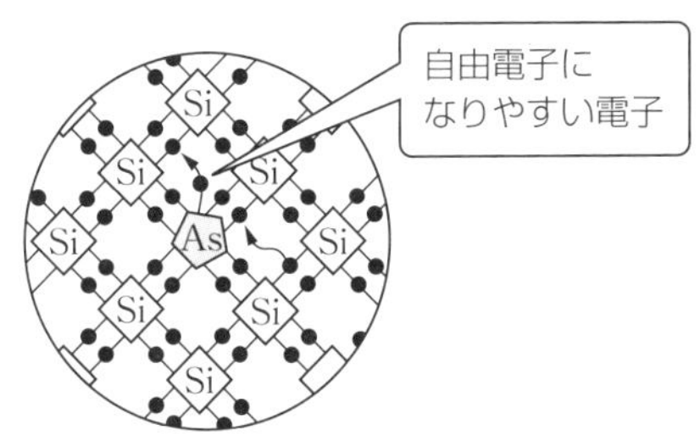

図4・2　N型半導体

(3) PN接合

P型半導体とN型半導体を接合したものを**PN接合**という．接合面付近は，正孔や自由電子などのキャリアはなくイオンだけとなり，絶縁体のような性質をもつ．この部分を**空乏層**という．

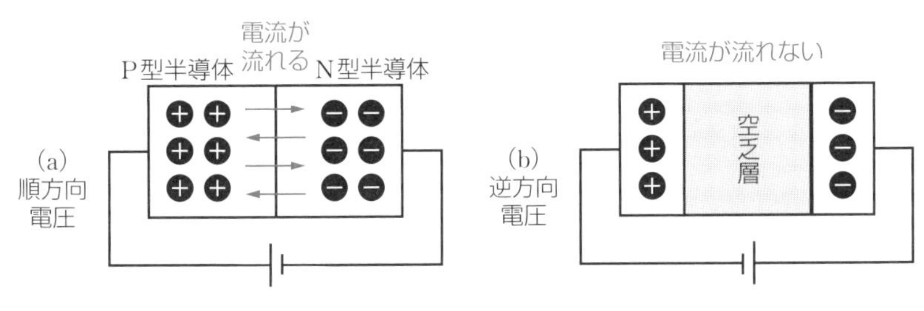

図4・3　PN接合

PN接合を用いた電子部品に**ダイオード**がある．

①整流作用（PNダイオード）

電流の流れが一方向である．

②ツェナー効果（ツェナーダイオード，定電圧ダイオード）

逆方向電圧がある値を超えると急激に電流が流れ出す**降伏現象**を生じる．

③光電効果（フォトダイオード）

光を当てると光の強さに応じた電流を取り出すことができる．

④可変容量ダイオード

加える逆方向電圧の大きさが変化すると，静電容量の大きさも変化する．

⑤発光現象（発光ダイオード：LED）

方向電圧を加えると発光する．

発光ダイオードは，逆方向電圧を加えても発光しない．

(4) トランジスタ

トランジスタの種類は表のとおりである．

表4・1　トランジスタの種類

<table>
<tr><td rowspan="5">トランジスタ</td><td rowspan="2">バイポーラトランジスタ</td><td colspan="2">PNP型</td></tr>
<tr><td colspan="2">NPN型</td></tr>
<tr><td rowspan="3">電界効果トランジスタ</td><td colspan="2">JFET</td></tr>
<tr><td rowspan="2">MOSFET</td><td>エンハンスメント型</td></tr>
<tr><td>デプレッション型</td></tr>
</table>

P型半導体とN型半導体の組合せで**PNP型**，**NPN型**がある．狭義でのトランジスタは，この2つをいう．なお，大文字のP, Nは小文字のp, nで表すこともある．

表4・2 トランジスタの原理と図記号

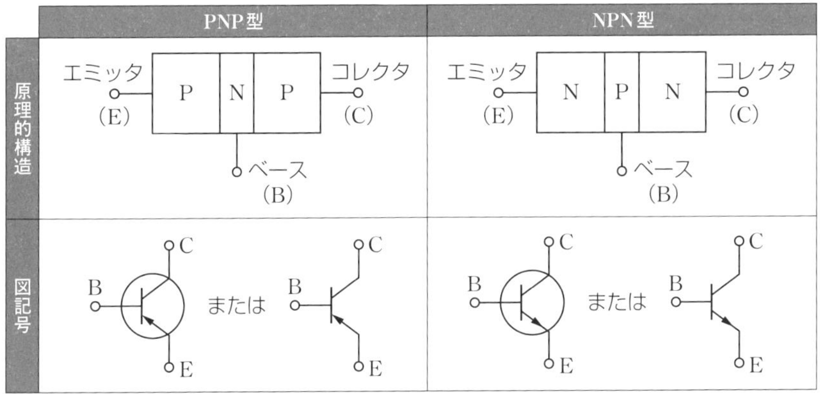

(5) 電界効果トランジスタ (FET)

電界効果トランジスタ(FET：Field Effect Transistor)は，トランジスタの構造の一つで，ゲートにかける電圧を制御することで，ドレインとソース間の電流を制御する．集積回路(IC)の論理回路やセンサーの素子などに用いられる．

FETはゲート(gate)，ソース(source)，ドレイン(drain)の3つの端子を持つ．外観はバイポーラトランジスタ(PNP型・NPN型トランジスタ)と同じだが，3端子の名称は，トランジスタとは異なり表のとおりである．

表4・3 呼び方の違い

バイポーラトランジスタ	ベース	エミッタ	コレクタ
FET	ゲート	ソース	ドレイン

2 電子回路 重要度★★

(1) 微分回路・積分回路

コンデンサCと抵抗Rを図のように接続し，入力電圧V_iを加えると，出力電圧V_oは**微分波形**となる．

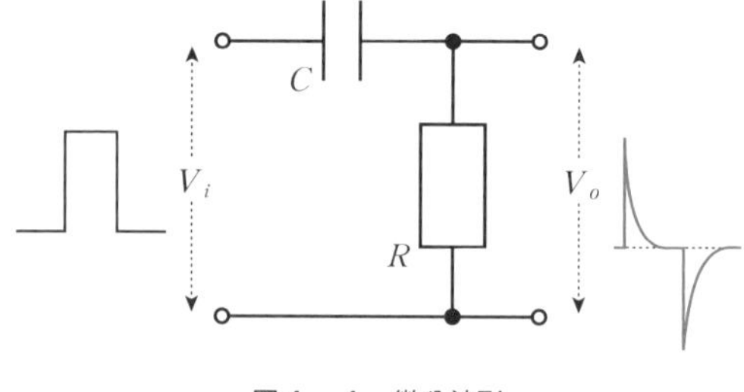

図4・4　微分波形

抵抗とコンデンサの位置を反対にすると，出力は**積分波形**となる．

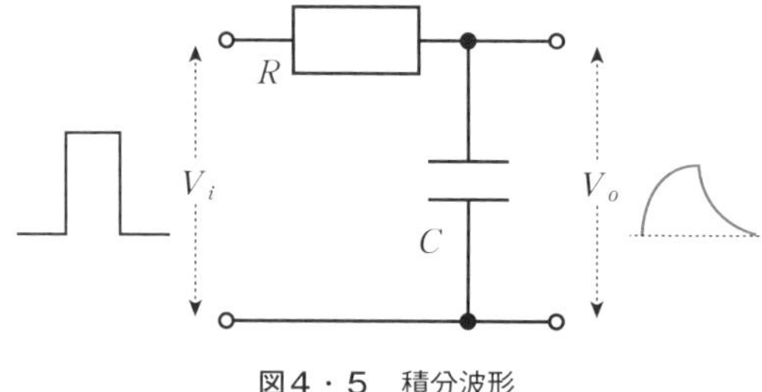

図4・5　積分波形

過去問チャレンジ（章末問題）

問1 R1-後期

➡ 1 電子デバイス

半導体に関する記述として，適当でないものはどれか．

(1) 半導体は，常温で導体と絶縁体の中間の抵抗率を持っている物質である．
(2) n形半導体では，自由電子が多く正孔が少ない．
(3) pn接合面では，キャリアがほとんど存在しない空乏層ができる．
(4) 半導体の抵抗率は，温度が上昇すると増加する．

解説 半導体の抵抗率は，温度が上昇すると減少する．　解答 (4)

問2 R4-前期

➡ 1 電子デバイス

ダイオードに関する記述として，適当でないものはどれか．

(1) 発光ダイオードは，逆方向電圧を加えると発光する．
(2) ホトダイオードは，pn接合部に光を当てると光の強さに応じた電流を取り出すことができる．
(3) 定電圧ダイオードは，加える逆方向電圧がある値を超えると急激に電流が流れ出す降伏現象を生じる．
(4) 可変容量ダイオードは，加える逆方向電圧の大きさが変化すると，静電容量の大きさも変化する．

解説 発光ダイオードは，順方向電圧を加えると発光する．　解答 (1)

下図において，図 (a) のような方形パルスを図 (b) の回路に入力したときの出力波形 v_0 として，適当なものはどれか．

ただし，回路の時定数は方形パルスのパルス幅より十分小さいものとする．

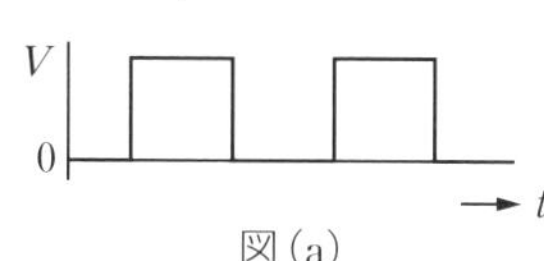

図 (a)

C
v_i
R
v_o

図 (b)

出力波形 v_o
(1)
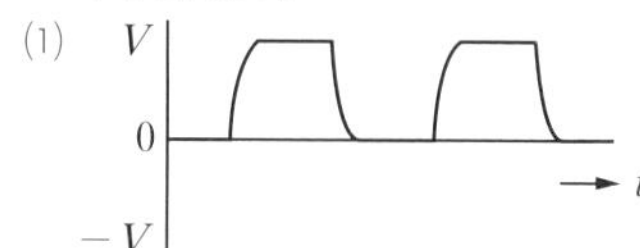

出力波形 v_o
(2)
V
0
−V
t

出力波形 v_o
(3)
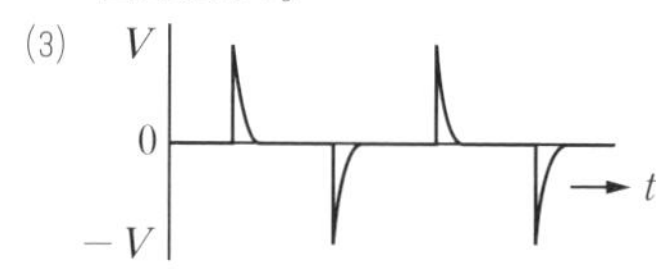

出力波形 v_o
(4)
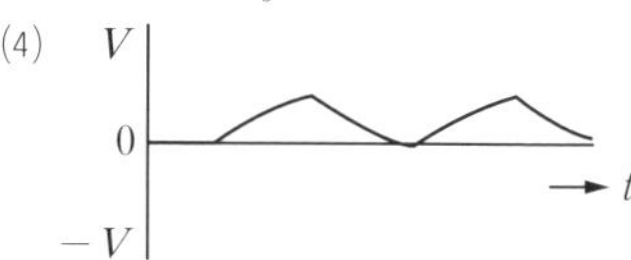

解説 出力電圧 V_o は**微分波形**となる．

解答 (3)

第一次検定

電気通信設備

有線電気通信設備

1 有線通信設備の概要

重要度★★★

(1) ISDN

ISDNは，Integrated Services Digital Networkの略で，総合デジタルサービス通信網のことをいう．従来の**アナログ電話回線網をデジタル化**し，一つの回線網で音声通話やFAX，各種データ通信など，デジタル通信サービスを統合的に取り扱う．2024年でサービスが終了することになっている．

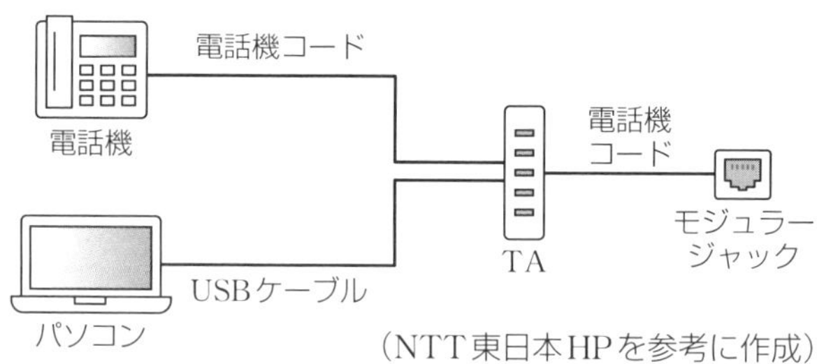

図1・1　ISDNのモデル

(2) ADSL

ADSLは，Asymmetric※ Digital Subscriber Lineの略で，**非対象デジタル加入者線**のことをいう．これは光ファイバ回線が普及する以前の，アナログ電話回線（メタルケーブル）を用いた高速データ通信である．インターネットの普及初期に常時接続サービスとして広く利用された．

しかし，これにはアナログ信号・デジタル信号間の変換を行うための装置である，**ADSLモデム**が必要となる．

また，ADSLは，アナログ電話回線を用いて高速なデータ通信を行うxDSL（デジタル加入者線）技術の代表格であり，加入者側から通信事業者側への通信（上り：**アップロード**）とその逆（下り：**ダウンロード**）の通信速度が異なる非対称型の通信方式である．電話局から加入者宅までの通信（数km程度）が可能である．

なお，xDSLの一種で，通信方向によらず同じデータ伝送速度で通信できる方式をSDSL（Symmetric DSL）という．その他にHDSL（High-bit-rate DSL），VDSL（Very high-bit-rate DSL）がある．

※Asymmetricは「非対称」の意味

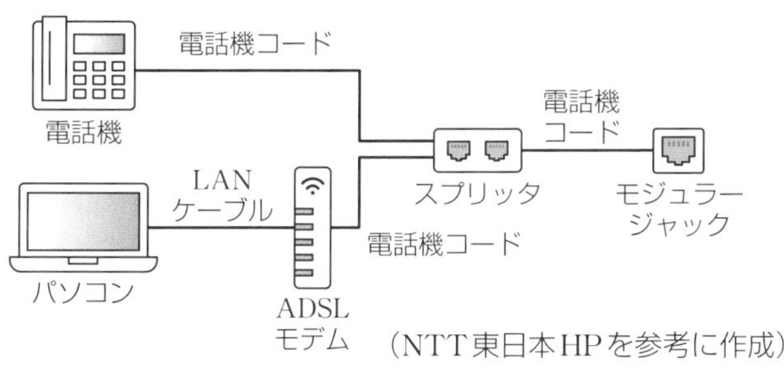

図1・2　ADSLのモデル

point
ADSLはダウンロードのデータ量が多い通信アプリケーションに適する．

(3) FTTH

Fiber To The Homeの略で，電話，インターネット，テレビなどのサービスを統合して提供する通信サービスの総称である．銅線を用いた電話回線から光ファイバ回線に替え，高速データ通信サービスを提供する．

高速データ通信サービスは，通信事業者の設備**OLT**（Optical Line Terminal）からユーザ宅の**ONU**（Optical Network Unit：光ネットワークユニット）まで**光ファイバ**を引き込むことで実現する．ONUにて**光を電気信号に変換**してからコンピュータに接続すると，安定した高速通信が可能になる．最大伝送速度は，上り，下りとも100Mbps～1Gbps程度である．

FTTHの他に，FTTB（Fiber To The Building），FTTP（Fiber To The Premises※）などあり，これらはFTTx（Fiber To The X）と称される．

※premisesは「構内」の意味

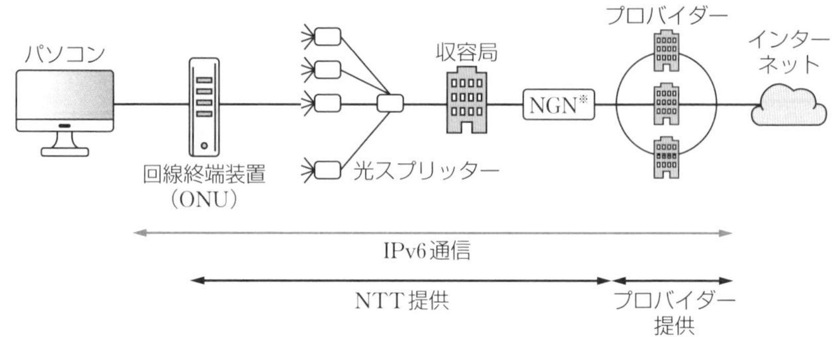

（NTT西日本HPを参考に作成）

図1・3　FTTHのモデル

（4）光通信

光通信は，送信側が0と1の電気信号を光の点滅に変えて情報を伝え，逆に受信側は元の電気信号に戻すことで成り立つ通信技術である．

【例】電気信号：10010　→　光信号：○●●○●　　（○：点　●：滅）

電気エネルギーを光エネルギーに変換する素子には，**発光ダイオード**と**半導体レーザ**があるが，高速で変換する素子としては半導体レーザが優れる．半導体レーザは，ダイオードの**順方向に電圧を加える**と，注入されたキャリアが再結合する際，**誘導放出**によって**コヒーレントな光**（位相とエネルギーの揃った光）が出力される．

半導体レーザは光の点滅を安定して送出する光源として開発され，一方，弱い光を遠くまで届ける媒体として，**光ファイバ**が開発された．

光ファイバは，**石英**や透明な**プラスチック**などが使用されており，光の伝送路となる**コア**（core）と呼ばれる芯線の周りを，コアと同じ素材だが屈折率の異なる**クラッド**（clad）で囲み，これを被覆したものである．コアは，クラッドより**屈折率**が大きく，コアに入射した光は，クラッドとの境界で**フレネル反射**を繰り返して伝送する．フレネル反射とは，異なった屈折率をもつ2つの物質の接触面に光が入射すると，その光の一部に反射が生じる現象をいう．

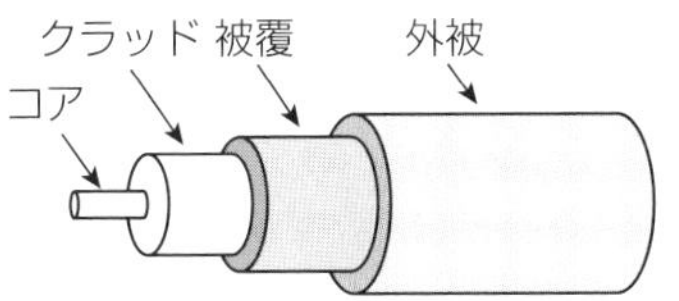

図1・4　光ファイバの構造

中心部のコアは，クラッドより屈折率を大きくしている．

光通信は次のような構成である．

①E/O（Electrical/Optical Converter）：**電気信号を光信号に変換**する装置．デバイスは半導体レーザ（LD），発光ダイオード（LED）．

②光ファイバケーブルと中継器（増幅器）：光ファイバ増幅器は，光信号をそのまま直接増幅する．

③O/E（Optical/Electrical Converter）：光信号を元の**電気信号に戻す**装置．デバイスはフォトダイオード（PD）や硫化カドミウム（CdS）などの光センサ．

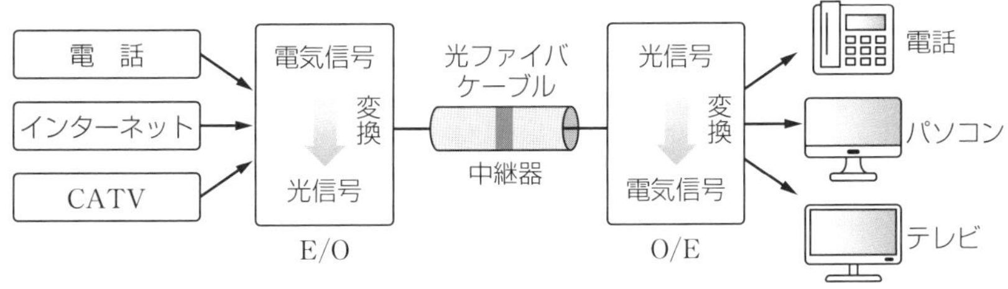

図1・5　光通信のフロー

point

半導体レーザ（LD）は，電気信号を光信号に変換するもので，フォトダイオード（PD）や硫化カドミウム（CdS）はその逆．

(5) 光信号の変調方式

電気信号を光信号に変換する方法は次の2通りある.

[①直接変調方式]

半導体レーザ (LD) を用いて変調信号の変化をそのまま光源の**強度変化**にする. LDの駆動電流を変化させることで, LDの出力光の強度を変調している.

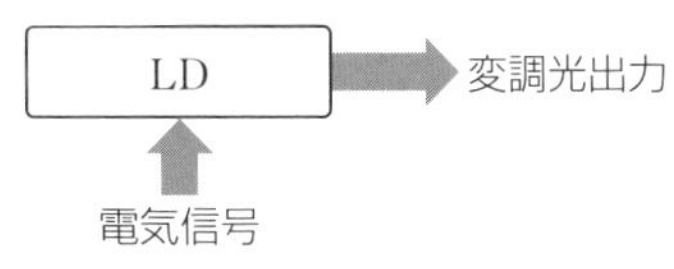

図1・6　直接変調

構成が簡単で小型化できるためコスト低廉だが, 数GHz以上の高周波になると伝送速度や伝送距離が制限される.

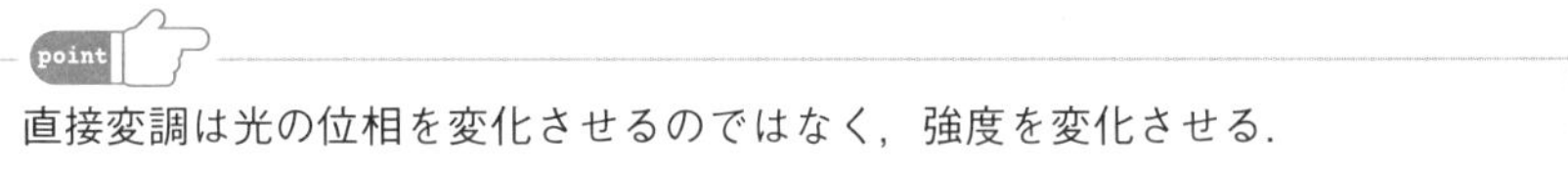

直接変調は光の位相を変化させるのではなく, 強度を変化させる.

[②外部変調方式]

半導体レーザからの出力光に対し, **外部から変調**を加える.

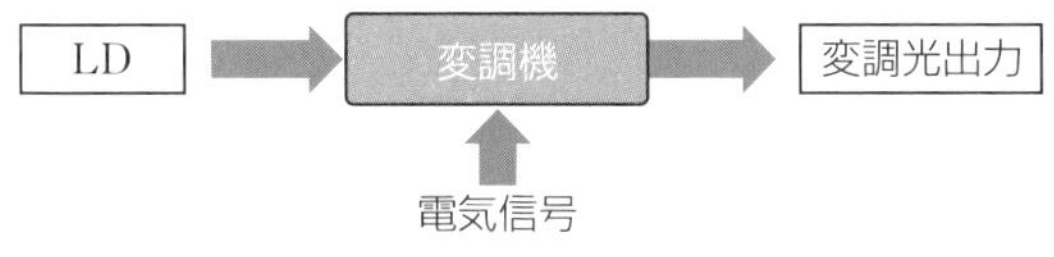

図1・7　外部変調

一般に, 超高速・長距離伝送システムに用いられるのは, 外部変調方式.

2 光ファイバケーブル等　重要度★★★

(1) ケーブルの種類

通信用ケーブルとして，次のものがある．

[①ツイスト線]

2本の心線をねじった電線．これにより電磁放射の向きを周期的に逆転させる．心線に使われる導体には，単線と撚り線がある．

UTPケーブル（アンシールド・ツイステッド・ペアー ケーブル）はLAN配線に用いられる代表的なケーブルである（➡Ⅰ部 図2・10）．

[②シールド線]

信号線の絶縁体の周りに金属網の**電磁シールド**を備えた電線．これにより電磁的な影響は小さくなる．一般的にシールドは接地されるので，電位は安定するが，接地箇所の選定によっては，シールドがアンテナになりノイズを放射することもあるので注意が必要である．

STPケーブル（シールド・ツイステッド・ペアー ケーブル）は外皮がシールドされている（➡Ⅰ部 図2・11）．

外被のシールドが，無いのがUTP，有るのがSTPである．

[③同軸ケーブル]

シールド効果がある外部導体があり，耐ノイズ性，高周波特性に優れる．高速伝送路で広く採用されている．**特性インピーダンス**の違いによって**50Ω**（Dで表記）や**75Ω**（Cで表記）などの種別がある．

略号の意味は図1・8のとおり．

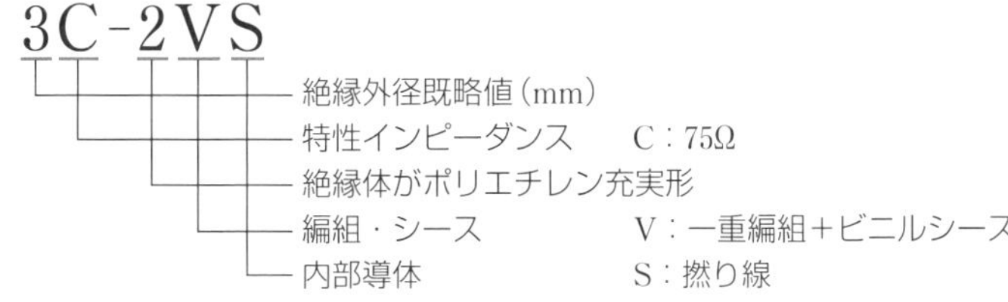

図1・8　同軸ケーブルの表記

特性インピーダンスを表すCは75Ωである.

[④光ファイバケーブル]

光信号を伝送するケーブルで，**石英系光ファイバケーブル**は，全プラスチック光ファイバケーブルに比べて伝送損失は小さい.

(2) 光ファイバケーブルの構造・特徴

光ファイバケーブルは，銅線の通信ケーブルに比べ，次の特徴がある.

[①長　所]

- 極めて**高速な通信**が可能.
- 電磁的な**ノイズの影響を受けない**.
- **長距離伝送**が可能.
- 外径が細いので，**高密度化**できる.

[②短　所]

- 折り**曲げに弱い**.
- 電気信号と光信号の**変換装置が必要**.
- ケーブル間の**接続機構が複雑**・精密で取り扱いが難しい.

(3) 施設場所

施設場所により，次のような形状となる.

[①架空]

支持線付のケーブルで，**自己支持ケーブル**（SS：セルフサポート）ともいう.

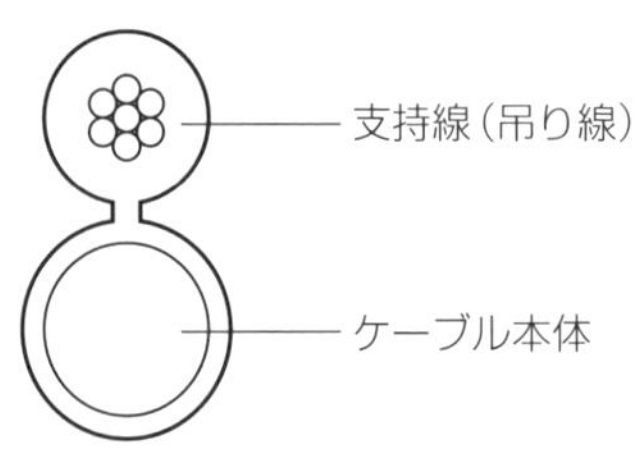

図1・9　自己支持ケーブル

[②張力のかかる箇所]

テンションメンバ等への電磁誘導対策には，**ノンメタリック型**の光ファイバケーブルが有効である．

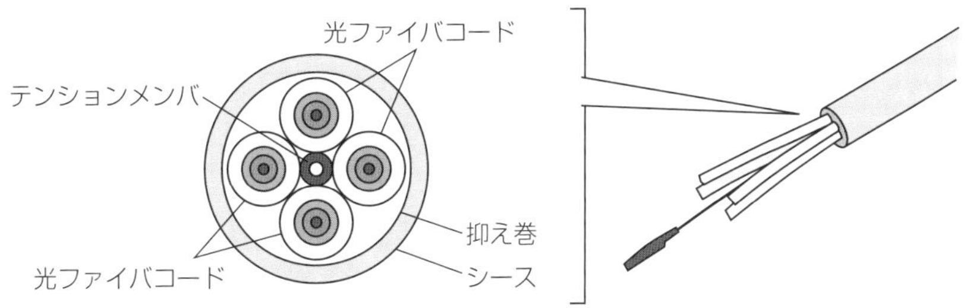

図1・10　コード式光ファイバケーブルの構造

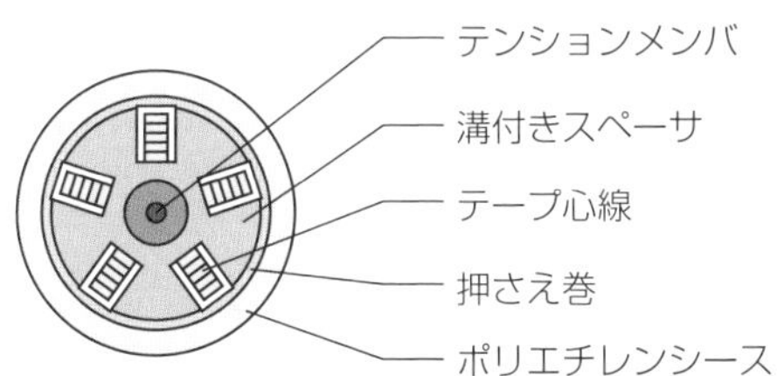

図1・11　テープ式光ファイバケーブルの構造

[③直接埋設]

地中に直接埋設（まいせつ）できる．

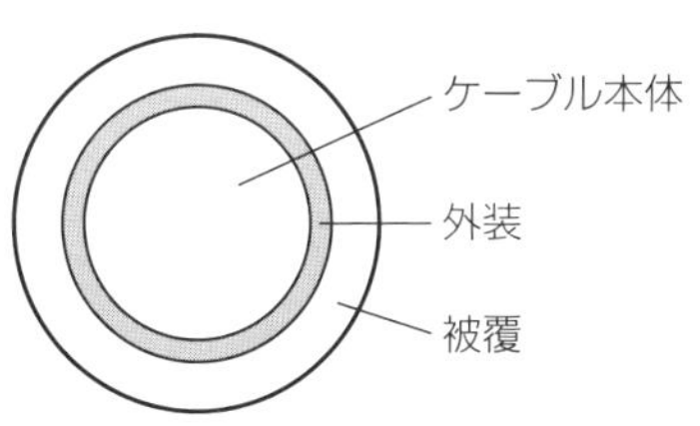

図1・12　地中埋設光ファイバケーブル

point

鋼線のテンションメンバは，接地を施す．

(4) 伝送モード

光ファイバケーブルを**伝送モード(光の通り道)**で分類すると，次のとおりである．

[①シングルモードファイバ(SMF：Single Mode Fiber)]

光が**単一の伝搬経路**で伝わる．**コア径が細く**曲げには弱いが，伝送損失は少なく，**長距離大容量伝送**に適している．接続に機械的精度が要求される．

[②マルチモード光ファイバ(MMF：Multi-Mode Fiber)]

光が**複数のモード**に分散して伝わる．**コア径が太く**曲げに強く安価であるが，伝送損失が大きく長距離に向かない．接続は比較的容易である．

マルチモード光ファイバは，屈折率分布により**ステップインデックス型(SI)**と**グレーデッドインデックス型(GI型)**に分類される．

GI型はコアのインデックス(屈折率)を無段階に変えることで，どのような通り道でも光の到着時刻の差をなくしている．LANなど近距離用として広く用いられているが，SI型はほとんど使用されていない．

表1・1　光ファイバの分類

光ファイバの種類※		構造	光の伝搬(n=屈折率)
シングルモード			小←　→大　n_2　n_1　n_2
マルチモード	SI型		小←　→大　n_2　n_1　n_2
	GI型		小←　→大　n_2　n_1　n_2

※SI：ステップインデックス　GI：グレーデッドインデックス

表1・2　シングルモードファイバとマルチモードファイバの比較表

項目	シングルモードファイバ	マルチモードファイバ
曲げ	×　弱い（コア径が細い）	○　強い（コア径が太い）
接続	×　高度技術	○　容易
値段	×　高い	○　安い
伝送損失	○　少ない	×　多い

シングルモードファイバは，長距離大容量伝送に適している．

(5) 光ファイバの損失

光ファイバには次の損失がある．

［①吸収損失］

材料や，光ファイバ生成時の**不純物**による損失をいう．光信号のエネルギーが熱に変換される損失である．

［②放射損失］

コアとグラッドの境界面の**凸凹**により，光が散乱するために生じる損失をいう．光ファイバ生成時の構造不均一性による損失である．

［③レイリー損失（レイリー散乱損失）］

光ファイバ中の屈折率のゆらぎによって**光が散乱**するために生じる損失をいう．

［④接続損失］

光ファイバを接続する場合に，**軸ずれ**，光ファイバ端面の分離などによって生じる損失をいう．

3　光ファイバケーブルの接続　重要度★★★

光ケーブルの心線部の接続は，所定の接続材料（または接続箱）を使用し，光ケーブルを確実に固定する．コア部の端面同士を**凹凸なく接合する**必要がある．

(1) スプライス

スプライスには**接合**の意味があり，永久的な接続箇所に用いられる．次の方法がある．

［①融着］

放電により突合せ部分を**溶融**(ようゆう)する．石英系ガラスファイバに用いられる接続方法である．

［②メカニカル］

接続部品の**V溝**に光ファイバを両側から挿入し，押(おさ)え部材により光ファイバ同士を固定する．**専用工具で接続**する．

ごろあわせ　**スープライスは永久に夢か**

スプライス　永久的　融着　メカニカル

(2) コネクタ

専用のコネクタを用いて接続する．**脱着可能**である．

point

スプライスは，永久的な箇所に用いられ，コネクタは，切り替えが必要な接続点で使用されることが多い．圧着端子による接続方法は無い．

(3) SZ撚(よ)り

光ファイバ心線の撚り方で**SZ撚り**がある．これは，光ファイバ心線の撚り方向が周期的に反転しており，外被を取り除くと光ファイバ心線に弛(たる)みがあるため光ファイバ心線を引き出しやすい．

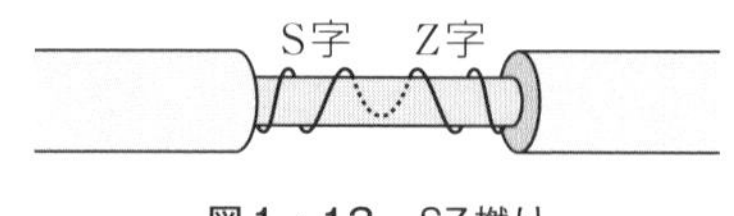

図1・13　SZ撚り

4 広帯域電力線搬送通信（PLC） 重要度★★

PLCはPower Line Communicationの略で，一般の電気配線に**高周波信号を重畳**（ちょうじょう）して通信を行う通信方式である．

屋内の電気配線を利用してLANを構築することができるという長所があるが，一方，電気配線に重畳されたノイズが，通信速度に影響を与える場合がある．

我が国では，利用できる電力線は単相の100 V，200 Vに限られるが，将来的に三相も含め，低圧（600 V以下）の範囲に拡大する検討がなされている．

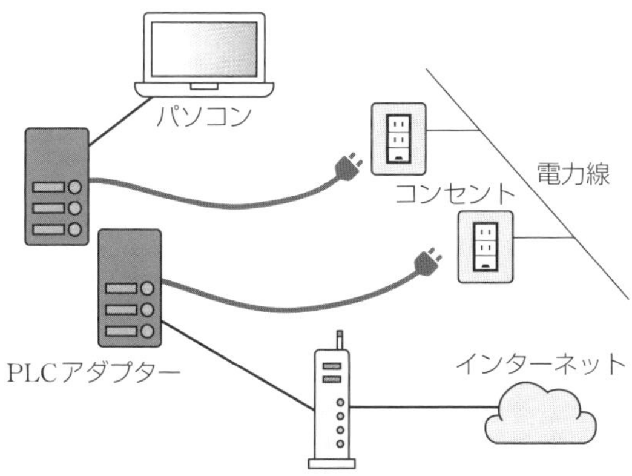

図1・14　PLCの概要図

過去問チャレンジ（章末問題）

問1　R2-後期

➡1 有線通信設備の概要

光ファイバを用いた伝送システムに関する記述として，適当でないものはどれか．

(1)　シングルモード光ファイバは，長距離大容量伝送に適している．
(2)　光ファイバは，電磁界の影響を受けない．
(3)　半導体レーザは，光を電気信号に変換する受光素子として使われる．
(4)　変調方式には，光強度変調方式がある．

解説　半導体レーザは，電気信号を光に変換する受光素子として使われる．

解答　(3)

問2　R2-後期

➡2 光ファイバケーブル等

下図に示すスロット型光ファイバケーブルの断面図において，(ア)，(イ)の名称の組合せとして，適当なものはどれか．

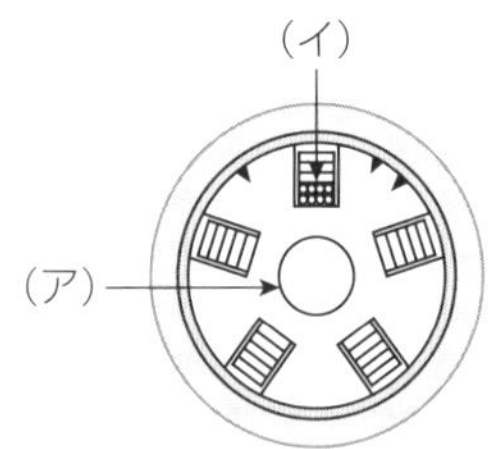

	(ア)	(イ)
(1)	チューブ	スロットロッド
(2)	チューブ	光ファイバテープ
(3)	テンションメンバ	スロットロッド
(4)	テンションメンバ	光ファイバテープ

解説　(ア) は，中心部でケーブルの張力を担っており，テンションメンバである．(イ) は，光ファイバテープである．

解答　(4)

問3　R3-後期

⇒2 光ファイバケーブル等

UTPケーブルに関する記述として，適当でないものはどれか．

(1) LANの配線に使用されている．

(2) UTPケーブルは，外被の内側に編組（へんそ）シールドがあり，各対にもシールドがある．

(3) 心線に使われる導体には，単線と撚り線がある．

(4) UTPケーブルは，2本の心線を撚り合わせたもので構成されている．

解説 外被の内側に編組シールドがあり，各対にもシールドがあるのは，STPケーブルである．

解答　(2)

問4　R3-後期

⇒2 光ファイバケーブル等

同軸ケーブルに関する記述として，適当でないものはどれか．

(1) 特性インピーダンスが50Ωと75Ωの2種類の同軸ケーブルが広く利用されている．

(2) 内部導体を同心円の外部導体で取り囲み，内部導体と外部導体の間に絶縁体を挟み込んだ構造である．

(3) 同軸ケーブルの記号「3C-2V」の「3」は，外部導体の概略内径をmm単位で表したものである．

(4) 外部からの雑音の影響を受けやすい．

解説 外部からの雑音の影響を受けにくい．

解答　(4)

問5　R4-前期　➡2 光ファイバケーブル等

光ファイバの種類と特徴に関する記述として，適当なものはどれか．

(1)　マルチモード光ファイバは，長距離大容量伝送に適している．
(2)　シングルモード光ファイバは，伝搬モードが複数存在する．
(3)　マルチモード光ファイバには，ステップインデックス型とグレーデッドインデックス型がある．
(4)　シングルモード光ファイバのコア径は，マルチモード光ファイバのコア径より大きい．

解説　(1)　マルチモード光ファイバは，長距離大容量伝送に適していない．シングルモードが適している．
(2)　シングルモード光ファイバは，伝搬モードが1本存在する．
(4)　シングルモード光ファイバのコア径は，マルチモード光ファイバのコア径より小さい．

解答　(3)

問6　R1-後期　➡3 光ファイバケーブルの接続

光ファイバ接続に関する次の記述に該当する接続方法として，適当なものはどれか．

「接続部品のV溝に光ファイバを両側から挿入し，押さえ込んで接続する方法で，押(おさ)え部材により光ファイバ同士を固定する．」

(1)　融着接続
(2)　メカニカルスプライス
(3)　接着接続
(4)　光コネクタ接続

解説　接続部品のV溝に光ファイバを両側から挿入し，押さえ込んで接続する方法で，押え部材により光ファイバ同士を固定するのは，メカニカルスプライスである．

解答　(2)

第2章 無線電気通信設備

1 無線LAN

重要度 ★★★

(1) 無線LANとは

無線LAN (wireless Local Area Network) は，無線でデータの送受信を行う**構内通信網** (LAN：Local Area Network) のことをいう．

Wi-Fi (ワイファイ) は，Wi-Fi Allianceという団体が提供するもので，無線LANとほぼ同義語である．

無線LANの規格は**IEEE 802.11に準拠**する．

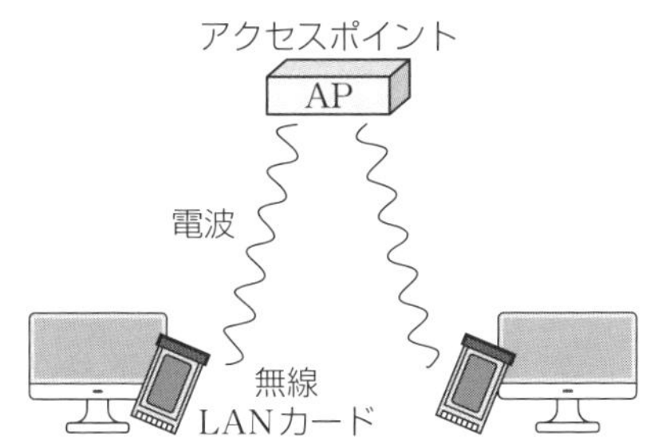

図2・1　無線LAN

AP (アクセスポイント) は，無線LANを構成する機器で，パソコンからの電波を受け取り，ネットワーク内の機器間の通信を中継する．無線LANのアクセスポイントが複数ある場合，どのアクセスポイントに接続するかを指定する必要があり，**SSID** (Service Set Identifier) は，無線LANのアクセスポイントを識別するための名前をいう．

(2) 無線LANの規格

無線LANは，表のような規格により，通信速度，周波数が定められている．

周波数帯は「2.4GHz帯」「5GHz帯」「60GHz帯」があり，通信速度も異なる．

表2・1　無線LANの規格

無線LAN規格	通信速度（最大）	周波数帯
IEEE802.11a	54Mbps※	5GHz帯
IEEE802.11b	11Mbps	2.4GHz帯
IEEE802.11g	54Mbps	2.4GHz帯
IEEE802.11n※	300Mbps	2.4G帯/5GHz帯
IEEE802.11ac	6.9Gbps	5GHz帯
IEEE802.11ad	6.7Gbps	60GHz帯

※ bps：bit per second

IEEE802.11n以降，MIMO技術（⇒P.101）が採用されている．

(3) 2.4GHz・5GHz・60GHz帯の比較

周波数帯の特徴は表のとおりである．

表2・2　周波数別の特徴

周波数帯	特　徴
2.4GHz	障害物に強いので，屋外でも利用できる 電子レンジ，無線キーボード，Bluetoothなどと**干渉しやすい**
5GHz	障害物に弱いが，同一の周波数帯を使用する機器がないため，電波干渉は少ない
60GHz	電波の直進性が高く，狭い範囲での高速通信に適する

2　無線LANの通信方式　重要度★★★

変調方式の違い等により，次のようなものがある．

(1) スペクトラム拡散方式

スペクトラム拡散（SS：Spread Spectrum）とは，元の信号の周波数帯域の数十～百倍程度の広い帯域に拡散して送信する変調方式をいう．雑音の影響や他の通信との干渉を低減でき，**通信の秘匿（ひとく）性**は高まる．微弱信号で広帯域のため，外部からの信号の復元は難しく，盗聴や傍受を受けにくい．

(2) OFDM方式

OFDM (Orthogonal Frequency Division Multiplexing, **直交周波数分割多重**) は，FDM (周波数分割多重) の一種で，ある周波数帯域内に周波数の異なる複数の搬送波を形成し，それらを同時に送受信する．

デジタルテレビ放送や第四世代携帯電話 (LTE：Long Term Evolution) などに幅広く利用されている．周波数利用効率は高い．

(3) MIMO (マイモ) 方式

MIMO (Multiple Input Multiple Output) は，OFDM方式と併用し，無線通信の高速化を図る技術である．

送信側，受信側で，それぞれ数本のアンテナを少しずつ離して設置し，各アンテナから**同時刻に同じ周波数で異なる信号**を送受信する．受信側の各アンテナは複数信号の合成波を受信するが，アンテナ間に位置的なずれがあるので，少しずつ異なった波形となる．2本のアンテナを用いた場合，1本のアンテナで伝送するデータを2分割して送信できる (2倍速)．

同じ周波数帯を用いて複数の異なる伝送経路が作れるので，アンテナの本数を増やすことにより，効率的に伝送速度を向上させることができる．アンテナ数により，「2×4MIMO」「4×4 MIMO」のように表記する．送信側と受信側のアンテナの本数は同じでなくてもよい．

MIMOは，無線LAN を高速化する技術として普及したが，現在は携帯電話の高速サービス (LTE) などに拡大されている．

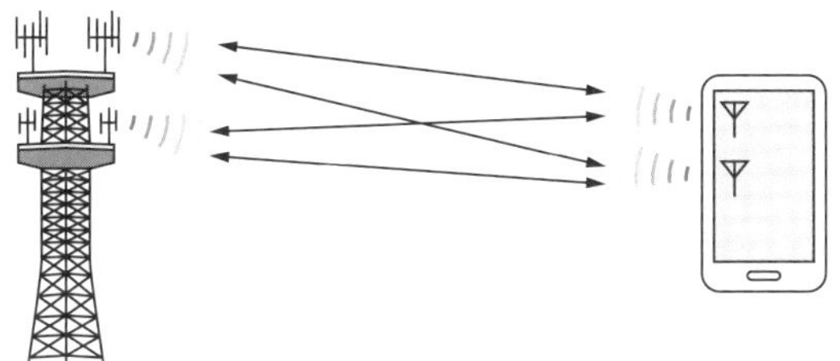

図2・2　MIMO

MIMOは複数の伝送路を使うので，送信できるデータ量が増える．

3　無線LANのアクセス制御

重要度★★★

(1) CSMA/CA

CSMA/CAは，Carrier Sense Multiple Access with Collision Avoidance（搬送波感知多重アクセス/**衝突回避**）の略であり，1つの通信回線を複数の機器が共用する際，回線の使用権を調整するものをいう．通信状況を確認して，使用中なら待ち，空いていたら適当な長さの待ち時間後に送信することで，**データどうしの衝突**（コリジョン）発生の可能性を低くする通信方式である．**Wi-Fi**では標準的に用いられている．

無線LANの**アクセスポイント**は一度に1台のPCからの通信を受けることができるが，2台以上は無理である．アクセスポイントが空いていることが確認されると，通信しようとするPCに送信され，次のPCは前のPC通信が終わるのを待つことになる．

CSMA/CAには，次の特徴がある．

- 実際にデータが正しく送信されたかは，受信側からの**肯定応答信号**が到着するかどうかで判断する．
- 肯定応答信号が無い場合，**データの再送信**を行う．
- 一斉送信を防ぐため，伝送回路の空状態確認後，**ランダムな待ち時間**後に再送信する．

(2) CSMA/CD

CSMA/CDは，CSMA with Collision Detection（搬送波感知多重アクセス/**衝突検出**）の略で，データが同時に発信されることで，データどうしが衝突して破損することを防ぐ通信方式である．**リピータハブ**（全部のPCに信号を送るハブ）に複数のPCから同時に信号が送られるとデータ同士が衝突するため，その場合は**ジャム信号**（渋滞）を出し，時間をずらして再度送信することで回避する．

衝突 回避は キャビンアテンダント 次第
衝突 CA CD

CSMA/CAは，衝突が発生しないようにする．CSMA/CDは，衝突が発生したら対応するという考え．

有線LANでは，CSMA/CDを用いるが，無線LANでは信号の衝突を検知できないのでCSMA/CAを用いる．

4 無線LANのセキュリティ

重要度 ★★★

無線LANのセキュリティ機能には次のものがある．

表2・3 無線LANのセキュリティ

方　式	特　徴	有効性
WEP： Wired Equivalent Privacy	RC4と呼ばれる暗号化アルゴリズムを元にした共有鍵暗号方式で，IEEE 802.11で採用された．秘密鍵には40 bitまたは128 bitのデータを使用する．	△
WPA： Wi-Fi Protected Access	Wi-Fi Allianceが2002年に制定したセキュリティシステムで，暗号化と認証を組み合わせる．TKIPを利用してシステムを運用しながら動的に暗号鍵を変更できる．	○
WPA2： Wi-Fi Protected Access2	Wi-Fi Allianceが2004年に制定したセキュリティシステムで，WPAを進化させたセキュリティ方式．暗号化アルゴリズムにAES暗号をベースとしたAES-CCMPを用いている．	◎
IEEE802.11i	IEEEによる無線LANセキュリティ規格．	◎
TKIP： Temporal Key Integrity Protocol	パケット毎に暗号キーを自動生成する．	○
AES Advanced Encryption Standard	米商務省標準技術局（NIST）による米国政府の標準暗号化技術．	◎

WEP方式は，WPA方式，WPA2方式と比べ安全な暗号方式とはいえない．

5 携帯電話システム

(1) 次世代高速通信5G

モバイル通信における次世代高速通信システム第5世代（5G：5th Generation）は，2020年から開始されている．

［①超高速大容量］

10Gbps（4Gの約100倍）

［②超低遅延］

タイムラグ，時間差がほとんどない．1ms程度（約1/10）．

［③多接続性］

100万台/m^{2}の機器を同時接続（約100倍）．

表2・4　モバイル通信の比較

項　目	3G	4G（LTE）	5G
通信速度	△	○	◎
遅延	△	○	◎
多接続性	△	○	◎

(2) 携帯電話システムのアクセス方式

移動電話は，送受話器を持ち歩きながら通話できる無線電話の総称であり，携帯電話，自動車電話等がある．移動電話の反対語として使われるのが固定電話である．

通話中の携帯電話機が隣のビルに移動する際，通話を継続させる機能を**ハンドオーバ**といい，他の通信事業者の設備を利用して接続するサービスを受けることを**ローミング**という．

(3) LTEの概要

①変調方式：**64QAM**（Quadrature Amplitude Modulation）

64QAMは，位相と振幅を細かく変えることで64（**6ビットの情報**）を表現できる．

②アクセス方式：**OFDMA**（直交周波数分割多元接続）
③アンテナ方式：**MIMO**

(4) 通信世代の比較

携帯電話における1Gから5Gまでの変調方式等の比較は次のとおりである．

表2・5　通信世代の比較

通信世代	変調方式	その他
1G	FDMA	—
2G	TDMA	—
3G	CDMA	—
4G（LTE）	OFDMA	MIMO
5G	OFDMA	MIMO

6　マイクロ波通信

重要度 ★★★

(1) マイクロ波

マイクロ波とは，通信分野では**3GHz～30GHz**の周波数帯（波長1～10 cm）をいい，マイクロ波通信とはその周波数帯を使用して行う無線通信をいう．市町村の**防災無線**などに用いられている．

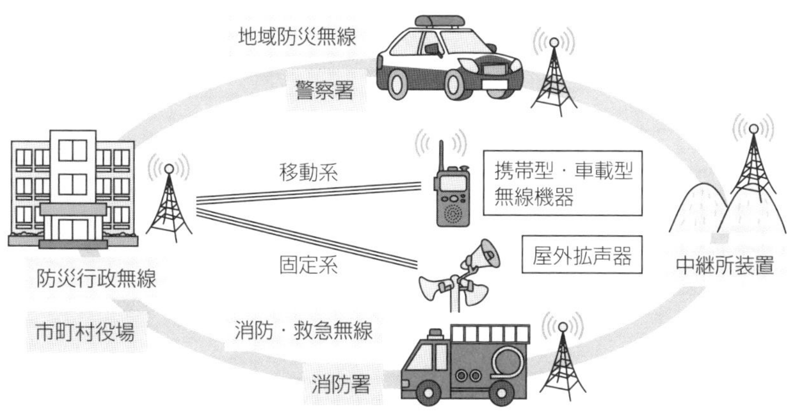

図2・3　マイクロ波通信のモデル

ごろあわせ マイク　詐欺が 去れ
マイクロ波　3GHz　30GHz

マイクロ波通信の特徴は次のとおりである．

①使用できる周波数帯が広いため**多重通信**（時分割多重方式，周波数分割多重方式）に適している．

②短波通信に比べ，送信**出力が小さく**，伝送容量が大きい．

③短波や中波に比べて**フェージングの影響が少ない**．

④自然雑音及び人工雑音のいずれも極めて少ないため，**S/N**（信号対雑音比）の良い通信が可能である．

⑤**直進性**が強い（指向性鋭い）ため，原則的には見通し距離内の通信に制限されるが，中継局を設けると**遠距離通信**が可能である．

⑥**気象の影響**を受け，減衰する．

- 降雨，降雪，大気（水蒸気，酸素分子），霧などによる減衰を受ける．
- 降雨による減衰は，水蒸気による減衰より大きい．
- 降雨域では，雨滴（うてき）による散乱損失や雨滴の中での熱損失により減衰する．
- 降雨による減衰は，周波数が高いほど大きい．

(2) マイクロ波の設備

①指向性が鋭く，**利得の高いアンテナ**を使うことができる．

②無線機とアンテナとの間の**給電線路**として，**同軸ケーブル**や**導波管**が用いられる．給電線路とは，送信機からアンテナに**高周波電力**を伝送するための線路で，導波管とは，電磁波を送るための中空導体をいう．

給電線に平行2線式給電線は用いない．

(3) マイクロ波の中継方式

マイクロ波は**減衰**（げんすい）**しやすい**ので，適当な距離ごとに**中継が必要**となる．

［①直接中継方式］

受信したマイクロ波を**直接増幅**して送信する方式．送信電波と受信電波が干渉しないように，少しだけ**送信周波数を偏移**（変化）させる．

［②ヘテロダイン中継方式（非再生中継）］

受信電波を中間周波数に変換した後に増幅する．中間周波数とは，低周波（音声信号など）と高周波（送信電波）の中間の周波数をいう．

［③再生中継方式］

受信したマイクロ波を復調し，再度**別の周波数で変調**して送信する．

［④無給電中継方式］

金属の**反射板**によって，電波を別のアンテナへ向けて反射させる方式．反射板を2枚用いて中継することもでき，電波の方向を変えるだけで中継用の電力を必要としない．反射板の面積を大きくとり，反射板に対する伝搬の入射角を小さくすると**反射損失**は少なくなる．

7　通信技術・用語　重要度★★★

(1) フェージング

無線通信における**フェージング**（fading）とは，地形，気象条件の変化などにより，直接波，屈折波，反射波などが多重波となって互いに干渉し合う現象をいう．フェージング現象は，マイクロ波無線回線の品質に大きな影響を与える．

原因で分類すると，次のとおりである．

［①干渉性フェージング］

電波が送信点から受信点に届くのに複数経路（**マルチパス**）があり，その長さが違うため受信点で**位相がずれ**，強弱の原因となる．フェージングの多くはこれであり，高層建築物の多い市街地等で使用する**携帯電話でも起こりやすい**．

［②偏波性フェージング］

水平偏波や垂直偏波は，電離層を通過すると**楕円**（だえん）**偏波**となり，水平，垂直いずれのアンテナで受信しても**電界強度が変動**する．

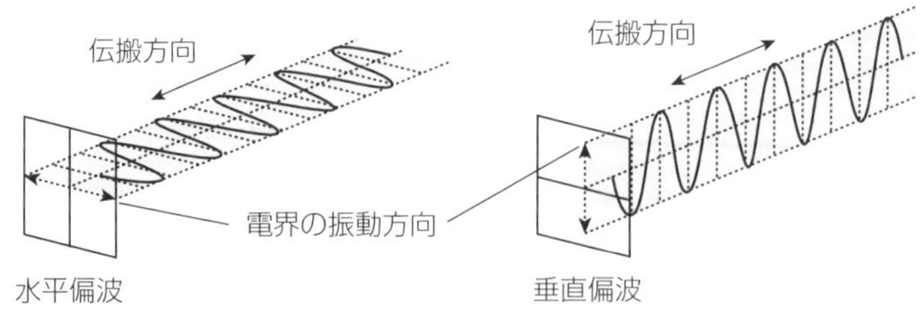

図２・４　水平偏波と垂直偏波

［③跳躍性フェージング］

電波が電離層で反射されるとき，**電離層の高さの変化**によって起こる．

［④吸収性フェージング］

電波が電離層を通過するとき，**電離層の電子密度の変化**によって吸収される時間的変動により起こる．

［⑤選択性フェージング］

電波の伝播経路上に**周波数が時間的に変化**する物体があると，伝送信号の周波数帯の中で，減衰を受ける周波数が変化し，受信点で歪み信号を生じる．

［⑥K形フェージング］

大気屈折率の変化によって生じた地球の等価半径係数の変化により，直接波と大地反射波との干渉状態や大地による回折状態が変化して生じる．

(2) ダイバーシチ技術

ダイバーシチ（diversity）には，多様性という意味がある．電波を受信する際，複数のアンテナ（**ダイバーシチアンテナ**）を同時に使い，電波状況が優れたものを選択したり，1本のアンテナで受信信号を合成して，通信品質を向上させたりする手法などがあり，移動通信で用いられている．

ダイバーシチの種類は次のとおりである．

［①空間ダイバーシチ］

空間的に**アンテナの位置をずらす**方法で，複数の受信アンテナを**数波長以上離して設置**する．アンテナ間隔は，移動局受信の場合には$\lambda/2$，基地局受信の場合には10λ（λ：波長）程度離す．受信側では，信号を合成又は切り替えることで受信レベルの変動を小さく抑えることができ最も利用される方式．

ごろあわせ　半端な 動きで 固まり テンパる
半波長　移動　固定　10波長

[②偏波ダイバーシチ]

直交している**垂直偏波と水平偏波**を，それぞれ受信する2**本のアンテナ**を用いる方法である．受信した信号を合成したり，切り替えたりすることにより電波の偏波面の変動による受信レベルの変動を小さくする．この場合，受信アンテナを離す必要はない．

[③角度ダイバーシチ]

指向性の異なる複数の受信アンテナを用いて受信した信号を，合成または選択する方法．

[④周波数ダイバーシチ]

同一信号を複数の**異なる周波数で送信**する方法．一般に，1本のアンテナで複数受信機の復調信号を合成する．

複数の周波数帯の電波を束ねてデータ通信する**キャリアアゲーション**技術により，通信速度や通信品質が向上する．

[⑤時間ダイバーシチ]

時間をずらして送信された信号を合成する方法．送信時間は2倍以上となる．

[⑥パスダイバーシチ]

伝搬路で発生したマルチパスを分離した後に合成する方法．**CDMA**（符号分割多重接続）などで用いる．

(3) RAKE（レイク）受信

RAKE受信とは，無線通信の受信感度を向上させる技術で，反射や回折などで複数の経路を通じて届いた電波を**一つに合成**する方式である．

携帯電話や無線LAN（Wi-Fi）で用いられており，複数の伝搬経路を経由して受信された信号を最大比合成するRAKE受信は，**パスダイバーシチ**効果が得られる．CDMA技術を使った携帯電話ではRAKE受信により，ダイバーシチと同等の効果が得られるため，アンテナは1系統でよい．rakeは「熊手」の意味．広義には，RAKEやMIMO技術はダイバーシチ技術に含まれる．

RAKE受信は，パスダイバーシチ効果が得られる．

(4) DSRC

DSRC (Dedicated Short Range Communications) は，**5.8GHz帯**のISM (Industry Science Medical：産業科学医療用) を用いた，**車両との無線通信**で使用される無線通信技術をいう．アンテナの**指向性を強くし**，**通信エリアを狭く**しているので**狭域**(きょういき)**通信**とも呼ばれる．

道路交通システム (ITS：Intelligent Transport Systems) で利用され，路側機と車載器間の双方向通信が可能で，ドライバーに各種のサービスが提供されている．たとえば，高速道路における**ETC** (Electronic Toll Collection System, ノンストップ自動料金支払いシステム) がある．

DSRCの電波規格は表のとおり．

表2・6　DSRCの規格

項目	規格
周波数帯	5.8GHz帯　14ch
周波数間隔	5MHz
変調方式	振幅偏移変調，位相偏移変調
変調信号速度	1Mbps (振幅偏移変調)，4Mbps (四位相偏移変調※)

※四位相偏移変調は，位相偏移変調の一つで，位相が90度ずつ離れた4つの波を切り替えて送る方式．

8　衛星通信設備　重要度★★★

(1) 衛星通信

衛星通信とは，地球局が人工衛星を介して他の地球局と行う通信をいう．地球上から衛星までの高度により，次のように分類される．

①低軌道衛星

②中軌道衛星

③静止軌道衛星

このうち，**静止軌道衛星**の軌道は赤道面にあり，**高度が約36,000km**のところを周回する人工衛星である．地球の自転と同じ速度（24時間で1周）なので，静止して見える．

高緯度地域においては仰角（衛星を見上げる角度）が低くなり，建造物などにより衛星と地球局との間の見通しを確保することが難しくなる．

静止通信衛星からは，地球全面積の約1/3を見渡せ，1つの宇宙局からの電波で国内全域をカバーできる．静止軌道上に**3機の衛星を配置**すれば，北極，南極を除く地球上の大部分を対象とする世界的な通信網を構築できる．しかし，集中豪雨時には正常に画像を受信できない．

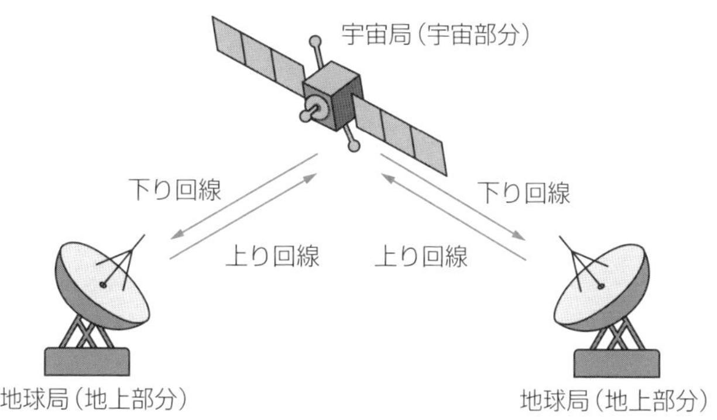

図2・5　衛星通信のモデル

(2) 周波数帯

衛星通信で使用される周波数帯の名称は，IEEE（米国電気電子技術者学会）によるマイクロ波周波数帯およびその前後の分類名称である．

表2・7　周波数帯

周波数帯（バンド）	周波数	備考
Lバンド	1～2 GHz	Longの頭文字（波長が長い）
Sバンド	2～4 GHz	Shortの頭文字（波長が短い）
Cバンド	4～8 GHz	SバンドとXバンドの中間 Compromise（中間）の頭文字
Xバンド	8～12 GHz	Xは，eẋtreme short
Kuバンド※	12～18 GHz	kurz－underの略（Kより下）
Kバンド	18～27 GHz	Kは，ドイツ語のKurz（短い）の頭文字
Kaバンド	27～40 GHz	kurz－aboveの略（Kより上）
Vバンド	40～75 GHz	Very high frequency bandの頭文字

※Kuバンドは，**BS放送衛星**や，東経110度の**CS通信衛星**などに使用されている．

(3) 基本構成

地球局～宇宙局～地球局の通信構成の一例は図のようになる.

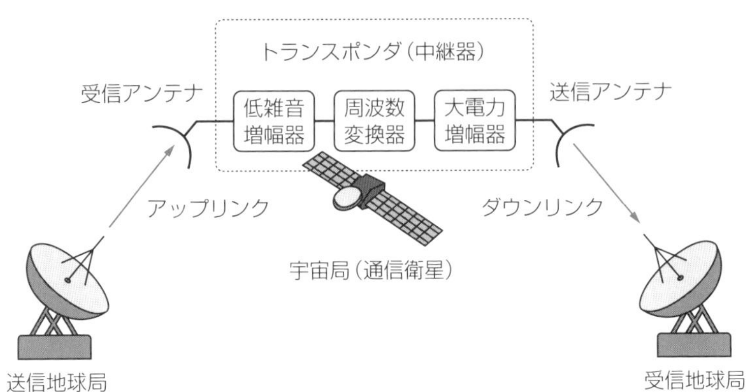

図2・6　トランスポンダ

トランスポンダ※とは，地球局から電波を受けて，周波数を変換して増幅し，ふたたび地球局に送り返す中継器である．1台のトランスポンダを複数の地球局で同時に利用するために**多元接続**が使われる．地球局には，放物面をもつ反射器と一次放射器から構成される**パラボラアンテナ**が使われる．

※トランスポンダ（Transponder）はTRANSmitter（送信機）とresPONDER（応答機）の合成語．受信した電気信号の中継送信，電気信号と光信号の相互変換，受信信号への応答などを行う中継器のこと．なお，電波干渉を避けるため，地球局から衛星への無線回線と，衛星から地球局への無線回線に**異なる周波数帯の電波**を使用している．

ダウンリンクはアップリンクの周波数よりも低い.

過去問チャレンジ（章末問題）

問1　R4-後期　➡1 無線LAN

無線LANの規格に関する記述として，適当でないものはどれか.

(1) IEEE 802.11 ac は，使用周波数帯が5 GHz 帯で，最大伝送速度は11 Mbps である.
(2) IEEE 802.11 b は，使用周波数帯が2.4 GHz 帯で，最大伝送速度は11 Mbps である.
(3) IEEE 802.11 a は，使用周波数帯が5 GHz 帯で，最大伝送速度は54 Mbps である.
(4) IEEE 802.11 g は，使用周波数帯が2.4 GHz 帯で，最大伝送速度は54 Mbps である.

解説 IEEE 802.11 ac は，使用周波数帯が5 GHz 帯で，最大伝送速度は6.9 Mbps である.

解答 (1)

問2　R2-後期　➡6 マイクロ波通信

マイクロ波多重無線回線の中継方式に関する次の記述に該当する名称として，適当なものはどれか.

「中継所でマイクロ波をそのまま増幅して送り出す方式である.」

(1) 再生中継方式
(2) ヘテロダイン中継方式
(3) 無給電中継方式
(4) 直接中継方式

解説 中継所でマイクロ波をそのまま増幅して送り出す方式は，直接中継方式である.

解答 (4)

問3　R3-前期　　➡7 通信技術・用語

ダイバーシチ技術に関する次の記述の〔　　〕にあてはまる語句の組合せとして，適当なものはどれか．

「垂直偏波を受信するアンテナからの出力と水平偏波を受信するアンテナからの出力を合成又は切り替えることで受信レベルの変動を〔　ア　〕する方式を〔　イ　〕ダイバーシチという．

	ア	イ
(1)	小さく	周波数
(2)	小さく	偏波
(3)	大きく	周波数
(4)	大きく	偏波

解説　垂直偏波と水平偏波を受信することから，偏波ダイバーシチである．

解答　(2)

問4　R3-後期　　➡7 通信技術・用語

フェージングに関する次の記述に該当する名称として，適当なものはどれか．

「送信点から放射された電波が2つ以上の異なった経路を通り，その距離に応じて位相差を持って受信点に到来することにより生じるフェージングである．」

(1)　偏波性フェージング
(2)　吸収性フェージング
(3)　干渉性フェージング
(4)　跳躍フェージング

解説　位相差を持って受信点に到来することにより生じるフェージングは，干渉性フェージングである．

解答　(3)

問5　R1-前期　　⇒8 衛星通信設備

静止衛星通信に関する記述として，適当なものはどれか．

(1)　静止衛星は，赤道上空およそ36,000〔km〕の円軌道を約12時間かけて周回する．
(2)　止軌道上に3機の衛星を配置すれば，北極，南極付近を除く地球上の大部分を対象とする世界的な通信網を構築できる．
(3)　衛星通信には，電波の窓と呼ばれる周波数である1～10〔GHz〕の電波しか使用できない．
(4)　アップリンク周波数よりダウンリンク周波数のほうが高い．

解説　(1) 静止衛星は，赤道上空およそ36,000 kmの円軌道を24時間かけて周回する．
(3) 衛星通信には，Kuバンド（12/14 GHz）とKaバンド（20/30 GHz）の電波を使用している．
(4) アップリンク周波数よりダウンリンク周波数のほうが低い．　　解答　(2)

問6　R3-前期　　⇒8 衛星通信設備

通信衛星に関する次の記述に該当する名称として，適当なものはどれか．

「地球局からの電波を受け，周波数を変換して増幅し，ふたたび地球局に送り返す中継器である．」

(1)　トランスポンダ
(2)　端局装置
(3)　太陽電池パネル
(4)　アンテナ

解説　地球局からの電波を受け，周波数を変換して増幅し，ふたたび地球局に送り返す中継器は，トランスミッターとレスポンダーの合成語であるトランスポンダである．　　解答　(1)

第3章 ネットワーク設備

1 IPネットワーク 重要度★★★

(1) IPアドレス

アドレス (address) とは住所という意味で，人やデータ，装置などの所在を示す**識別番号**をいう．

[①IPv4 (IP version 4)]

32ビットのアドレス空間で装置を識別する，約43億個 (2^{32}) のアドレスである．世界人口の約80億人すべてに割当てできない枯渇問題がある．

[②IPv6 (IP version 6)]

128ビットのアドレス空間で装置を識別する，43億×43億×43億×43億＝約340澗(かん)※ (2^{128}) のアドレスである．枯渇問題は解消する．

※1澗＝10^{36}

(2) IPv4アドレスクラス

[①クラスフルアドレス]

クラスフルアドレスとは，IPアドレスを，**クラスA～Eの5つのクラス**に分類する方法をいう．**IPv4に対応**したネットワークを構築する場合に用いられる．

ネットワーク部と**ホスト部**から構成され，ネットワーク部は，どのネットワークに属しているかを示し，ホスト部はそのネットワーク内の各コンピュータ端末を指す．5つのクラスは，IPv4アドレスの最初の数桁を確認することで判別できる．

表3・1　クラスフルアドレス

クラス	IPアドレス利用形態	ネットワーク部	ホスト部
A	一般のネットワーク	8ビット（1バイト） 0から始まる	24ビット 約1680万台のコンピュータを接続できる
B	一般のネットワーク	16ビット（2バイト） 10から始まる	16ビット
C	一般のネットワーク	24ビット（3バイト） 110から始まる	8ビット
D	マルチキャスト用	—	—
E	将来の実験用	—	—

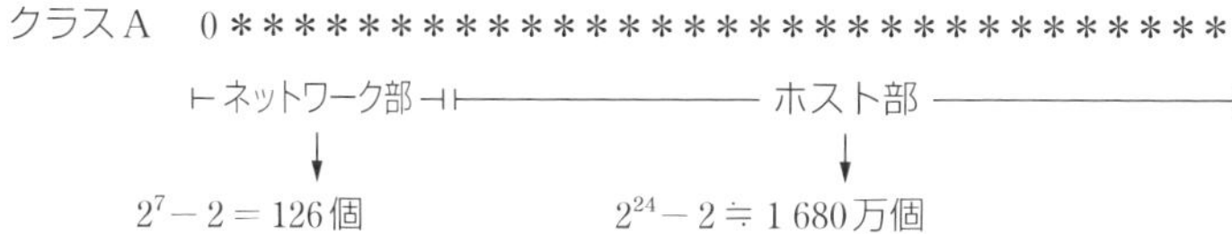

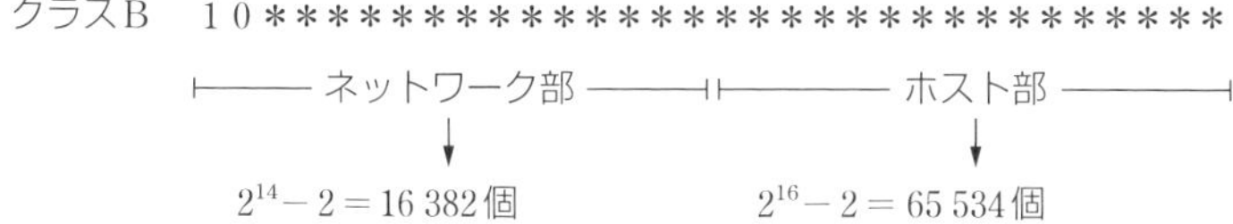

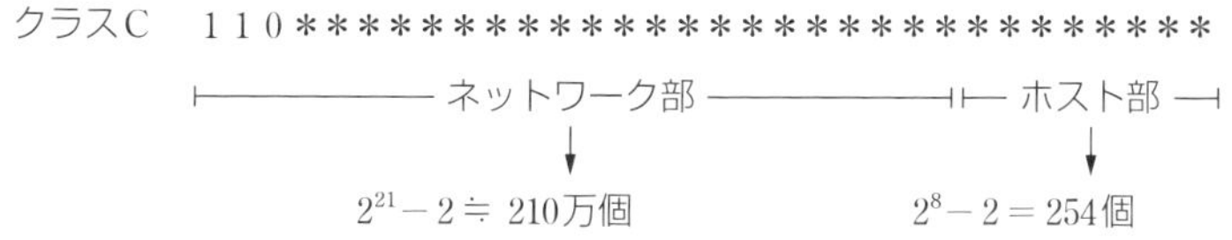

図3・1　クラスフルアドレスの割当て

「−2」は，すべて0，すべて1を除いているため．

クラスAは，ISP（インターネットサービスプロバイダ）のような大規模ネットワークでの利用，クラスCは小規模ネットワークでの利用となる．

［②クラスレスアドレス］

1つのクラスをいくつかのセグメントに分割してアドレスを使用出来るようにしたもの．

ネットワーク部とホスト部の境界がなく，自由に決めることができる．

(3) IPv4のアドレス表記

アドレスは数字を羅列したものである.

IPv4では，32ビットの2進数であり，**8ビット(1バイト)ごとに**ドット「.」で区切る.

【例1】11000000.1010000.00001011.10000000

これでもわかりにくいので10進数に変換する.

→ 192.168.10.128と表記する.

【例2】「192.168.10.128/26」の場合（クラスレスアドレス）

「/26」は**アドレスプレフィックス**といい，先頭から26ビット目までがネットワークアドレスであることを示す.

ホストアドレス（各コンピュータ）に割り当てられるのは，残る6ビットになる.

6ビットで表現できるビット列は000000～111111の64種類あるが，全てが0の"000000"と全てが1の"111111"は，それぞれネットワークアドレス（ネットワークを識別する）と，ブロードキャストアドレス（全アドレスへの呼びかけ）として予約されているため，ホストアドレスとして割り当てることはできない.

割当可能なホストの最大数は64－2＝62である.

【例3】IPv4のIPアドレスを使用している場合，**サブネットマスク**(subnet mask)を，ネットワークの範囲を定義するために使用する.

たとえば，IPアドレスが，「192.168.3.121」でサブネットマスクが「255.255.255.224」のとき，この端末のホストアドレスは，次のように求める.

- サブネットマスクの224を2進数に変換する．→ $(224)_{10}=(11100000)_2$
  1の部分（「111」の部分）がネットワークアドレスを示し，0の部分（「00000」の下5桁部分）がホストアドレスを示す.
- 次に，IPアドレスの121を2進数に変換する．→ $(121)_{10}=(01111001)_2$
  下5桁の「11001」がホストアドレスに該当する．$(11001)_2=(25)_{10}$

（答）25

(4) IPv6のアドレス表記

IPv6では，16ビット（0，1の数字が16個並ぶ）ごとに「:（コロン）」で区切り，16進数（0～9の数字とa～fまでのアルファベット）で表記する．

【例1】1074:03f5:0000:0000:10ab:0000:0000:0000

さらに簡略化するため，「:」で区切られた部分（フィールド）がすべて0となり，そのようなフィールドが2個以上続く場合，0を省略して「::」と表記する．ただし，この省略は1回のみ．そのようなフィールドが2箇所以上ある場合は，どれを省略してもよい．

【例2】1074:03f5:0000:0000:10ab:0000:0000:0000

【例1】において2種類のアンダーラインを引いた箇所のいずれかが省略表記可能である．

つまり，1074:03f5:0000:0000:10ab::

または，1074:03f5::10ab:0000:0000:0000

表3・2　IPv4とIPv6の比較

項目	IPv4	IPv6
アドレス数	32ビット	128ビット
表記方法	8ビットごとに「.」で区切る	16ビットごとに「：」で区切る
表記例	192.168.10.128　(10進数)	1074:3f5:0:0:10ab::　(16進数)

(5) アドレス変換

[①NAT]

NAT（Network Address Translation）は，インターネットに接続できない**プライベートIPアドレス**を，インターネットに接続できる**グローバルIPアドレス**に変換する機能を持つ．たとえば，企業内のLANネットワークで，端末PCがインターネットに接続する場合も，NATが，グローバルIPアドレスに変換している．

ネットワーク間のアクセスは，NATが機能し，2つのネットワークの境界にあるルータや**ゲートウェイ**が，双方のIPアドレスを自動的に変換する．ゲートウェイ（gateway）とは，プロトコルが異なるネットワーク間の通信を中継する機器やソフトウェア，システムの一種で，最上位層のプロトコルの違いに対応できる．

[②DNS]

DNS（Domain Name System）は，**ドメイン名とIPアドレスの変換機能**

をもつ.

個々のコンピュータは，IPアドレスで識別するが，IPアドレスは数値や符号の羅列である．これではなじみがないので，ホスト名，ドメイン名と呼ばれる別の名前を付けている．これに対応するIPアドレスなどの情報を記録・管理するのがDNSである．

DNSサーバはこれらを管理するサーバであるが，ドメイン名は階層構造になっており，DNSサーバも階層構造で管理されている．最上位ドメインを管理するDNSサーバは世界各地の十数ヶ所に分散配置されている．**トップレベルドメイン**（.jpや.com等），セカンドレベルドメイン（co.jpやgoogle.com等）から，最下層のサーバまで，個別ドメイン名のDNSサーバの所在を把握している．

(6) DNS関連用語

[①ゾーン（Zone）]

ゾーンとは，1台の権威DNSサーバが管理する範囲をいう．ゾーン情報を管理する権威DNSサーバを**プライマリサーバ**，プライマリから転送されたゾーンを保持するサーバを**セカンダリサーバ**という．

[②正引き・逆引き]

正引き：ドメイン名からIPアドレスを求めること．

逆引き：IPアドレスからドメイン名を求めること．

[③リゾルバ]

リゾルバとは，ドメイン名に対応するIPアドレス，またはIPアドレスに対応するドメイン名を，DNSサーバに対して問い合わせるソフトウェアをいう．

(7) インターネットプロトコル

インターネットプロトコル（IP）とは，OSI基本参照モデルの**レイヤ3（ネットワーク層）**に対応するプロトコルで，IPv4とIPv6がある．

主なプロトコルは次のとおりである．

[①HTTP]

HTTP（Hyper Text Transfer Protocol）は，**Webコンテンツを閲覧**する際に使用するプロトコルである．

[②SMTP・POP]

SMTP（Simple Mail Transfer Protocol）と**POP**（Post Office Protocol）は，**電子メールの送受信**に使用されるプロトコルである．

[③FTP]

FTP（File Transfer Protocol）とは，端末間の**ファイル転送**を行うためのプロトコルである．

[④ARP]

ARP（Address Resolution Protocol）とは，TCP/IPネットワークにおいて，IPアドレスからイーサネット（Ethernet）LAN上の**MACアドレス**を求めるためのプロトコルである．MACアドレスとは，ネットワーク機器間において，次はどこに渡せばよいかわかるように各機器に割り当てた住所である．最終的なアドレスであるIPアドレスとは異なる．

[⑤DHCP]

DHCP（Dynamic Host Configuration Protocol）とは，各クライアントに対してIPアドレスやサブネットマスク，デフォルトゲートウェイなど，さまざまな設定を自動的に割り当てるプロトコルである．

[⑥NTP]

NTP（Network Time Protocol）とは，IPネットワークに接続される機器の時刻を同期させるためのプロトコルである．

(8) VoIP

VoIP（Voice over Internet Protocol）とは，インターネットを通じて**音声通話**を行う技術をいう．パソコンや携帯端末を使い，音声データを相手に送信し，相手からの音声データをスピーカーで再生することにより，電話同様の双方向の音声通話が可能となる．ITU-T（国際電気通信連合の標準化部門）が標準化した音声符号化の方式である．周波数帯は300〜3400 Hzである．

(9) インターネット関連用語

[①ルーティング]

ルーティング（routing）とは，ネットワーク上でデータを送信・転送するとき，宛先アドレスの情報を元に，いくつもの中継機器をバケツリレー式に経由して最適な転送経路を割り出すことをいう．つまり，最適な経路を選択しながら宛先IPアドレスまで**IPパケットを転送**していく．

［②プロキシ（proxy）］

プロキシとは，代理という意味があり，企業などの内部ネットワークとインターネットの境界にあるコンピュータで，インターネット上のへ接続を行うコンピュータをいう．クライアントに代わってインターネットにアクセスする機能を持つサーバを**プロキシサーバ**という．

［③CGI］

CGI（Common Gateway Interface）とは，Webブラウザからの要求に応じて，Webサーバがプログラムを起動するための仕組みをいう．

［④バッファリング］

バッファとは，複数の主体がデータを送受信する際，処理速度や転送速度の差を補うために**データを一時的に蓄える**記憶装置や記憶領域のことをいう．

映像などを途切れることなく視聴するための工夫として，受信端末ではパケットをある程度ためてから再生を開始する．

2 ネットワーク技術　重要度★★★

(1) 仮想化技術

仮想化とは，コンピュータのCPU，メモリ，OSなどの複数の物理的構成を1つに見せかけたり，1つの構成を複数の構成要素に分割したりすることをいう．**VLAN**（Virtual LAN）は，一つのLAN内での各機器の実際の接続形態とは異なり，仮想的なグループを設定し，あたかも一つのLANであるかのように運用する技術で，仮想LANと呼ばれる．LANスイッチ（スイッチングハブ）によって，どのコンピュータとどのコンピュータは通信でき，あるいはできないかを制御することで，ネットワークの統合，分割が容易にできる．たとえば企業内で，自分の所属グループと関係のないグループとは通信できないため，セキュリティが向上する．

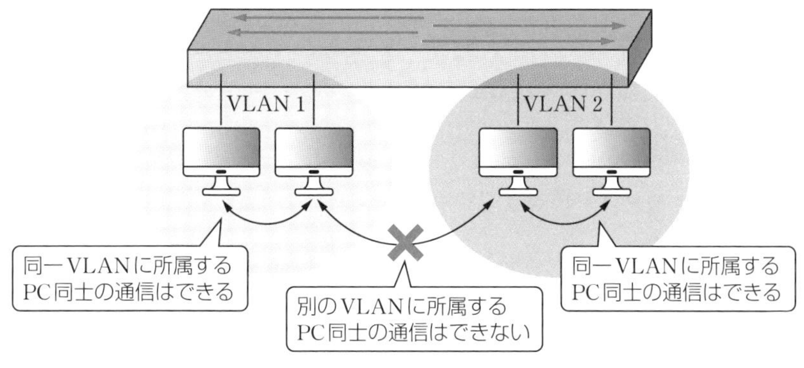

図3・2　VLANのモデル

(2) 冗長化

冗長化とは，ネットワークにおいて代替用の設備を用意し，故障や障害が発生した場合にもサービスを継続的に提供できるようにすることをいう．

複数の機器で構成して冗長化する機器冗長化，設備間の通信経路を冗長化する通信経路冗長化，および両者を組合せた冗長化がある．同じシステムのサーバを2台用意することも冗長化の一つである．

(3) パケット交換

データを送る方式は，1本の回線を独占して送る**回線交換方式**と，**蓄積交換方式（パケット交換方式）**がある．

パケット交換方式は，**データ**を適当な長さに分割して送り，受信端末ではこれらのデータを合体して元のデータに戻す．パケット通信（packet communication）のパケットとは小包（こづつみ）のことで，データを一定の単位で区切りこれに**ヘッダ**を付けたものである．パケットを処理するルータは，ヘッダの宛先を見て相手のコンピュータに届くように制御している．送信されたパケットは，送信された順序通りに受信端末に到着するとは限らない．また，送信端末と受信端末の通信速度は，同じである必要はない．受信側ではパケットからデータ取り出して順番に連結し，元のデータに復元する．

パケットは，常に同じ伝送路を使用して転送されるとは限らない．

過去問チャレンジ（章末問題）

問1　**R1-前期**　➡1 IPネットワーク

インターネットで使われている技術に関する記述として，適当でないものはどれか．

(1) DHCPサーバとは，ドメイン名をIPアドレスに変換する機能を持つサーバである．
(2) ルーティングとは，最適な経路を選択しながら宛先IPアドレスまでIPパケットを転送していくことである．
(3) プロキシサーバとは，クライアントに代わってインターネットにアクセスする機能を持つサーバである．
(4) CGIとは，Webブラウザからの要求に応じてWebサーバがプログラムを起動するための仕組みである．

解説　ドメイン名をIPアドレスに変換する機能を持つサーバは，DNSサーバである．

解答　(1)

問2　**R1-後期**　➡1 IPネットワーク

次のIPv6のアドレスをRFC 5952で規定されているIPアドレス表記法で記述した場合，適当なものはどれか．

「0192 : 0000 : 0000 : 0000 : 0001 : 0000 : 0000 : 0001」

(1) 192 : : : : 1 : : : 1
(2) 192 : : 1 : : 1
(3) 192 : : 1 : 0 : 0 : 1
(4) 192 : 0 : 0 : 0 : 1 : : 1

解説　0192の0は省略できる．以下ルールに従い，簡単なものを選ぶ．
なお，RFC (Request For Comments) は，インターネット技術の標準化等を行っているIETF (Internet Engineering Task Force) が発行している，技術仕様

などについての文書群で，RFC 5952はIPv6アドレスの推奨表記について記述したもの．

解答 (3)

問3 **R 4-後期** ⇒1 IPネットワーク

LANに繋がっている端末のIPアドレスが「192.168.3.184」でサブネットマスクが「255.255.255.192」のとき，この端末のホストアドレスを10進数で表したものとして，適当なものはどれか．

(1) 8
(2) 24
(3) 56
(4) 184

解説 サブネットマスクの末端192を2進数に変換すると，11000000になる．下6桁がホストアドレスを示す．次に，IPアドレスの末端184を2進数に変換すると，10111000である．下6桁は111000で，これを10進数に変換すると，$2^5+2^4+2^3=56$

解答 (3)

問4 **R 4-後期** ⇒1 IPネットワーク

IPV 6とIPV 4に関する記述として，適当でないものはどれか．

(1) IPV 4のIPアドレス長は，32ビットである．
(2) IPV 6のIPアドレス長は，256ビットである．
(3) IPV 4のIPアドレスの枯渇問題の対策として，IPV 6が考えられた．
(4) IPV 6のIPアドレスは，16ビットごとにコロン（：）で区切り16進数に変換して表記する．

解説 IPV 6のIPアドレス長は，128ビットである．

解答 (2)

問5　R1-後期　　➡2 ネットワーク技術

パケット交換方式に関する記述として，適当でないものはどれか．

(1) データは，伝送路中にあるパケット交換機のメモリに蓄積されてから転送される．
(2) パケットは，常に同じ伝送路を使用して転送される．
(3) 送信端末と受信端末の通信速度は，同じである必要はない．
(4) 送信端末から送信されたパケットは，送信された順序通りに受信端末に到着するとは限らない．

解説 パケットは，常に同じ伝送路を使用して転送されるとは限らない．

解答 (2)

問6　R5-前期　　➡2 ネットワーク技術

パケット交換技術に関する次の記述の［　　］の（ア），（イ）に当てはまる語句の組合せとして，適当なものはどれか．

「パケットとは，［（ア）］を一定の単位で区切りこれに［（イ）］をつけたものである．パケットを処理するルータは，［（イ）］の宛先を見て相手コンピュータに届くよう制御している．」

	（ア）	（イ）
(1)	データ	ダイヤル信号
(2)	データ	ヘッダ
(3)	回線	ダイヤル信号
(4)	回線	ヘッダ

解説 パケット交換方式のパケットとは，データを一定の単位で区切りこれにヘッダをつけたものをいう．パケットを処理するルータは，ヘッダの宛先を見て相手のコンピュータに届くよう制御している．

解答 (2)

第4章 情報設備

1 コンピュータ設備

重要度 ★★★

(1) システム構成

[①シンプレックスシステム]

処理装置が二重化されていない，**1系統だけ**のシステムをいう．

[②デュプレックスシステム]

処理装置を**二重化**し，一組は常時使用，もう一組は障害発生時の**予備機**として待機させるシステムをいう．

[③デュアルシステム]

2台のコンピュータを**並列接続**し，両方のコンピュータで同一の処理を行い，双方の処理結果を照合しながら実行するシステムをいう．

[④クラスタシステム]

複数のコンピュータを**相互に連携**させ，全体を1台の高性能なコンピュータであるかのように利用するシステムをいう．

(2) RAID（レイド）

RAID（Redundant Arrays of Inexpensive Disks）は，複数台の外部記憶装置をまとめて1台の装置として管理し，冗長性を向上させる技術．データを分散することで，高速化，耐障害性の向上が図られる．

[①RAID 0（ストライピング）]

1つのファイルを**分割して複数のハードディスク（HDD）に書き込む**と，1台のハードディスクに格納する時間の1/台数で済む．信頼性は向上しないが，速度が向上する．

[②RAID 1（ミラーリング：mirror鏡）]

複数台のハードディスク（HDD）に**同じデータを書き込む**ことにより，1台が故障しても，他が正常であればデータは失われず信頼性が向上する．

【例】2台のHDDをRAID 1構成した場合の稼働率を求めなさい．ただしHDD単体の稼働率は0.9とする．

【解説】1台の故障率は $(1-0.9)$ なので，2台同時の故障率は $(1-0.9)^2$

稼働率は $1-(1-0.9)^2=0.99$

(3) クラウドコンピューティングサービス

クラウドコンピューティングサービスとは，ソフトウェアをCD-ROMで読み込むことやPCにインストールことなく，**インターネット上で提供されるソフトウェア**などを利用するサービスをいう．

表4・1　クラウドサービスの種類

サービスの種類	内容
IaaS (Infrastructure as a Service)	OS，CPU・メモリ・ハードディスク等のハードウェア及びネットワーク環境を提供する．
SaaS (Software as a Service)	メールやグループウェアなどの汎用的なアプリケーションソフトウェアの機能を提供する．
PaaS (Platform as a Service)	アプリケーションソフトウェアの開発や運用に必要なミドルウェア，データベース，開発用ソフトウェア及びサーバ機能を提供する．

2 情報セキュリティ

重要度★★★

(1) コンピュータウイルス

[①コンピュータウイルス]

コンピュータウイルスとは，正規プログラムの一部に浸入して自らを複製，増殖し，悪質な処理を行うプログラムの一種である．ウイルスに感染したプログラムは，インターネットなどを通じて他のコンピュータへ感染する．

(2) マルウェア

不正なソフトウェア全般を**マルウェア**（malware）と呼ぶ．

[①スパイウェア]

利用者の文字入力内容やWebアクセス履歴などの**データを隠れて収集**し，インターネットを通じて開発元などに送信する有害なソフトウェア．

[②ワーム]

インターネットを通じてコンピュータに侵入し，さらに他のコンピュータへの自身の複製を試みる有害なソフトウェア．ワームには虫の意味がある．

［③トロイの木馬］

あるソフトウェアを導入させ，その中に忍ばせたデータ漏洩や遠隔操作等を行うソフトウェア．語源は，兵士が木馬で敵の城に侵入したトロイ戦争．

(3) 情報セキュリティの用語

［①ソーシャルエンジニアリング］

不正に情報を得るため，ネットワークの利用者などから，パスワードなどの保安上重要な情報を盗み見，盗み聴きしたり，廃棄ゴミを調べる等の「社会的」な手段によって情報を入手したりすること．ある人がパスワードを入力している背後から盗み見ることを，ショルダーハッキングという．

［②クラッキング］

コンピュータやソフトウェア，データなどを防護するための措置や仕組みを，破壊または無効化し，本来許されていない操作を行うこと．クラックとは「ヒビが入る」という意味で，元の状態に戻すのを難しくする．

［③フィッシング］

実在する金融機関等を装ったメールを送信し，正規のWebサイトに似せたWebサイトに誘導してユーザIDや暗証番号等の情報を盗み取る手法をいう．

［④ゼロデイ攻撃］

ソフトウェアのセキュリティホールの修正プログラムが提供される前に，修正の対象となるソフトウェアのセキュリティホールを突く攻撃をいう．プログラム提供前なので「ゼロデイ（0日）」が語源である．

［⑤アンチウイルスソフト］

コンピュータウイルスに特有の不正な動作をするコードを探り出すことによりコンピュータウイルスを検出する．

［⑥TLS（Transport Layer Security）］

データを暗号化し，成りすましや盗み見，改竄（かいざん）等を防ぐプロトコル（トランスポート層）で，SSL（Secure Sockets Layer）の後継規格である．Webサーバとwebブラウザの間で認証情報や個人情報等の送受信を安全に行う手段をいう．TLSにより暗号化されたウェブサイトのURLは「https」で始まる．

過去問チャレンジ（章末問題）

問1　R1-後期　➡1 コンピュータ設備

複数のハードディスクを組み合わせて仮想的な1台の装置として管理する技術であるRAIDに関する次の記述に該当する名称として，適当なものはどれか．

「2台のハードディスクにまったく同じデータを書き込む方式」

(1)　RAID 0
(2)　RAID 1
(3)　RAID 3
(4)　RAID 5

解答　(2)

問2　R2-後期　➡2 情報セキュリティ

マルウェアに該当するものとして，適当でないものはどれか．

(1)　トロイの木馬
(2)　ソーシャルエンジニアリング
(3)　ワーム
(4)　スパイウェア

解説　ソーシャルエンジニアリングは，パスワードなどの保安上重要な情報を不正に得ることであり，ソフトウェアではない．

解答　(2)

問3　R4-前期　➡2 情報セキュリティ

TLSに関する記述として，適当でないものはどれか．

(1)　TLSは，OSI参照モデルのネットワーク層に位置するプロトコルである．
(2)　TLSは，SSLの後継のプロトコルである．
(3)　httpの通信がTLSで暗号化されるWebサイトのURLは，「https」で始まる．
(4)　TLSは，WebサーバとWebブラウザ間の安全な通信のために用いられている．

解説　TLSは，OSI参照モデルのトランスポート層に位置するプロトコルである．

解答　(1)

問4　R5-後期　➡2 情報セキュリティ

マルウェアに関する次の記述に該当する名称として，適当なものはどれか．

「無害なプログラムにみせかけてコンピュータシステムに侵入し，データファイルの破壊など，コンピュータシステムに障害を与えるプログラムである．」

(1)　ランサムウェア
(2)　スパイウェア
(3)　トロイの木馬
(4)　バックドア

解説　無害なプログラムにみせかけてコンピュータシステムに侵入し，データファイルの破壊など，コンピュータシステムに障害を与えるプログラムは，トロイの木馬である．

解答　(3)

第5章 放送機械設備等

1 放送設備

重要度 ★★★

(1) 地上デジタルテレビ放送

UHF帯 (300 MHz～3 GHz) の電波を利用するデジタル放送は，地上から送信する地上波テレビ放送をデジタル化したものである．**高画質化**（ハイビジョン放送・HDTV：High Definition Television）や**多チャンネル化**が可能になった．

地上デジタルテレビ放送で使用している**OFDM**（直交周波数分割多重）は，マルチパス妨害による干渉に対して強い．

デジタルは，直接波と反射波を同時に受信してもゴーストが発生しない．

地上デジタルテレビ放送の信号には，映像や音声のほかにデータ放送等のデータが**多重化**されている．我が国の地上デジタルテレビ放送で利用されている映像符号化方式は，ISO/IECのMPEG委員会が策定した動画・音声データの圧縮方式の標準規格の一つである**MPEG-2**（Moving Picture Experts Group phase 2）という方式で，放送信号を暗号化している．

また，伝送中の情報の誤りを訂正するため圧縮符号を付加していない．これは，数少ない周波数帯の資源確保と，情報量を削減するためである．

(2) テレビ放送の電波

日本の地上デジタルテレビ放送の電波に関して，次のとおりである．

① 13～52チャンネル（**40チャンネル分**※）の周波数（470 MHz～710 MHzで240 MHz分）を使用している．

②チャンネルの周波数帯幅6 MHz※を**14等分**したうちの13セグメントを使用している．13セグメントの中央の**1セグはモバイル端末**に使用され，他12セグは固定TV用である．

※6 MHz × 40チャンネル = 240 MHz

(3) BS・CS

[①BS]

Broadcast Satelliteの略で，**放送衛星**のことである．

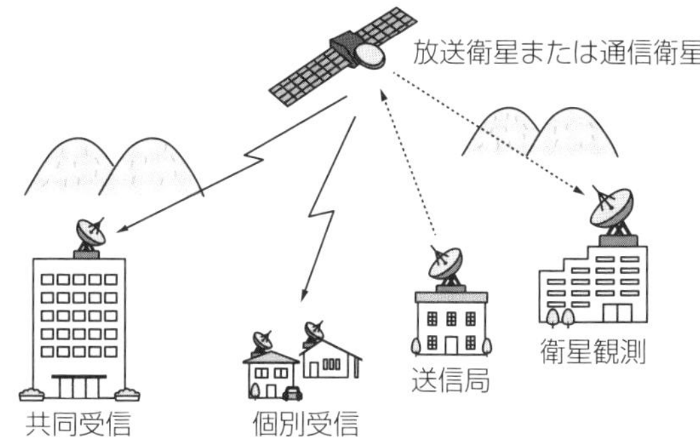

図5・1　BS・CSモデル

[②CS]

Communication Satelliteの略で，**通信衛星**のことである．元々は企業向け等の通信目的であったが，放送法の改正により一般向け放送を行うようになった．

(4) CATV

CATV (Community Antenna TeleVision または CAble TeleVision) は，テレビ番組を**共同アンテナ**や同軸ケーブル，光ファイバケーブルを使って，複数の住戸に放送するシステムである．個別に受信アンテナを設置しなくてよい．

ケーブルテレビ事業者と視聴者との間のネットワークは，一般的にツリー (樹木) 状の構成をとっている．難視聴地域や共同住宅等のほか，有料テレビ放送を提供するものを含む．有料のものは，デジタル放送，衛星放送 (BS，CS)，専門チャンネル (自主放送番組) 等を扱う．ケーブルテレビ事業者は，多チャンネル化した上で配信している．

CATVの各端末へのネットワークは，一般的にツリー状の構成であり，リング状ではない．

CATVによる地上デジタルテレビ放送の伝送方式には，次のものがある．

［①パススルー方式］

地上デジタル放送の受信波をそのまま伝送（周波数を変えない）するか，または周波数を変換して伝送する方式である．いずれにしても，受信した電波の**変調方式を変えずに伝送**する．

［②トランスモジュレーション方式］

ケーブルテレビ局が，受信した電波をケーブル**テレビに適した変調方式（64QAM）に変換**して伝送する方式である．

ケーブルテレビ局がBSデジタル放送をトランスモジュレーション方式で提供している場合，BSデジタル放送はケーブルテレビ局から提供される**STB**（セット・トップ・ボックス）で受信する．

ケーブルテレビ局が地上デジタル放送とBSデジタル放送の両方のサービスを提供している場合は，1台のSTBで両方を視聴できる．

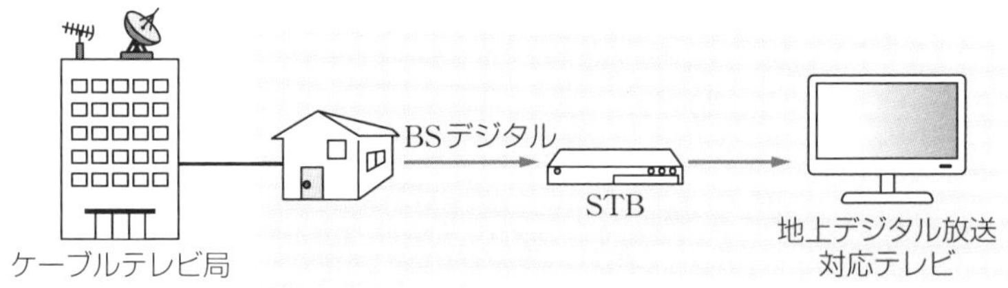

図5・2　トランスモジュレーション方式

周波数を変えて伝送するものもパススルー方式に含まれる．

(5) テレビ共同受信設備

テレビ共同受信設備で使用される機器は次のとおりである.

[①アンテナ]

利得は同じ素子数の場合, 受信帯域が広くなるほど小さくなる. **アンテナ利得**とは, アンテナが受信した電波の強さに対して, どの程度の強さで出力できるのかを数値化〔dB〕したもので, 数値が大きいほど, アンテナ性能は良い.

[②同軸ケーブル]

50Ω形と75Ω形がある. 周波数が高くなると減水量は大きくなる. 5C－FB, S－7C－FBなど.

[③増幅器(ブースタ)]

信号の強さを一定のレベルまで**増幅**する機器.

[④分配器]

テレビ信号を均等に分配する機器. 一般に, 分配器の分配損失は4分配器より2分配器の方が少ない.

[⑤混合器]

複数のアンテナで受信した信号を1本の伝送線にまとめる機器.

[⑥分波器]

周波数帯域の異なる信号を, 選別して取り出すための機器.

[⑦直列ユニット]

分岐機能を有し, テレビ受信機に接続する端子を持つ分岐器.

2 映像設備

重要度★★★

(1) CCTV

CCTV (Closed-Circuit TeleVision) は, 建物内の監視・防犯用のカメラで, 入力装置 (カメラ) から出力装置 (モニター) までを同軸ケーブルで接続したシステムをいう.

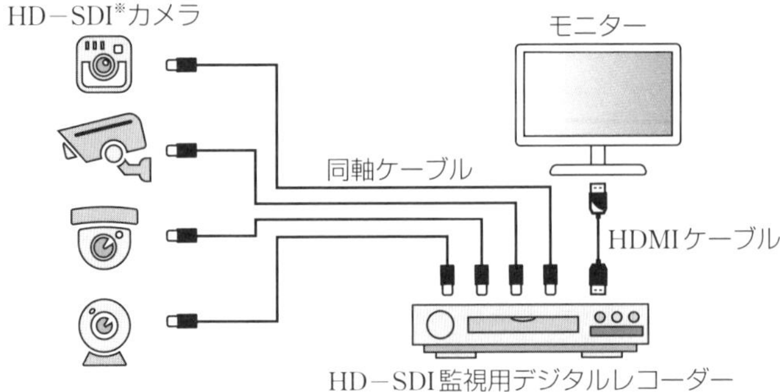

図5・3　CCTVシステム

(2) 映像表示装置

[①有機EL]

有機ELとは，有機エレクトロルミネセンス(Organic Electro-Luminescence：OEL)と呼ばれ，有機物に電界をかけると発光する現象をいう．LED照明，ディスプレイの材料として用いられ，特徴は次のとおりである．

- **応答速度は速い**．
- 液晶ディスプレイよりも**軽量化**，**薄型化**が可能である．
- 基盤をフィルム状のプラスチックにすると，**曲げが可能**である．
- 有機ELディスプレイは，**視野角はほぼ180度**で広い，色調に変化はない．

[原理]

- 陽極と陰極の間に，正孔輸送層，有機物の発光層及び電子輸送層等を**積層した構成**になっている．
- 有機ELに電圧をかけると，2つの電極からそれぞれプラス(正孔)とマイナス(電子)が注入され，両者が有機物でできた発光層で再結合すると，その有機物は高エネルギー状態(励起(れいき)状態という)となり，これが元の安定状態(基底状態という)に戻る際に過剰な**エネルギーを光として放出**する．

有機ELディスプレイでは，バックライトを必要としない．

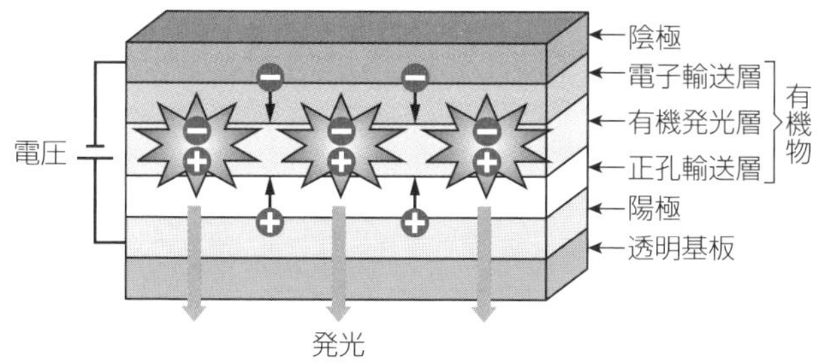

図5・4　有機ELの構造

［②液晶］

液晶とは，液体と固体の両方の性質を持つ物質をいう．液晶を透明電極で挟み，電圧を加えると分子配列が変わり，**光が通過したり遮断したりする原理**を利用したものである．液晶ディスプレイでは，この性質を利用して画像や文字などを表示する．

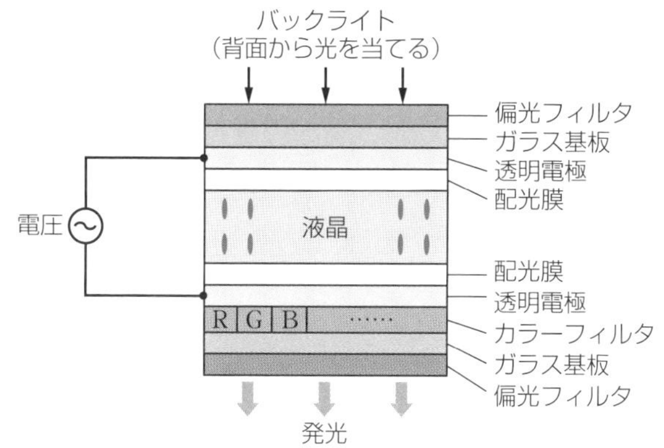

図5・5　液晶の構造

液晶ディスプレイは，**バックライトの光を液晶に透過**させているため，見る角度によって色調が変わる．カラー表示を行うために，画素ごとにカラーフィルタが用いられ，液晶ディスプレイのバックライトには，LEDや蛍光管ランプが用いられている．

(3) 監視カメラ

監視カメラとは，施設監視や防犯などで使われるカメラをいう．カメラの撮像素子には，**CMOS**イメージセンサや**CCD**イメージセンサがある．

カメラの撮像素子には，有機EL素子は用いられない．

最低被写体照度の値が小さいほど，暗い中での撮影が可能となる．レンズのズーム・フォーカス位置，旋回台の位置などを記憶する機能を**プリセット機能**という．

［①単板式］

カラーフィルタを装備した**1枚のCCD**（Charge-Coupled Device）を採用した方式である．

［②3板式カメラ］

光の3原色に応じた**3つの撮像素子**を持ち，色分解プリズムにより入射光を3原色の成分に分けて撮像する．単板式より再現性や解像度が優れる．

(4) マイクロホン

［①ダイナミックマイクロホン］

永久磁石によって作られた磁界中に，振動板に直結した可動コイルを入れたマイクロホンである．音圧によって振動板を振動させると**可動コイルに起電力が発生**することを利用している．

［②コンデンサマイクロホン］

振動膜と接近して置かれた固定電極間の**静電容量の変化**を電気量に変換するマイクロホンである．優れた周波数特性があり，放送局，スタジオなどで利用される．

［③リボンマイクロホン］

磁界中に帯（リボン）状の導体を置き，**空気振動**から電気信号を得ることを利用したマイクロホンである．

[④カーボンマイクロホン]

音圧による炭素粒の**接触抵抗の変化**を利用したマイクロホンである.

3 気象観測等システム 重要度★★

(1) MPレーダ

MPレーダ(Multi-Parameter radar)とは, パラボラアンテナからマイクロ波を大気中に発射し, 降水により散乱されて戻ってきた電波を観測して雨の強さ, 移動速度などを調べる観測器である. 落下中の雨滴がつぶれた形をしている性質を利用し, **偏波間位相差**から高精度に**降雨強度を推定**している.

従来の気象レーダは水平偏波を用いて観測を行っていたが, MPレーダは水平偏波と垂直偏波の2種類の電波を同時に送受信できる.

また, 気象庁の無人観測施設の「地域気象観測システム」をいう, **アメダス**(AMeDAS : Automated Meteorological Data Acquisition System)という言葉もある.

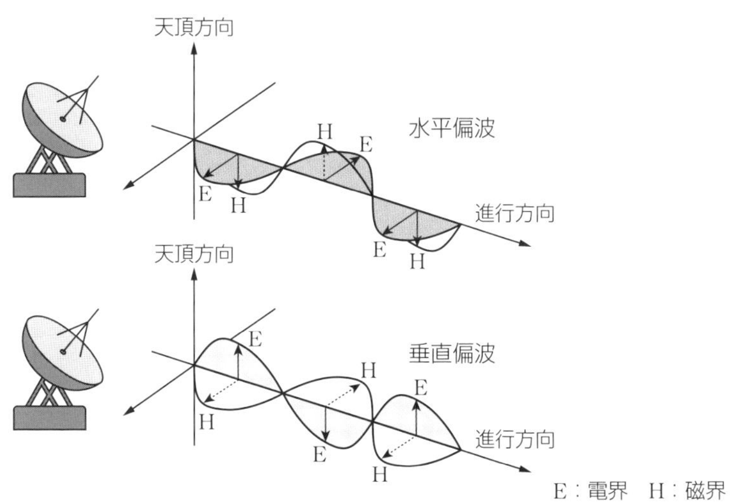

図5・6　水平偏波・垂直偏波

point

MPレーダは水平偏波と垂直偏波の2種類の電波を同時に送受信できる.

MPレーダの特徴は次のとおりである.

表5・1　Cバンド・Xバンドの比較

名　称	周波数	観測範囲	特　徴
Cバンド	4～8 GHz	半径120 km	周波数が低いので減衰しにくく，遠方まで観測が可能
Xバンド	8～12 GHz	半径60 km	局地的な大雨についても詳細かつリアルタイムでの観測が可能.

①偏波間位相差は，**Xバンド**のほうは弱から中程度の雨でも敏感に反応するため，XバンドMPレーダは電波が完全に消散して観測不可能とならない限り高精度な降雨強度推定ができる.

②XバンドのMPレーダでは，降雨減衰の影響により観測不能となる領域が発生する場合があるが，レーダのネットワークを構築し，観測不能となる領域を別のレーダでカバーすることにより解決している.

(2) テレメーターシステム

テレメーターとは，ある地点の測定データを，無線や専用電話回線を使用して遠隔地点の受信器に送信し記録させるシステムをいう．システムの一例は図のとおりである.

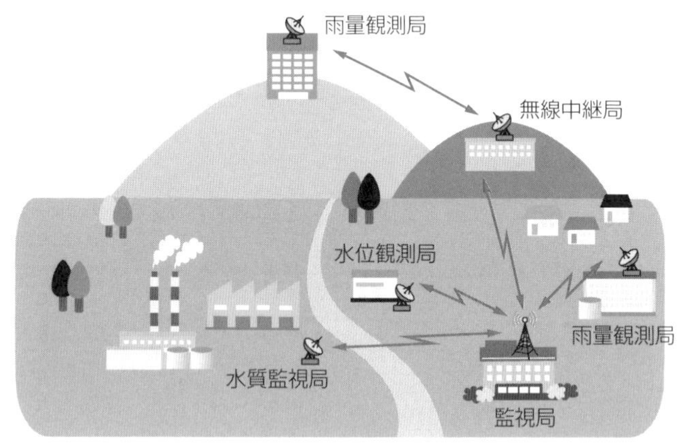

（JRC日本無線HPによる）

図5・7　テレメーターシステム

過去問チャレンジ（章末問題）

問1　R2-後期　➡1 放送設備

CATVシステムに関する記述として，適当でないものはどれか．

(1)　CATVの基本的なシステムは，受信点設備，ヘッドエンド設備，伝送路設備，宅内設備で構成される．

(2)　地上デジタルテレビ放送のほか，衛星放送や自主放送などの信号をヘッドエンド設備から伝送路設備に送出する．

(3)　トランスモジュレーション方式の場合，視聴者側ではセットトップボックスと呼ばれるCATV受信機で放送を受信し，復調する．

(4)　HFC方式は，CATV局から視聴者宅までのすべての区間に光ファイバを使用する．

解説　HFCはHybrid Fiber-Coaxialの略で，光ファイバと同軸のケーブルを組み合わせたもの．加入者宅まですべて光ファイバ回線はFTTH（Fiber To The Home）．

解答　(4)

問2　R3-後期　➡1 放送設備

我が国の地上デジタルテレビ放送に関する記述として，適当でないものはどれか．

(1)　映像や音声のほかに，データ放送等のデータが多重化されている．

(2)　地上デジタルテレビ放送では，UHF帯の電波が使用されている．

(3)　ハイビジョン放送（HDTV）の映像符号化方式としてJPEGが使われている．

(4)　マルチパス妨害による干渉に強いOFDMが使われている．

解説　ハイビジョン放送（HDTV）の映像符号化方式としてMPEGが使われている．

解答　(3)

問3　R1-後期　　⇒ 2 映像設備

液晶ディスプレイに関する記述として，適当でないものはどれか．

(1)　液晶を透明電極で挟み，電圧を加えると分子配列が変わり，光が通過したり遮断したりする原理を利用したものである．
(2)　液体と気体の中間の状態をとる有機物分子である液晶の性質を利用したものである．
(3)　表示を行うために，画素ごとにカラーフィルタが用いられる．
(4)　液晶ディスプレイのバックライトには，LEDや蛍光管ランプが用いられている．

解説　液晶は，液体と固体の両方の性質を持つ物質をいう．　　解答　(2)

問4　R5-後期　　⇒ 3 気象観測等システム

水文観測に使用されるテレメータの水位センサーである超音波式水位計に関する次の記述の［　　］の（ア），（イ）に当てはまる語句の組合せとして，適当なものはどれか．

「超音波式水位計は，超音波送受波器を河川水面の鉛直上方に取り付け，超音波パルスを発射し，その超音波が水面から反射して戻ってきた［（ア）］を測定することで，水面と超音波送受波器との距離を計測する．また，超音波の［（イ）］の変化による影響を補正するために［（イ）］計と組み合わせて計測される．」

	（ア）	（イ）
(1)	時間	温度
(2)	時間	気圧
(3)	周波数の変化	温度
(4)	周波数の変化	気圧

解説　超音波式水位計は，反射して戻ってきた時間を測定することで距離を計測する．また，超音波の温度で速さが異なるため，補正が必要である．

解答　(1)

第一次検定

法規

建設業法

1 建設業法の用語

重要度★★

建設業法に，用語の記載があり，表のとおりである．

表1・1　用語と意味

用　語	意　味
建設業	元請，下請を問わず，建設工事の完成を請け負う営業をいう．
建設工事	土木建築に関する工事で29業種ある．電気通信工事もその1つ．
発注者	建設工事の注文者をいう．（他の者から請け負ったものを除く．）
下請契約	他から請け負った建設業者と，ほかの建設業者で締結される請負契約．
元請負人	下請契約における注文者で，建設業者である者をいう．
下請負人	下請契約における請負人をいう．

2 建設業と許可

重要度★★★

（1）許可

建設業は29**業種**あり，建設業の許可は，建設工事の種類に対応する建設業ごとに与えられる．建設業を行う場合，原則として許可を受ける必要がある．また，更新は**5年ごとに**受けなければならない．

①1**つの都道府県**に営業所を置く　→　**都道府県知事の許可**が必要

②2**つ以上の都道府県**に営業所を置く　→　**国土交通大臣の許可**が必要

・営業所ごとに資格または実務経験を有する**専任の技術者**をおく．

③軽微な工事は建設業の許可がなくても行なえる．

・建築一式工事以外（電気通信工事等28業種）で，500**万円未満**の工事

・建築一式工事で，1,500万円未満の工事または，延べ面積が150 m²未満の木造住宅工事

④建設業の許可は，建設工事の種類に対応する建設業ごとに受ける．

なお，都道府県知事の許可を受けた建設業者であっても，他の都道府県

において営業することができる．

ごろあわせ **ごねると更新しない**
5年　更新

(2) 許可の種類

建設業の許可の種類には，**一般建設業**と**特定建設業**がある．

次の①と②の両方に該当する場合は，**特定建設業許可**が必要である．

①発注者から直接請け負う．

②一部を下請けさせ，その総額が**4,500万円以上**※となる．（建築一式工事は7,000万円以上※）

※令和5年1月から上記の金額に改正された．

point
発注者から直接請け負わない場合や，下請け金額が4,500万円未満の場合は，請負金額がいくらであっても一般建設業の許可でよい．

電気通信工事業に係る一般建設業の許可を受けた者が，電気通信工事業に係る特定建設業の許可を受けたときは，一般建設業の許可は効力を失う．つまり，同じ業種で一般と特定の両方の許可を受けることはできない．

なお，たとえば，電気通信工事業が特定建設業許可で，電気工事業が一般建設業許可という場合は，業種が異なるので許可を受けることは可能である．

ごろあわせ **下請け 仕事　を　成す**
下請け 4,500万円　7,000万円

3 請負契約

(1) 見積り

①建設業者は，建設工事の注文者から請求があったときは，**請負契約が成立するまでの間に**，建設工事の**見積書**を提示しなければならない．

②建設業者は，建設工事の請負契約を締結する際は，工事内容に応じ，工事の種別ごとに**材料費・労務費その他の経費の内訳を明らか**にして，建設工事の見積りを行うよう努めなければならない．

契約締結の「前」に見積もりを提出する必要がある．「後」ではない．

入札までの見積り期間は以下のように定められている．

表1・2　予定価格と見積り日数

予定価格※	見積り日数
500万円未満	1日以上
500万円以上5 000万円未満	10日以上（やむを得ない場合5日以内の短縮可）
5,000万円以上	15日以上（やむを得ない場合5日以内の短縮可）

※予定価格は注文者が定めたもの．

(2) 契約締結

建設工事の請負契約の当事者は，各々**対等な立場**における合意に基づき，**公正な契約**を締結し，信義に従って，誠実にこれを履行しなければならない．建設業者は，その請け負った建設工事を，いかなる方法をもってするかを問わず，原則として，**一括して他人に請け負わせてはならない**．

また，委託，その他いかなる名義をもってするかを問わず，報酬を得て**建設工事の完成を目的として締結する契約**は，建設工事の請負契約とみなして，建設業法の規定が適用される．

(3) 契約書に記載すべき事項

①工事内容
②請負代金の額
③工事着手の時期及び工事完成の時期
④請負代金の全部又は一部の前金払又は出来形部分に対する支払の定めをするときは，その支払の時期及び方法
⑤工事完成後における請負代金の支払いの時期及び方法
⑥契約に関する紛争の解決方法　　ほか

(4) 原価に満たない金額

注文者は，自己の取引上の地位を不当に利用して，その注文した建設工事を施工するために，通常必要と認められる**原価に満たない金額**を請負代金の額とする請負契約を締結してはならない．

(5) 附帯(ふたい)工事

電気通信工事を請け負う場合，当該電気通信工事に**附帯する他の建設業**に係る建設工事を請け負うことができる（主たる工事は電気通信工事であること．）

電気通信工事の附帯工事であれば，電気通信工事業の許可だけでも受注できる．

(6) 前払金

- 工事に必要な**資材購入等にあてる**ために，発注者が請負者に契約直後に支払うもので，請負者は前払金をこの工事に必要な経費以外に支払ってはいけない．
- 請負代金が著しく減額になった場合，受領済みの前払金は**修正返還**する．

4 元請負人の義務

重要度★★★

(1) 一括下請

発注者の**書面による承諾**があれば，元請負人は**一括して下請負い**させることができる．ただし，共同住宅の新築工事と公共工事は不可．

(2) 下請負人の意見

元請負人が作業方法，工程の細目を定めるときは，**下請負人の意見**を聞かなければならない．

発注者や注文者の意見ではなく，下請負人の意見である．

(3) 前払金

元請負人は，前払金の支払を受けたときは，下請負人に対して，**資材の購入，労働者の募集**その他建設工事の着手に必要な費用を**前払金として支払う**よう適切な配慮をする．

(4) 検査

元請負人は，下請負人からその請け負った建設工事が完成した旨の通知を受けたときは，当該**通知を受けた日から20日以内**で，かつ，できる限り短い期間内に，その完成を確認するための**検査を完了**する．

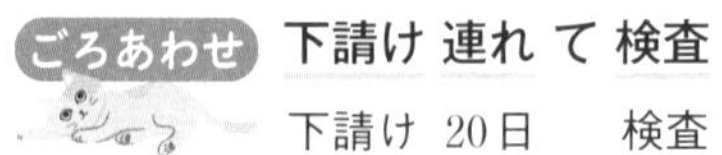

下請け 連れ て 検査
下請け 20日 検査

(5) 引渡し

元請負人は，検査によって，下請負人の建設工事の**完成を確認したのち**，下請負人が申し出たときは，直ちに，当該建設工事の目的物の**引渡し**を受けなければならない．

(6) 支払い

元請負人は，請負代金の工事完成後における支払いを受けたときは，下請負人に対して，下請代金を，当該支払いを受けた日から**1ヶ月以内**で，かつ，できる限り短い期間内に支払わなければならない．

1ヶ月　**払い**
1ヶ月以内に　支払い

5 技術者等

重要度★★★

(1) 主任技術者・監理技術者

建設現場には，**主任技術者**か**監理技術者**のいずれかを配置する．次の①と②の両方に該当する場合は，監理技術者を配置する．

①発注者から直接請け負う．

②一部を下請けさせ，その総額が**4,500万円以上**となる（建築一式工事は7,000万円以上）．

発注者から直接請け負わない場合や，下請け金額が4,500万円未満の場合は，請負金額がいくらであっても主任技術者を配置する．

2級電気通信工事施工管理技士の資格を有する者は，**一般建設業**の電気通信工事業の営業所ごとに置く**専任の技術者**になることができる．

(2) 職務

主任技術者および監理技術者は，工事現場における建設工事を適正に実施するため，次の職務を誠実に行う．

①**施工計画**の作成，**工程管理**，**品質管理**，その他技術上の管理

②施工に従事する者の技術上の**指導監督**

工事現場における建設工事の施工に従事する者は，主任技術者または監理技術者がその職務として行う指導に従わなければならない．

契約書の作成は業務にない．

(3) 技術者の要件

電気通信工事の工事現場に置く技術者として認められる者は，原則として次のとおりである．

［主任技術者］

①**2級電気通信工事施工管理技士の資格**を有する者

②電気通信工事に関し**10年の実務経験**を有する者

［監理技術者］

①**1級電気通信工事施工管理技士の資格**を有する者

(4) 専任

病院，集会場等公共性のある電気通信工事で，1件あたりの額が**4,000万円以上**の場合は**専任の技術者**を置く（建築一式工事の場合は，8,000万円以上）．

専任は，常時現場に置かれている必要があるため，他の工事との掛け持ちはできない．また，専任の監理技術者の場合は**講習を修了**し，かつ**監理技術者資格者証の交付**を受けている者であることが必要である．

ごろあわせ　専任 は よせ.　やせる
専任　4,000万円　8,000万円

(5) 現場代理人と監督員

請負人は，請負契約の履行に関し工事現場に**現場代理人**を置く場合においては，当該現場代理人の権限に関する事項及び当該現場代理人の行為についての注文者の請負人に対する意見の申出の方法を，書面により**注文者に通知**しなければならない.

また，現場代理人は，請負者（代表取締役：社長）の代理人として，**権限の一部を委譲**され，現場で施工管理を行う.

①現場代理人は主任技術者，監理技術者，専門技術者を兼ねることができる.

②現場代理人をおく場合は，書面にて発注者に**通知する**.

監督員は発注者（注文者）の代理人で，監督員をおく場合，請負人に通知する．現場代理人との連絡は，**書面にて行う**．口頭だけのやり取りは不可である.

工事現場に現場代理人を置く場合は，書面により注文者に通知する．承諾までは不要である.

6　標識の記載事項

建設業者が建設現場に掲げる標識には，次の事項を表示する.

①一般建設業または特定建設業の別
②許可年月日，許可番号及び許可を受けた建設業
③商号または名称
④代表者の氏名
⑤主任技術者または監理技術者の氏名

※店舗にあっては，①～④を表示する.

過去問チャレンジ（章末問題）

問1　R4-後期

➡ 2 建設業と許可

一般建設業の許可に関する記述として，「建設業法令」上，誤っているものはどれか．

(1) 建設業の許可は，建設工事の種類に対応する建設業ごとに与えられる．

(2) 発注者から直接請負った建設工事を施工する場合，下請契約の請負代金の総額が政令で定める金額以上の下請契約を締結することができない．

(3) 2級電気通信工事施工管理技士の資格を有する者は，一般建設業の電気通信工事業の営業所ごとに置く専任の技術者になることができる．

(4) 都道府県知事の許可を受けた建設業者は，許可を受けた都道府県内での建設工事に限り施工することができる．

解説 許可を受けた都道府県内での建設工事に限らず，全国どこでも施工することができる．

解答　(4)

問2　R4-後期

➡ 3 請負契約

建設工事の請負契約に関する記述として，「建設業法」上，誤っているものはどれか．

(1) 請負人は，請負契約の履行に関し工事現場に現場代理人を置く場合においては，現場代理人に関する事項を書面により注文者に通知しなければならない．

(2) 委託その他いかなる名義をもってするかを問わず，報酬を得て建設工事の完成を目的として締結する契約は，工事の請負契約とみなして，建設業法の規定が適用される．

(3) 建設業者は，建設工事の注文者から請求があったときは，請負契約の締結後速やかに建設工事の見積書を交付しなければならない.

(4) 注文者は,その注文した建設工事を施工するために通常必要と認められる期間に比して著しく短い期間を工期とする請負契約を締結してはならない.

解説 見積書は,請負契約の締結後でなく締結前に交付しなければならない.

解答 (3)

問3 **R2-後期** ⇒5 技術者等

建設工事の現場に配置する技術者に関する記述として,「建設業法令」上,誤っているものはどれか.

(1) 発注者から直接建設工事を請け負った特定建設業者は,その下請契約の請負代金の総額が政令で定める金額以上になる場合は,当該工事現場に主任技術者を配置しなければならない.

(2) 2級電気通信工事施工管理技士の資格を有する者は,電気通信工事の主任技術者になることができる.

(3) 工事現場における建設工事の施工に従事する者は,主任技術者又は監理技術者がその職務として行う指導に従わなければならない.

(4) 主任技術者及び監理技術者は,当該建設工事の施工計画の作成,工程管理,品質管理その他の技術上の管理を行わなければならない.

解説 発注者から直接建設工事を請け負った特定建設業者は,その下請契約の請負代金の総額が政令で定める金額以上になる場合は,当該工事現場に監理技術者を配置しなければならない.

解答 (1)

労働基準法

1 労働契約等

重要度★★★

(1) 労働契約

使用者と労働者間の労働契約は次のとおりである.

①国籍，信条または社会的身分を理由に労働条件を**差別しない**.

②労働者の意思に反して労働を**強制しない**.

③労働者に対して賃金，労働時間その他の**労働条件を明示する**.

④未成年者の労働契約は，親権者または後見人が本人に代って締結できない.

⑤未成年者が，親権者の許可を得て使用者と直接労働契約を締結できる.

⑥労働契約の不履行について**違約金**を定め，または**損害賠償額**を予定する契約を結ぶ契約をしてはならない.

労働条件が事実と相違する場合，労働者は即時に労働契約を解除できる.

(2) 書面の交付

労働契約の締結に際し，使用者が労働者に対して必ず**書面の交付**により明示しなければならない労働条件は，次のとおりである.

①労働契約の**期間**

②就業の場所・従事する**業務の内容**

③始業及び終業の**時刻**

④賃金の決定・**支払方法**

⑤**退職**に関する事項

(3) 使用者の義務

①**満18歳に満たない者**について，その年齢を証明する**戸籍証明書**を事業所に備える．

②常時**10人以上**の労働者を使用する使用者は，**就業規則を作成**し，所轄の**労働基準監督署長**に届け出る．

③就業規則の作成について，使用者は労働者の過半数で組織する労働組合がある場合はその**組合**に，ない場合は過半数の**労働者の代表の意見**を聴く．

2 賃金

重要度★★★

使用者が支払う賃金については，次の規定がある．

①賃金は**毎月1回以上**，支払日を決めて支払う．

②賃金（退職手当を除く）の支払いは，原則として通貨で直接労働者に支払う．労働者本人の同意があれば，銀行に振り込むことはできる．
※小切手は不可

③親権者が，未成年者の賃金を未成年者に代って受け取ることはできない．

④労働者が女性であることを理由として，賃金について，男性と差別的取扱いをしてはならない．

⑤前借金その他労働することを条件とする前貸の債権と賃金を相殺することはできない．

3 就業

重要度★★★

(1) 労働時間

①1日の労働時間は，原則として，休憩時間を除き**8時間**とする．

②1週間の労働時間は，**40時間**とする．

③使用者は，健康上特に有害な業務については，1日について2時間を超えて労働時間を延長してはならない．

ごろあわせ　労働 は 始終（しじゅう）
労働　8　40時間

(2) 時間外・休日労働

時間外労働や休日労働をさせるときは，使用者は労働組合または労働者の過半数を代表する者と書面により協定（労働協定）し，これを**労働基準監督署長に届け出**なければならない．

(3) 就業制限

使用者は労働者に対し，次のことをしてはならない．

①満**15歳未満の者**（児童）を労働者として使用※してはならない．

※使用者は，児童が満15歳に達した日以後の最初の3月31日のまでの間は，労働者として使用してはならない．

②満18歳未満の者（年少者）は**深夜業**（午後10時～午前5時）に就業してはならない．

※16歳以上の男性で交替制のときは認められる．

③使用者は，妊娠中の女性及び**産後1年を経過しない女性**を，重量物を取り扱う業務に就かせてはならない．

(4) 18歳未満の就労制限

満18歳に満たない者は，次の業務に就かせてはならない．

①**クレーンの運転**の業務

②電圧が**300Vを超える**交流の充電電路の点検，修理または操作の業務

③動力により駆動される土木建築用機械の**運転の業務**

④**土砂が崩壊**するおそれのある場所における業務

⑤**高さが5m以上の場所**で，墜落により危害を受けるおそれのあるところにおける業務

⑥**坑内**での作業

4　休憩・休暇

重要度★★★

(1) 休憩時間

①原則として，休憩は一斉に与え**自由に利用**させなければならない．

②休憩時間を一斉に与えられない業務については，労働基準監督署長の許可を受けて，時間帯を一部の労働者について変更できる．

③労働時間が**6時間を超えるときは45分**，**8時間を超えるときは1時間**の休憩時間を労働時間の**途中に**与えなければならない．

ごろあわせ　老人　の　仕事　は　ヤジ　一つ

6時間　45分　8時間 1時間

(2) 休暇

①毎週少なくとも**1回の休日**を与えるか，または4週間を通じ**4日以上の休日**を与えなければならない．

②事業の正常な運営を妨げられない限り，労働者の請求する時季に**年次有給休暇**を与えなければならない．

③使用者は，その雇入れの日から起算して**6箇月以上継続勤務**し全労働日の**8割以上出勤**した労働者に対し**有給休暇**を与えなければならない．

point

労働時間，休憩及び休日に関する規定は，監督若しくは管理の地位にある者については適用しない．

5　補償

重要度★★★

使用者は，労働者が業務上負傷し，又は疾病にかかった場合は次の**災害補償**を行う．

①療養補償により必要な療養を行い，又は必要な**療養の費用**を負担する．

②労働者が治った場合において，その**身体に障害**が残ったとき，その障害の程度に応じた金額の**障害補償**を行う．

③労働者の療養中**平均賃金**の**60/100の休業補償**を行う．

※平均賃金とは，算定すべき事由の発生した日以前3ヶ月に労働者に対して支払われた賃金の総額を，その期間で除した（日割りした）金額をいう．

④療養補償を受ける労働者が，療養開始後**3年を経過**しても負傷又は疾病がなおらない場合においては，使用者は，**打切補償**を行い，その後は補償を行わなくてもよい．

補償を受ける権利は，労働者の退職によって変更されることはない．

6 解雇の予告

重要度★★

天災事変その他やむを得ない事由のために事業の継続が不可能となった場合又は，労働者の責に帰すべき事由基づいて解雇する場合を除き，使用者は，労働者を解雇しようとする場合においては，少なくとも**30日前**にその予告をしなければならない．30日前に予告をしない使用者は，30日分以上の**平均賃金**を支払わなければならない．

解雇される
30日

過去問チャレンジ（章末問題）

問1　R1-後期　➡1 労働契約等

労働契約の締結に際し，使用者が労働者に対して明示しなければならない労働条件に関する記述として，「労働基準法令」上，誤っているものはどれか．

(1)　労働契約の期間に関する事項
(2)　従事すべき業務に関する事項
(3)　賃金の決定に関する事項
(4)　福利厚生施設の利用に関する事項

解説　福利厚生施設の利用に関する事項は，労働条件における明示項目にない．

解答　(4)

問2　R2-後期　➡1 労働契約等

就業規則に必ず記載しなければならない事項として，「労働基準法」上，誤っているものはどれか．

(1)　賃金（臨時の賃金等を除く．）の決定に関する事項
(2)　始業及び終業の時刻に関する事項
(3)　福利厚生施設に関する事項
(4)　退職に関する事項（解雇の事由を含む．）

解説　福利厚生施設に関する事項は，就業規則に必ず記載しなければならない事項に該当しない．

解答　(3)

問3　R4-前期　⇒3 就業

労働時間，休憩等に関する記述として，「労働基準法」上，誤っているものはどれか．

(1) 使用者は，原則として，労働者に休憩時間を除き1週間について40時間を超えて労働させてはならない．
(2) 使用者は，原則として，1週間の各日については，労働者に休憩時間を除き1日について8時間を超えて労働させてはならない．
(3) 使用者は，その雇入れの日から起算して6箇月間継続勤務し全労働日の8割以上出勤した労働者に対して10労働日の有給休暇を与えなければならない．
(4) 使用者は，労働時間が6時間を超え8時間以内の場合においては少くとも40分の休憩時間を労働時間の途中に与えなければならない．

解説 6時間を超え8時間以内の場合においては少くとも45分の休憩時間を労働時間の途中に与えなければならない．

解答 (4)

問4　R5-後期　⇒5 補償

休業手当に関する次の記述の［　　］の(ア)，(イ)に当てはまる語句と数値の組合せとして「労働基準法」上，正しいものはどれか．

「使用者の責に帰すべき事由による休業の場合においては，使用者は，休業期間中当該労働者に，その［(ア)］の100分の［(イ)］以上の手当を支払わなければならない．」

	(ア)	(イ)
(1)	平均賃金	50
(2)	平均賃金	60
(3)	標準報酬月額	50
(4)	標準報酬月額	60

解説 使用者の責に帰すべき事由による休業の場合においては，使用者は，休業期間中当該労働者に，その平均賃金の60%以上の手当を支払わなければならない．

解答 (2)

労働安全衛生法

1　事業者が選任する者　重要度★★★

(1) 単一の事業所

各企業の**事業者**は，下記の者を選任する．

[①総括安全衛生管理者]

建設業で常時**100人以上**の労働者を使用する事業場に置く．労働安全に関する総括的業務を行う．

[②安全管理者]

常時**50人以上**の労働者を使用する事業場にて，安全に係る技術的事項を管理する．

[③衛生管理者]

常時**50人以上**の労働者を使用する事業場にて，衛生に係る技術的事項を管理する．

[④産業医]

常時**50人以上**の労働者を使用する事業場にて，医師の中から資格要件のある者．

[⑤安全衛生推進者]

常時**10人以上50人未満**の労働者を使用する事業場に置く．業務は総括安全衛生管理者と同様．

[⑥作業主任者]

危険または**有害**な作業を行う事業場で選任され，作業員の指揮等を行う．

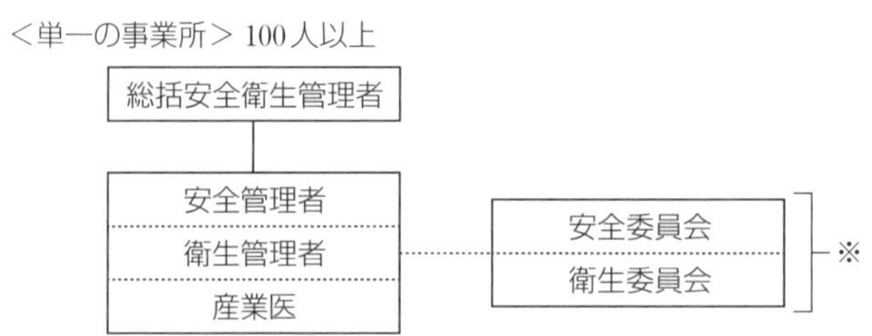

図3・1　単一事業所内の組織

常時50**人以上**の労働者を使用する事業場には，安全委員会，衛生委員会を設け，**毎月1回以上**開催する.

(2) 総括安全衛生管理者の業務

①健康診断の実施その他**健康の保持促進**のための措置に関すること.

②労働者の危険又は**健康障害を防止**するための措置に関すること.

③労働者の安全又は衛生のための**教育の実施**に関すること.　ほか

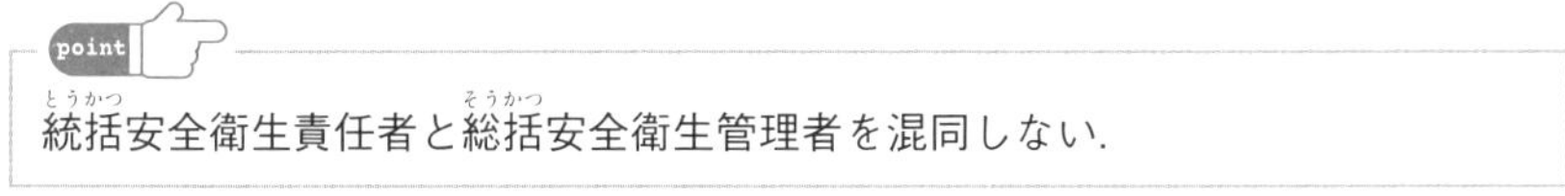

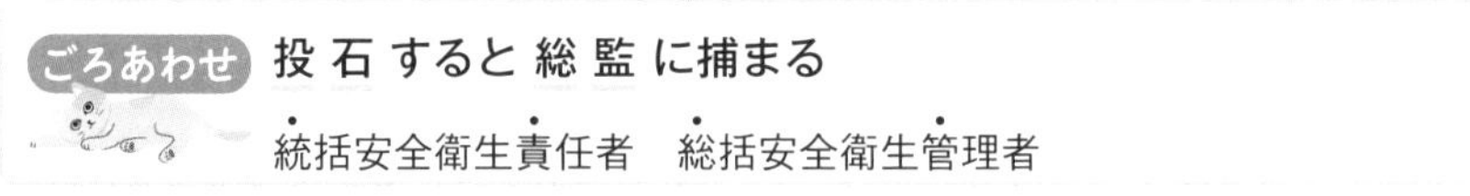

(3) 各社が混在

1つの作業場（建設現場）で常時，元請，**下請が合計**50**人以上**の場合，各事業者は下記の者を選任する.

①統括安全衛生責任者（元請から選任）

②元方安全衛生管理者（元請から選任）

③安全衛生責任者（下請各社から選任）

なお，10～50人未満は，**店社安全衛生管理者**を置く．

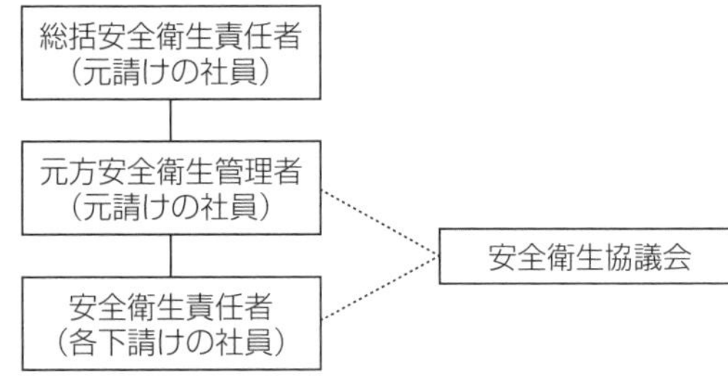

図3・2　建設現場の組織

(4) 選任における注意事項

①事業者が**14日以内**に選任する．

②選任したら，**労働基準監督署**に報告書を提出する．

③選任した者の氏名を作業場の見やすい箇所に掲示する等により，**関係労働者に周知**する．

(5) 統括安全衛生責任者の業務

統括安全衛生責任者が統括管理する事項は次のとおりである．

①協議組織の**設置及び運営**を行うこと．

②作業間の**連絡及び調整**を行うこと．

③作業場所を**巡視**すること．

④関係請負人が行う安全または衛生の教育に関する**指導及び援助**を行うこと．

⑤**元方安全衛生管理者**に技術的事項を**管理させる**こと．

(6) 安全衛生責任者の業務

①統括安全衛生責任者との**連絡**.

②統括安全衛生責任者から連絡を受けた事項の関係者への**連絡**.

③当該請負人がその仕事の一部を他の請負人に請け負わせている場合における当該他の請負人の安全衛生責任者との作業間の**連絡及び調整**.

(7) 作業主任者

作業主任者は，作業員が有害又は危険作業に就く際に，事業者が選任する者である.

[①種類]

主な作業主任者は表3・1のとおりである.

表3・1　作業と作業主任者

作業内容	作業主任者名
掘削面の高さが**2m以上**となる作業	地山の掘削作業主任者
高さが**5m以上**の構造の足場の組立て，解体作業※	足場の組立て等作業主任者
高さが**5m以上**の無線通信用鉄塔の組立て作業	鉄骨の組立て等作業主任者
高さが**5m以上**のコンクリート工作物の解体作業	コンクリート構造の工作物の解体等作業主任者
土止め支保工の切りばりの取付け作業	土止め支保工作業主任者
地下の暗きょ（マンホール）内での通信ケーブル敷設作業	酸素欠乏危険作業主任者
アセチレン溶接装置による溶接作業	ガス溶接作業主任者

※張出し足場，吊り足場の場合は，高さによらず選任する.

表のうち，ガス溶接作業主任者は**都道府県労働局長の免許**，他は**技能講習修了**が要件となる.

[②業務]

作業主任者の主な業務は次のとおりである.

- 材料の欠点の有無を**点検**し，不良品を取り除く.
- 器具，工具，保護帽等を**点検**し，不良品を取り除く.
- 作業方法や労働者の配置を決め，作業の進行状況を**監視**する.

2 資格の取得

重要度★★

(1) 作業に必要な資格

建設工事の作業によっては，資格が必要となる．

表3・2　資格の種類

種　類	取得方法
免許	都道府県労働局長が行う試験に合格する
技能講習	都道府県労働局長の登録を受けた機関が行う講習を修了する
特別の教育	事業所が行う教育を修了する

特別の教育では，作業主任者になれない．

(2) 移動式クレーンの運転

必要な資格は次による．

表3・3　移動式クレーンの運転資格

吊り上げ荷重	資　格
1トン未満	特別の教育
1トン以上5トン未満	技能講習
5トン以上	免許

過去問チャレンジ（章末問題）

問1　R1-前期　➡1 事業者が選任する者

安全衛生責任者の職務に関する記述として，「労働安全衛生法令」上，誤っているものはどれか．

(1) 統括安全衛生責任者との連絡
(2) 統括安全衛生責任者から連絡を受けた事項の関係者への連絡
(3) 協議組織の設置及び運営
(4) 当該請負人がその仕事の一部を他の請負人に請け負わせている場合における当該他の請負人の安全衛生責任者との作業間の連絡及び調整

解説　協議組織の設置及び運営は，下請け社員である安全衛生責任者の職務ではなく，元請け社員である統括安全衛生責任者の業務である．

解答　(3)

問2　R4-後期　➡1 事業者が選任する者

作業主任者の選任を必要とする作業に関する記述として，「労働安全衛生法令」上，誤っているものはどれか．

(1) 橋梁に通信用配管を取り付けるために使用するつり足場の組立ての作業
(2) 高さが4 mのコンクリート造の無線局舎の解体の作業
(3) 掘削面の高さが3 mの地山の掘削（ずい道及びたて坑以外の坑の掘削を除く.）の作業
(4) 地下に設置されたマンホール内部での通信ケーブルの敷設の作業

解説　高さが5m以上のコンクリート造の無線局舎の解体作業には，作業主任者の選任が必要であるが，高さ4mなので，選任は不要である．

解答　(2)

問3　**R5-前期**　➡1 事業者が選任する者

安全委員会，衛生委員会，安全衛生委員会に関する記述として，「労働安全衛生法」上，誤っているものはどれか.

(1)　事業者は，常時30人以上の労働者を使用する建設業の事業場には安全委員会を設けなければならない.

(2)　安全委員会及び衛生委員会のそれぞれの設置に代えて，安全衛生委員会を設置してもよい.

(3)　安全衛生委員会は，毎月1回以上開催しなければならない.

(4)　事業者は，常時50人以上の労働者を使用する建設業の事業場には衛生委員会を設けなければならない.

解説　事業者は，常時50人以上の労働者を使用する建設業の事業場には安全委員会を設けなければならない.

解答　(1)

問4　**R3-前期**　➡2 資格の取得

小型移動式クレーン運転技能講習を修了した者が運転（道路上を走行させる運転を除く.）できる移動式クレーンとして，「労働安全衛生法令」上，正しいものはどれか.

(1)　つり上げ荷重が1t以上5t未満の移動式クレーン

(2)　つり上げ荷重が5t以上の移動式クレーン

(3)　つり上げ荷重が5t以上10t未満の移動式クレーン

(4)　つり上げ荷重が7t以上12t未満の移動式クレーン

解説　つり上げ荷重が1t以上5t未満の移動式クレーンは，小型移動式クレーン運転技能講習を修了した者が運転できる. 5t以上は都道府県労働局長の免許が必要である.

解答　(1)

電気通信事業法

1　用語の定義

重要度★★

(1) 電気通信

有線，無線その他の**電磁的方式**により，**符号**，**音響**または**影像**を送り，伝え，または受けることをいう．

(2) 電気通信設備

電気通信を行うための**機械**，**器具**，**線路**その他の電気的設備をいう．

(3) 電気通信役務

電気通信設備を用いて他人の**通信を媒介**し，その他電気通信設備を他人の通信の用に供することをいう．

(4) 電気通信事業

電気通信役務を他人の需要に応ずるために**提供**する事業をいう．

(5) 電気通信事業者

電気通信事業を営むことについて，規定による届出をした者をいう．電気通信事業を営もうとする者は，**総務大臣の登録**を受ける．

経済産業大臣の登録ではなく，総務大臣の登録を受ける．

(6) 電気通信業務

電気通信事業者の行う電気通信役務の提供の業務をいう.

2 各種規定

重要度 ★★★

(1) 検閲の禁止

電気通信事業者の取扱中に係る通信は, **検閲してはならない**.

(2) 秘密の保護

①電気通信事業者の取扱中に係る通信の**秘密は, 侵してはならない**.

②電気通信事業に従事する者は, 在職中電気通信事業者の取扱中に係る通信に関して知り得た他人の秘密を守らなければならない. その職を退いた後においても, 同様とする.

(3) 電気通信事業に関する条約

電気通信事業に関し条約に別段の定めがあるときは, その規定による.

(4) 利用の公平

電気通信事業者は, 電気通信役務の提供について, 不当な**差別的取扱いをしない**.

(5) 基礎的電気通信役務の提供

基礎的電気通信役務を提供する電気通信事業者は, その**適切, 公平かつ安定的な提供**に努める.

(6) 重要通信の確保

①電気通信事業者は，天災，事変その他の非常事態が発生し，または発生するおそれがあるときは，**災害の予防もしくは救援**，**交通**，通信もしくは**電力**の供給の確保または**秩序の維持**のために必要な事項を内容とする通信を優先的に取り扱わなければならない．公共の利益のため緊急に行うことを要するその他の通信で総務省令で定めるものについても，同様とする．

②①の場合において，電気通信事業者は，必要があるときは，総務省令で定める基準に従い，**電気通信業務の一部を停止**することができる．

③電気通信事業者は，①に規定する通信（以下「重要通信」という．）の円滑な実施を他の電気通信事業者と相互に連携を図りつつ確保するため，他の電気通信事業者と電気通信設備を相互に接続する場合には，総務省令で定めるところにより，重要通信の優先的な取扱いについて取り決めることその他の必要な措置を講じなければならない．

(7) 事業用電気通信設備規則

電気通信事業法に基づき，**事業用電気通信設備規則**が定められている．

[①故障検出]

事業用電気通信設備は，電源停止，共通制御機器の動作停止その他電気通信役務の提供に直接係る機能に重大な支障を及ぼす故障等の発生時には，これを直ちに**検出**し，当該事業用電気通信設備を維持し，又は**運用する者**に通知する機能を備えなければならない．

[②耐震対策]

事業用電気通信設備の据付けに当たっては，通常想定される規模の地震による転倒又は移動を防止するため，**床への緊結**（きんけつ）その他の耐震措置が講じられなければならない．

[③停電対策]

事業用電気通信設備は，通常受けている電力の供給が停止した場合において，その取り扱う通信が停止することのないよう**自家用発電機又は蓄電池の設置**その他これに準ずる措置が講じられていなければならない．

過去問チャレンジ（章末問題）

問1　R1-前期　⇒1 用語の定義

「電気通信事業法」で規定されている用語に関する記述として，誤っているものはどれか．

(1)　電気通信とは，有線，無線その他の電磁的方式により，音声を伝えることをいう．

(2)　電気通信設備とは，電気通信を行うための機械，器具，線路その他の電気的設備をいう．

(3)　電気通信事業とは，電気通信役務を他人の需要に応ずるために提供する事業をいう．

(4)　電気通信業務とは，電気通信事業者の行う電気通信役務の提供の業務をいう．

解説　電気通信とは，有線，無線その他の電磁的方式により，符号，音響または影像を送り，伝え，または受けることをいう．

解答　(1)

問2　R4-後期　⇒2 各種規定

「電気通信事業法」に関する記述として，誤っているものはどれか．

(1)　電気通信事業者の取扱中に係る通信は，検閲しなければならない．

(2)　基礎的電気通信役務を提供する電気通信事業者は，その適切，公平かつ安定的な提供に努めなければならない．

(3)　電気通信事業者の取扱中に係る通信の秘密は，侵してはならない．

(4)　電気通信事業者は，電気通信役務の提供について，不当な差別的取扱いをしてはならない．

解説　電気通信事業者の取扱中に係る通信は，検閲してはならない．

解答　(1)

有線電気通信法

1 用語の定義 重要度★★

(1) 有線電気通信

送信の場所と受信の場所との間の線条その他の導体を利用して，**電磁的方式**により，**符号**，**音響**または**影像**を送り，伝え，または受けることをいう.

(2) 有線電気通信設備

有線電気通信を行うための**機械**，**器具**，**線路**その他の電気的設備（無線通信用の有線連絡線を含む.）をいう.

2 有線電気通信設備 重要度★★★

(1) 届出書類

有線電気通信設備を設置しようとする者は，次の事項を記載した書類を添えて，設置工事開始の日の2**週間前**まで（工事を要しないときは，設置の日から2週間以内）に，その旨を**総務大臣に届け出**なければならない.

①有線電気通信の方式の別

②設備の設置の場所

③設備の概要

有線電気通信設備を設置しようとする者は，総務大臣に届け出る.

ごろあわせ 書類を届け出，工事に集中
2週間

(2) 設備の検査等

①総務大臣は，この法律の施行に必要な限度において，有線電気通信設備を設置した者からその設備に関する報告を徴収し，またはその職員に，その事務所，営業所，工場若しくは事業場に立ち入り，その設備若しくは帳簿書類を**検査**させることができる．

②立入検査をする職員は，その**身分を示す証明書を携帯**し，関係人に提示しなければならない．

③検査の権限は，**犯罪捜査**のために認められたものと解してはならない．

(3) 非常事態における通信の確保

①総務大臣は，天災，事変その他の非常事態が発生し，又は発生するおそれがあるときは，有線電気通信設備を**設置した者**に対し，災害の予防若しくは救援，交通，通信若しくは電力の供給の確保若しくは秩序の維持のために必要な通信を行い，又はこれらの通信を行うためその有線電気通信設備を他の者に使用させ，若しくはこれを他の有線電気通信設備に接続すべきことを**命ずる**ことができる．

②総務大臣が前項の規定により有線電気通信設備を設置した者に通信を行い，又はその設備を他の者に使用させ，若しくは接続すべきことを命じたときは，国は，その通信又は接続に要した**実費を弁償**しなければならない．

(4) 秘密の保護

有線電気通信の秘密は，侵してはならない．

3　有線電気通信設備令　重要度★★★

(1) 用語の定義

①電線…有線電気通信を行うための**導体**であって，強電流電線に重畳される通信回線に係るもの以外のもの

②絶縁電線…絶縁物のみで**被覆されている電線**

③ケーブル…光ファイバ並びに光ファイバ以外の**絶縁物及び保護物で被覆されている電線**

④強電流電線…**強電流電気の伝送**を行うための導体

⑤線路…送信の場所と受信の場所との間に設置されている**電線**及びこれに係る中継器その他の機器

⑥支持物…電柱，支線，つり線その他電線又は強電流電線を**支持**するための工作物

⑦離隔距離…線路と他の物体（線路を含む）とが，気象条件による位置の変化により最も接近した場合におけるこれらの物の間の距離

⑧音声周波…周波数が**200 Hzを超え，3,500 Hz以下**の電磁波

⑨低周波…周波数が**200 Hz以下**の電磁波

⑩高周波…周波数が**3,500 Hzを超える**電磁波

⑪絶対レベル…1の皮相電力の1 mWに対する比をdBで表したもの
絶対レベル＝10 log（P〔mW〕/1〔mW〕）

⑫平衡度…通信回線の中性点と大地との間に起電力を加えた場合におけるこれらの間に生ずる電圧と通信回線の端子間に生ずる電圧との比をdBで表したもの
平衡度＝20 log（V_1/V_2）

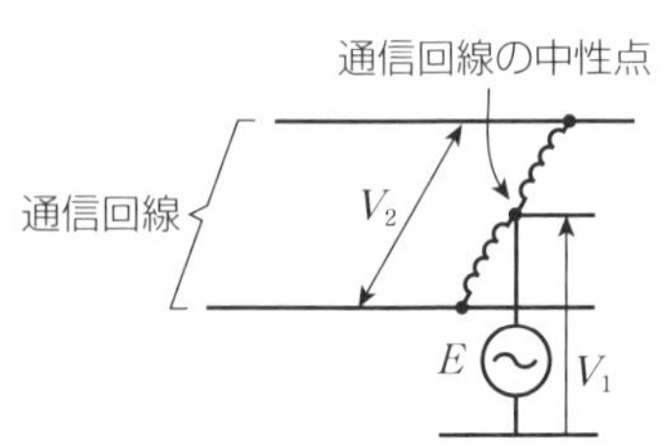

図5・1　平衡度

有線電気通信設備に使用する電線は，絶縁電線又はケーブルでなければならない．

(2) 通信回線の平衡度

通信回線（導体が光ファイバであるものを除く）の**平衡度**は，原則として1,000 Hzの交流において**34 dB 以上**とする．

ごろあわせ　平行　線　で　さよ　なら
平衡度　1,000 Hz　34 dB

(3) 線路の電圧

通信回線の線路の電圧は，原則として，**100 V 以下**とする．

(4) 屋内電線

屋内電線（光ファイバを除く）と大地との間及び屋内電線相互間の**絶縁抵抗**は，直流**100 V の電圧**で測定した値で，**1 MΩ 以上**であること．

ごろあわせ　1名が　絶縁
1 MΩ　絶縁抵抗

(5) 通信回線の電力

通信回線の電力は次のとおりである．

- 音声周波のときは**＋10 dB 以下**
- 高周波のときは**＋20 dB 以下**

ごろあわせ　お　父う　子　連れ
音声　10 dB　高周波　20 dB

(6) 足場金具

架空電線の支持物には，原則として，取扱者が昇降に使用する**足場金具**等を**地表上 1.8 m 未満の高さ**に取り付けてはならない．

過去問チャレンジ（章末問題）

問1　R3-後期　➡ 1 用語の定義，2 有線電気通信設備

「有線電気通信法」に関する記述として，誤っているものはどれか．

(1) 有線電気通信とは，送信の場所と受信の場所との間の線条その他の導体を利用して，電磁的方式により，符号，音響又は影像を送り，伝え，又は受けることをいう．
(2) 有線電気通信設備を設置しようとする者は，総務大臣の免許を受けなければならない．
(3) 有線電気通信設備とは，有線電気通信を行うための機械，器具，線路その他の電気的設備（無線通信用の有線連絡線を含む．）をいう．
(4) 有線電気通信の秘密は，侵してはならない．

解説　有線電気通信設備を設置しようとする者は，総務大臣に届け出なければならない．

解答　(2)

問2　R1-後期　➡ 3 有線電気通信設備令

「有線電気通信設備令」に関する記述として，誤っているものはどれか．

(1) 有線電気通信設備に使用する電線は，絶縁電線又はケーブルでなければならない．
(2) 支持物とは，電柱，支線，つり線その他電線又は強電流電線を支持するための工作物である．
(3) 通信回線の線路の電圧は，200 V 以下でなければならない．
(4) 通信回線の電力は，絶対レベルで表した値で，高周波であるときは，+20 dB 以下でなければならない．

解説　通信回線の線路の電圧は，100 V 以下でなければならない．

解答　(3)

第6章 電波法

1 用語

重要度★★

①電波…**300万MHz以下**の周波数の電磁波をいう．

②無線電信…電波を利用して，**符号**を送り，または受けるための通信設備をいう．

③無線電話…電波を利用して，**音声**その他の**音響**を送り，または受けるための通信設備をいう．

④無線設備…無線電信，無線電話その他電波を送り，または受けるための電気的設備をいう．

⑤無線局…無線設備及び無線設備の操作を行う者の総体をいう．但し，**受信のみを目的とするものを含まない**．

⑥無線従事者…無線設備の操作またはその監督を行う者であって，**総務大臣の免許**を受けたものをいう．

2 免許状・検定

重要度★★★

(1) 免許状

①総務大臣は，免許を与えたときは，**免許状を交付**する．

②免許状には，次に掲げる事項を記載しなければならない．

- 免許の年月日及び免許の番号
- 免許人（無線局の免許を受けた者をいう．以下同じ．）の氏名又は名称及び住所
- 無線局の種別
- 無線局の目的
- 通信の相手方及び通信事項
- 無線設備の設置場所

- 免許の有効期間
- 識別信号
- 電波の型式及び周波数
- 空中線電力
- 運用許容時間

(2) 無線局の開設

無線局を開設しようとする者は，**総務大臣の免許**を受けなければならない（発射する電波が著しく微弱な無線局等は除く）.

(3) 検定

船舶のレーダー等無線設備の機器は，その型式について，原則として**総務大臣の行う検定**に合格したものでなければ，施設してはならない.

検定に合格したら，総務大臣は，これを型式検定合格とし，**無線機器型式検定合格証書**を申請者に交付するとともに，次に掲げる事項を**告示する**.

①型式検定合格の判定を受けた者の氏名又は名称
②機器の名称
③機器の型式名
④検定番号
⑤型式検定合格の年月日

告示内容には，「型式検定申請の年月日」はない.

3 目的外使用の禁止　重要度★★

無線局は，免許状に記載された目的又は通信の相手方若しくは通信事項の範囲を超えて運用してはならない．ただし，次に掲げる通信については，この限りでない.

①**遭難通信**

船舶又は航空機が重大かつ**急迫の危険に陥った**場合に**遭難信号を前置**する方法その他総務省令で定める方法により行う無線通信をいう.

②**緊急通信**

船舶又は航空機が重大かつ**急迫の危険に陥るおそれ**がある場合その他緊急の事態が発生した場合に,**緊急信号を前置**する方法その他総務省令で定める方法により行う無線通信をいう.

③**安全通信**

船舶又は航空機の航行に対する**重大な危険を予防**するために**安全信号を前置**する方法その他総務省令で定める方法により行う無線通信をいう.

④**非常通信**

地震,台風,洪水,津波,雪害,火災,暴動その他非常の事態が発生し,又は発生するおそれがある場合において,**有線通信**を利用することができないか又はこれを利用することが著しく困難であるときに人命の救助,災害の救援,**交通通信の確保**又は秩序の維持のために行われる無線通信をいう.

⑤放送の受信

⑥その他総務省令で定める通信

4 擬似空中線回路の使用

重要度★

無線局は,次に掲げる場合には,なるべく**擬似空中線回路**を使用しなければならない.

①無線設備の**機器の試験又は調整**を行うために運用するとき.

②**実験等無線局**を運用するとき.

5 無線設備

重要度★★

送信設備に使用する電波の**周波数の偏差及び幅**,**高調波の強度**等電波の質は,総務省令で定めるところに適合するものでなければならない.

過去問チャレンジ（章末問題）

問1　R4-前期

⇒1 用語の定義

「電波法」に規定されている用語に関する記述として，誤っているものはどれか．

(1)　無線局とは，無線設備及び無線設備の操作を行う者の総体をいい，受信のみを目的とするものを含む．
(2)　無線従事者とは，無線設備の操作又はその監督を行う者であって，総務大臣の免許を受けたものをいう．
(3)　無線電信とは，電波を利用して，符号を送り，又は受けるための通信設備をいう．
(4)　無線設備とは，無線電信，無線電話その他電波を送り，又は受けるための電気的設備をいう．

解説　無線局とは，無線設備及び無線設備の操作を行う者の総体をいい，受信のみを目的とするものを含まない．

解答　(1)

問2　R1-前期

⇒2 有線電気通信設備

無線設備の型式検定に合格したとき告示される事項として，「電波法令」上，誤っているものはどれか．

(1)　型式検定合格の判定を受けた者の氏名又は名称
(2)　型式検定申請の年月日
(3)　検定番号
(4)　機器の名称

解説　型式検定申請の年月日は告示されない．

解答　(2)

第7章 その他の法令

1 電気事業法

重要度★★

(1) 電気工作物

電気工作物とは，発電，変電，送電（配電），電気の使用のために設置する機械，器具，ダム，水路，貯水池，電線路その他の工作物をいう．
※**船舶，車両，航空機は除く**．

(2) 種類

電気工作物は次のように分類される．

[① 一般用電気工作物]

- 600V**以下の電圧**で受電する電気工作物
- 600V以下の小出力発電設備

[② 事業用電気工作物（自家用電気工作物を含む）]

事業用電気工作物のうち，電気事業用の電気工作物以外を，自家用電気工作物と定義している．

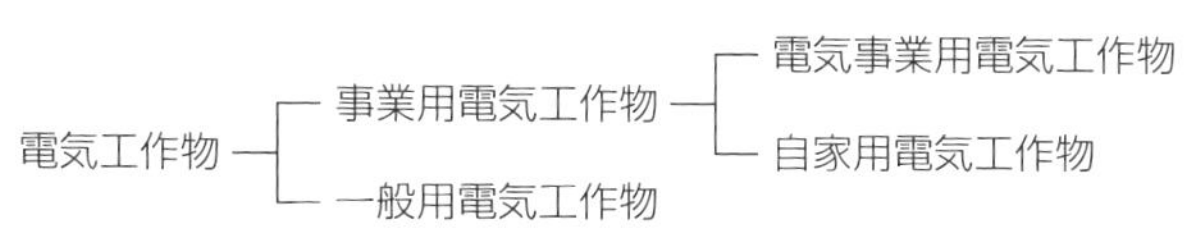

図7・1　電気工作物の分類

(3) 保安規程

事業用電気工作物の設置者は，電気工作物の適正な維持，運用を確保するため**保安規定**を定める．

(4) 電圧の種別

電圧は次のように定められている.

表7・1　電圧の種別

電圧の種別	交　流	直　流
低圧	600 V 以下	750 V 以下
高圧	600 V を超えて 7,000 V 以下	750 V を超えて 7,000 V 以下
特別高圧	7,000 V を超える	7,000 V を超える

2　電気用品安全法　重要度★★

(1) 電気用品とは

次に掲げる物をいう.

①**一般用電気工作物**の部分となり，又はこれに接続して用いられる機械，器具又は材料

②携帯発電機

③蓄電池

電気用品は，一般用電気工作物で，使用されるものであること.

(2) 電気用品の適用

表7・2　電気用品と電気用品以外

電気用品であるもの	電線，ケーブル，電線管，配線器具，ヒューズ，フロアダクト，放電灯用安定器　など
電気用品でないもの	プルボックス，スイッチボックス，ケーブルラック，がいし，サドル　など

(3) 電気用品の種類と記号

電気用品は，次の2種類に分類される.

①特定電気用品

②特定電気用品以外の電気用品

記号は図7・2のとおりである．

特定電気用品

特定電気用品以外の電気用品

図7・2　特定電気用品と特定電気用品以外の図表示

特定電気用品とは，一般人が日常的に触れることが多く，危険性の高いものをいう．

3　電気工事士法

重要度★

(1) 電気工事士等

電気工事士には，**第一種電気工事士**と**第二種電気工事士**の2つがある．

それ以外に，特種電気工事資格者，認定電気工事従事者がある．これらを含めて電気工事士等と表現する．

①電気工事士には，第一種電気工事士と第二種電気工事士があり，免状は，**都道府県知事が交付**する．

②特種電気工事資格者認定証は，経済産業大臣が交付する．

③認定電気工事従事者認定証は，経済産業大臣が交付する．

表7・3　資格と従事範囲

資格名称	従事可能な範囲
第一種電気工事士	一般用電気工作物，自家用電気工作物
第二種電気工事士	一般用電気工作物
特種電気工事資格者	ネオン工事，非常用予備発電装置工事
認定電気工事従事者	一般用電気工作物 自家用電気工作物に係る簡易電気工事

電気工事士（一種，二種とも）の免状交付は都道府県知事である．

(2) 電気工事士でなくてもできる工事

電気工事士の資格がなくてもできる工事は次のとおりである.

①露出コンセント・スイッチの取替え

②ヒューズの取付け

③電柱，腕木の設置

④地中電線管の設置

⑤積算電力計の取付け　ほか

4 建築基準法

重要度★

(1) 目的

建築物の敷地，構造，設備及び用途に関する**最低の基準**を定めて，国民の生命，健康及び財産の保護を図り，もって公共の福祉の増進に資することを目的とする.（第1条）

建築基準法は，最低の基準を定めている．また，文化財保護法の規定による国宝，重要文化財等に指定された建築物には適用しない.

(2) 用語

①建築物

- **土地に定着**する工作物のうち，原則として，**屋根及び柱か壁を有する**ものをいう.
- 建築設備は建築物である．ただし，線路敷地内の運転保安施設，跨線橋（線路をまたぐ橋），プラットフォームの上屋，貯蔵槽（サイロ等）等は建築物から除く.

②特殊建築物…学校，体育館，病院，劇場，百貨店，**工場**等，ほとんどの用途の建物が特殊建築物である.

事務所は特殊建築物に該当しない.

③建築設備…建築物に設ける電気，ガス，給水，排水，換気，暖房，冷房，消火，排煙設備，昇降機，避雷針等をいう．なお，昇降機とは，**エレベーター**，エスカレーター等をいう.

④居室…居住，**執務**，作業，集会，娯楽等の目的で継続的に使用する室をいう.

⑤主要構造部…壁，柱，床，はり，屋根，階段をいう．間仕切り壁，間柱，**ひさし**，最下階の床，外部階段等は主要構造部ではない.

⑥耐火構造…鉄筋コンクリート造，れんが造等の構造で，**耐火性能を有するもの**.

⑦不燃材料…**コンクリート**，れんが，瓦，アルミニューム，ガラス，モルタル等.

⑧設計図書…**設計図面**及び**仕様書**をいう.

⑨建築…建築物の新築，増築，改築，**移転**をいう.

⑩大規模の修繕…**主要構造部**の1種以上について行う**過半の修繕**をいう.

⑪大規模の模様替え…**主要構造部**の1種以上について行う**過半の模様替え**をいう.

⑫地階…床が地盤面下にある階で，床面から地盤面までの高さがその階の天井の高さの**1/3以上**のものをいう.

ごろあわせ　**地下 は 寒い**
地階　1/3

(3) 設備の基準

[①避雷設備]

高さ**20m を超える建築物**には有効に**避雷設備**を設ける．ただし，周囲の状況により，安全上支障がない場合はこの限りでない.

［②昇降機］

高さ**31m を超える建築物**には**非常用昇降機**を設置する.

常時は使用できるが，非常時（火災時）は，消防隊専用の昇降機となる.

5 河川法

重要度★★★

(1) 河川

①河川は，**公共用物**であって，その保全，利用その他の管理は，前条の目的が達成されるように適正に行われなければならない.

②河川の**流水**は，私権の目的となることができない.

③河川とは，**一級河川**及び**二級河川**をいい，これらの河川に係る**河川管理施設を含む**ものとする.

④**一級河川**とは，**国土交通大臣が指定**したものをいう.

⑤**二級河川**とは，**都道府県知事が指定**したものをいう.

⑥河川管理施設とは，ダム，堰（せき），水門，堤防，護岸，床止め，樹林帯等をいう.

(2) 河川管理者の許可

河川区域内の土地においては次の場合，河川管理者の許可が必要である.

①土石（砂を含む），竹木，あし，かや等を**採取**する.

②掘削，盛土，切土等土地の形状を変更する.

③**工作物**を新築，改築，除去する（送電線鉄塔等）.

④送電線が**上空を通過**して設置，撤去する.

一時的に少量の水をバケツで河川からくみ取る場合は，河川管理者の許可は必要ない．また，河川区域内での鉄塔の新設について河川管理者の許可を受けている場合は，当該鉄塔を施工するための土地の掘削に関して河川管理者の許可を新たに受ける必要はない.

河川区域内で仮設の資材置場を設置する場合でも許可が必要である.

6 道路法

重要度★★★

(1) 使用と占用

道路使用許可とは，道路上で工事を行うために所轄の**警察署長の許可**を受けることをいう．また，**道路占用許可**は，道路上，道路下に工作物を設置するために**道路管理者**の許可を受けることである．

【例】道路使用

①電柱を建てるため，建柱車が道路に駐車する．

②架線工事のため，高所作業車が道路の一部をふさぐ．

【例】道路占用

①通信ケーブル引込みのために，電柱を道路に設置する．

②道路の一部を掘削して，地中ケーブル用管路を道路に埋設する．

道路使用は，交通に支障をきたすため，警察署長の許可で，道路占用は，道路の一部を占用し続けるため，道路管理者の許可．

(2) 記載事項

道路の占用許可申請書に記載する事項として，次のものがある．

①占用の**目的**

②道路占用の**場所**

③道路の占用の**期間**

④工作物，物件又は施設の**構造**

⑤工事**実施の方法**

⑥道路の**復旧方法**

交通規制の方法，工作物，物件又は施設の維持管理方法，道路占用料の記載は不要．

(3) 車両の幅等の最高限度

車両の幅，重量，高さ，長さ及び最小回転半径の最高限度は，次のとおりとする．

①幅：2.5 m

②高さ：3.8 m（特例4.1 m）

③長さ：12 m

④最小回転半径：車両の最外側のわだちについて12 m

⑤車両重量は次に掲げる値

- 総重量：高速自動車国道等は25t，その他の道路は20t
- 軸重：10t
- 輪荷重：5t

双子が宮参り．自由に連れて．
2.5　3.8　12　20

7 廃棄物の処理及び清掃に関する法律 重要度★★

(1) 廃棄物

建設現場から発生するものを建設副産物といい，次のように分類される．

建設副産物
- 発生残土
- 有価物（スクラップ）
- 廃棄物
  - 一般廃棄物（特別管理一般廃棄物が含まれる）
  - 産業廃棄物（特別管理産業廃棄物が含まれる）

図7・3　建設副産物の分類

point

建設発生土は産業廃棄物ではない．

(2) 産業廃棄物の例

建築物や，工作物の**除去**に伴って生じた金属，木，コンクリートの破片，ガラス，ゴム，陶磁器，繊維，紙くず等は**産業廃棄物**である．

石綿，PCB（ポリ塩化ビフェニール）等は，「特別管理」の廃棄物である．

(3) 廃棄物の処理

処理とは，次の①と②をまとめて表現した用語である．

処理＝① 収集・運搬 ＋ ② 処分

①収集・運搬と②処分は免許が異なる．

(4) 事業者の責務

①事業活動に伴って生じた産業廃棄物は，**事業者が自ら処理**する．

②産業廃棄物の運搬又は処分の委託契約は，**書面**で行う．

③産業廃棄物の運搬又は処分を他人に**委託する場合**，産業廃棄物の引渡しと同時に当該産業廃棄物の運搬又は処分を受託した者に，**産業廃棄物管理票（マニフェスト）**を交付し，**5年間保存**する．

8 建設工事に係る資材の再資源化等に関する法令 重要度★

再資源化が資源の有効な利用及び廃棄物の減量を図る上で特に必要なものとして，**特定建設資材**が定められている．次の4種類が該当する．

①コンクリート

②コンクリート・鉄

③アスファルト・コンクリート

④木材

電線やケーブル等，上記4つ以外は該当しない．

過去問チャレンジ（章末問題）

問1　**R1-前期**　⇒4 建築基準法

「建築基準法」で定められている用語の定義として，誤っているものはどれか．

(1)　建築物に設ける「エレベーター」は，建築設備である．
(2)　建築物における「執務のために継続的に使用する室」は，居室である．
(3)　建築物における「ひさし」は，主要構造部である．
(4)　「工場の用途に供する建築物」は，特殊建築物である．

解説　ひさしは，主要構造部ではない．　解答　(3)

問2　**R4-後期**　⇒6 道路法

「車両制限令」で規定されている車両の幅等の最高限度（一般的制限値）を超えているものはどれか．

(1)　車両の総重量が15 tである．
(2)　車両の幅が3.5 mである．
(3)　車両の高さが3 mである．
(4)　車両の長さが10 mである．

解説　車両の幅は，2.5m以下である．　解答　(2)

問3　**R5-前期**　⇒6 道路法

道路占用許可申請書の記載事項として，「道路法」上，誤っているものはどれか．

(1)　道路の復旧方法　　(2)　道路の占用の期間
(3)　交通規制の方法　　(4)　道路の占用の目的

解説　交通規制の方法については，道路占用許可申請書の記載事項にはない．
解答　(3)

第一次検定

関連分野

第1章 契約関係

1 公共工事標準請負契約約款 重要度★★★

(1) 設計図書

公共工事標準請負契約約款において，**設計図書**※とは次のものをいう．

①現場説明に対する**質問回答書**
②**現場説明書**
③仕様書（特記仕様書・共通仕様書）
④図面（基本設計図，概略設計図等も含む）

※建築基準法で定義する「設計図書」は，図面及び仕様書をいう．

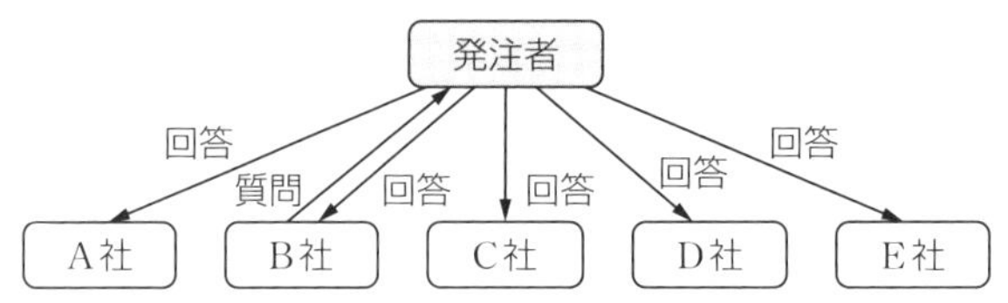

図1・1　現場説明会のモデル

設計図書はすべて発注者が作成するものである．したがって，見積書，請負代金内訳書，施工計画書は受注者が作成するので，設計図書ではない．
また，発注者が作成する書類であっても，入札公告に関する書類等は設計と関係ないので設計図書に含まれない．

(2) 優先順位

設計図書の優先順は，高い順に次のとおりである．

①質問回答書　②現場説明書　③特記仕様書
④図面（設計図）　⑤標準仕様書

ただし，受注者は工事の施工にあたり，設計図書の中の文書間に**内容の不一致**を発見したとき，設計図書に優先順位の記載がない場合には**監督員に通知**し，その**確認を請求**する．

後から作成するものほど優先順位が高い．

(3) 契約解除

①発注者は，受注者が正当な理由なく，工事に着手すべき期日を過ぎても**工事に着手しない**ときは契約を解除できる．
②受注者は，設計図書の変更により**請負代金額が3分の2以上減少**したときは，契約を解除できる．
③受注者は，発注者が契約に違反し，その違反によって契約の**履行が不可能**となったときは，契約を解除できる．

ごろあわせ　**契約解除　の　身分に**
契約解除　　　2/3

(4) 検査

[①材料検査]

受注者は，**設計図書**において監督員の検査を受けて使用すべきものとして指定された**工事材料**については，当該検査に**合格したものを使用**しなければならない．この場合において，当該検査に直接要する費用は，**受注者の負担**とする．

[②完成検査]

発注者は，工事を完成した旨の通知を受けたときは，**通知を受けた日から14日以内**に完成を確認するための検査を完了しなければならない．

ごろあわせ　**いよいよ検査**
14日以内に検査

完成の通知を受けた日から14日以内であり，工期から14日以内ではない．

(5) 支払い

①発注者は，前払金の支払の請求があったときは，請求を受けた日から**14日以内に前払金**を支払わなければならない．

②発注者は，部分払の請求があったときは，請求を受けた日から**14日以内に部分払金**を支払わなければならない．

③発注者は，完成検査に合格し，請負代金の支払の請求があったときは，請求を受けた日から**40日以内に請負代金**を支払わなければならない．

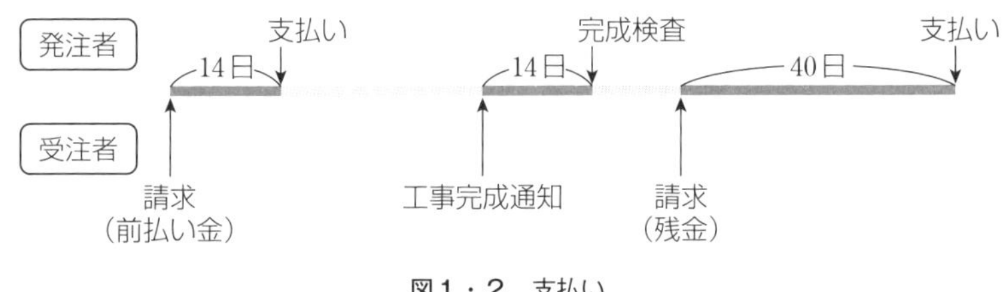

図1・2　支払い

ごろあわせ　いよ いよ 前歯　部分　の　完成よ
14　14　前払い　部分払い　完成払い40

(6) 現場代理人

①工事現場の運営，取締りを行う．

②発注者が常駐を要しないと認めた場合を除き工事現場に常駐する．

③現場代理人と，監理技術者，主任技術者，専門技術者を兼ねることができる．

④請負代金の請求及び受領に係る権限を有しない．

現場代理人に関しては，建設業法等からの出題もある．

過去問チャレンジ（章末問題）

問1　R3-前期　➡1 公共工事標準請負契約約款

現場代理人に関する記述として，「公共工事標準請負契約約款」上，適当でないものはどれか．

(1)　工事現場の運営を行う．
(2)　請け負った工事の契約の解除に係る権限を有する．
(3)　発注者が常駐を要しないこととした場合を除き，工事現場に常駐する．
(4)　現場代理人と主任技術者は，兼ねることができる．

解説　現場代理人は，請け負った工事の契約の解除に係る権限を有しない．

解答　(2)

問2　R4-前期　➡1 公共工事標準請負契約約款

「公共工事標準請負契約約款」において，設計図書に含まれないものはどれか．

(1)　図面
(2)　仕様書
(3)　現場説明書
(4)　入札公告

解説　入札公告は設計図書に含まれない．

解答　(4)

電気設備関係

1 電気工事

重要度★★★

(1) 低圧屋内配線の施工場所

600 V以下の低圧における屋内電気工事は，施工場所により，区分される．

表2・1　工場の種類と施設場所

施設場所の区分／工事の種類		展開した場所		点検できる隠ぺい場所		点検できない隠ぺい場所	
		乾燥した場所	湿気の多い場所，水気のある場所	乾燥した場所	湿気の多い場所，水気のある場所	乾燥した場所	湿気の多い場所，水気のある場所
金属管工事		◎	◎	◎	◎	◎	◎
ケーブル工事		◎	◎	◎	◎	◎	◎
合成樹脂管工事	硬質塩化ビニル電線管合成樹脂製可とう電線管(PF管)	◎	◎	◎	◎	◎	◎
	CD管	□	□	□	□	□	□
金属可とう電線管工事	1種金属製	△		△			
	2種金属製	◎	◎	◎	◎	◎	◎
がいし引き工事		◎	◎	◎	◎		
金属線ぴ工事		○		○			
金属ダクト工事		◎		◎			
バスダクト工事		◎	○(屋外用)	◎			
フロアダクト工事						○	
セルラダクト工事				○		○	
ライティングダクト工事		○		○			
平形保護層工事				○			

(注)　◎：使用電圧に制限なし（600 V以下）

○：使用電圧300 V以下に限る．

□：直接コンクリートに埋め込んで施設する場所を除き，専用の不燃性又は自消性のある難燃性の管等に収めて施設する．

△：300 Vを超える場合は，電動機に接続する短小な部分で，可とう性を必要とする部分の配線に限る．

①展開した場所…見える場所（露出場所）

②隠ぺい場所…見えない場所（点検できる場所とできない場所がある）

③①，②はさらに乾燥・湿気のある場所に分類される．

上記のいずれの場所でも施工できるのは，**ケーブル工事**，**合成樹脂管工事**（CD管除く），**金属管工事**，**2種金属製可とう電線管工事**である．

(2) 分岐幹線の許容電流

低圧幹線の過電流遮断器※の定格電流I〔A〕と，分岐幹線の**許容電流**※の関係は次のとおりである．

※過電流遮断器：流れすぎた電流を遮断する装置

許容電流：最大限流すことのできる電流

表2・2 分岐幹線の長さと許容電流

分岐幹線の長さ	分岐幹線の許容電流
3m以下	規定なし（細い電線でもよい）
3～8m以下	0.35I以上（35%以上）
8m～	0.55I以上（55%以上）

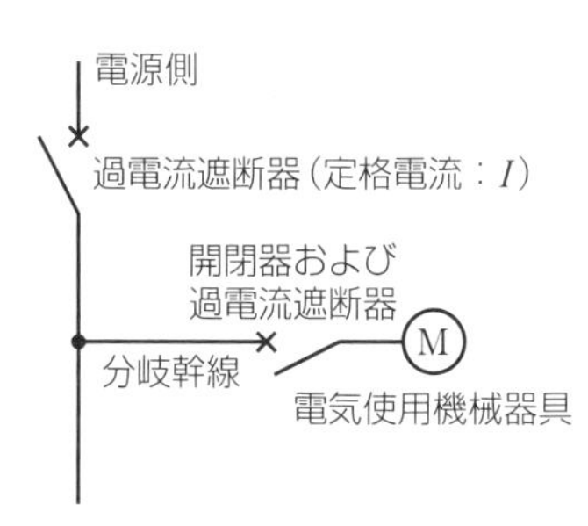

図2・1 分岐幹線

2 予備電源

重要度★★★

(1) 鉛蓄電池・アルカリ蓄電池

鉛蓄電池とアルカリ蓄電池の比較は表のとおりである．

表2・3 蓄電池の特徴

項目	鉛蓄電池	アルカリ蓄電池（ニッカド）
電圧	2.0V	1.2V
構造	正極は二酸化鉛，負極は鉛，電解液は希硫酸	正極はニッケル，負極はカドミウム，電解液は水酸化カリウム
電解液	放電により濃度，電圧低下	比重変化なし

(2) リチウムイオン電池

①電圧は3.7 V

②正極はリチウムの酸化物，負極はグラファイト（黒鉛），電解液はリチウム塩等．

③エネルギー密度は高い．

④自己放電，メモリ効果※は少ない．

※メモリ効果とは，残容量があるのに頻繁に充電を繰り返すと，電圧が低くなる現象．ニッカド電池，ニッケル水素電池で起こる．

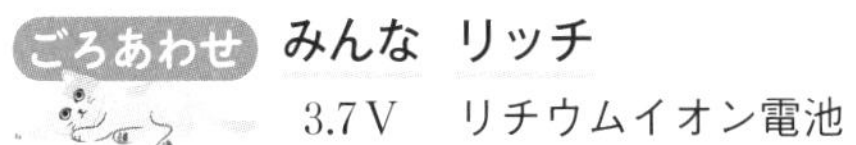

(3) UPS

UPSはUninterruptible Power Supplyの略．「**無停電電源装置**」と訳される．停電時に一瞬も交流電力を途切れさせることなく供給することができる．

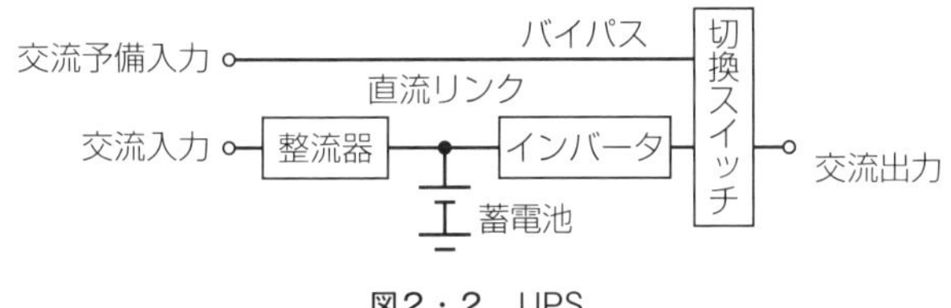

図2・2　UPS

インバータは，直流を交流に変換する機器であるが**高調波**が発生し，通信線への誘導障害や進相コンデンサ等の加熱等が生じる．

高調波（基本波の整数倍の周波数）が発生する機器には，フィルタを設ける．

(4) 原動機

[①ディーゼル機関]

燃焼ガスの熱エネルギーをピストンの往復運動とし，クランク軸で回転運動に変換する．

[②ガスタービン]

燃焼ガスの熱エネルギーで**タービン**（羽根車）を回転させる．

表2・4　原動機の比較

項目	ディーゼル	ガスタービン
燃料消費	小	大（2～3倍）
燃焼空気量	小	大（3～4倍）
吸・排気装置	小	大
瞬間負荷投入	小	大
重量・寸法	大	小
潤滑油	大（10倍）	小
NOx発生量	大（10倍）	小
冷却水	要	不要

3 照明設備　重要度★★

(1) 照明の用語

照明のおもな用語と単位等は次のとおりである．

表2・5　照明用語の比較

用　語	単　位	意　味
光束	lm：ルーメン	人の視覚で光と感じる量．可視光の束．
光度	cd：カンデラ	光の明るさの度合い．単位立体角当たりの光束．
輝度	cd/㎡	単位面積当たりの，光の明るさの度合い．
照度	lx：ルクス	光を受け取る面の単位面積当たりに入射する光束

(2) 光源

主な光源は次のとおりである．

表2・6　光源の種類と特徴

光源の種類	特　徴
白熱電球	フィラメントの熱放射による発光を利用したランプ．ハロゲン電球も**熱放射**による発光利用．
蛍光ランプ	水銀蒸気放電ランプであり，放電によって生じた紫外線を蛍光物質にあてて発光．
ナトリウムランプ	ナトリウム蒸気の放電ランプ．単色光の光源であるため，演色性が悪い．主に道路のトンネル照明など．
高圧水銀ランプ	水銀蒸気の放電ランプ．高天井の体育館や街路照明など．
LEDランプ	ダイオードに電圧を印加すると発光する．**長寿命**．

熱放射による発光を利用するのは，白熱電球とハロゲン電球．

(3) 発光原理

光源の発光方式は，**熱放射**と**ルミネセンス**に分類される．

①熱放射…白熱電球，ハロゲン電球

②ルミネセンス…蛍光灯（放電発光），LEDランプ（電界発光）

4　整流回路　重要度★

全波整流と**半波整流**の比較は，表のとおりである．

表2・7　全波整流と半波整流

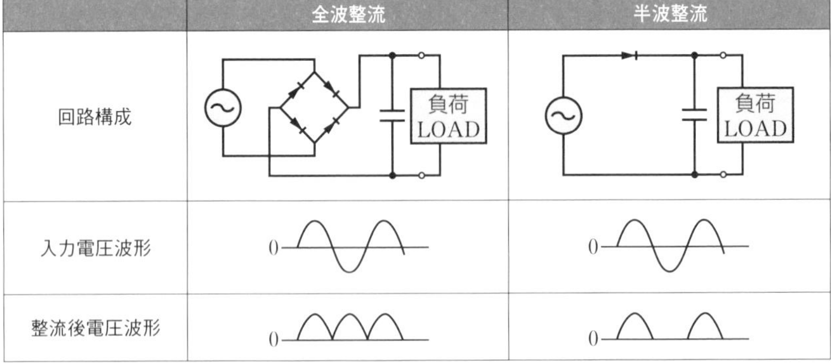

	全波整流	半波整流
回路構成	負荷 LOAD	負荷 LOAD
入力電圧波形	0	0
整流後電圧波形	0	0

過去問チャレンジ（章末問題）

問1　R 4-後期　⇒1 電気工事

低圧屋内配線における，施設場所による工事の種類に関する記述として，「電気設備の技術基準の解釈」上，誤っているものはどれか．

(1)　ケーブル工事は，使用電圧が300 V 超過で，湿気の多い点検できない隠ぺい場所に施設することができる．
(2)　金属可とう電線管工事は，使用電圧が300 V 以下で，湿気の多い点検できる隠ぺい場所に施設することができる．
(3)　ライティングダクト工事は，使用電圧が300 V 以下で，乾燥した点検できる隠ぺい場所には施設することができない．
(4)　セルラダクト工事は，使用電圧が300 V 超過で，乾燥した展開した場所には施設することができない．

解説　ライティングダクト工事は，使用電圧が300 V 以下で，乾燥した点検できる隠ぺい場所には施設することができる．

解答　(3)

問2　R 4-前期　⇒2 予備電源

二次電池に関する記述として，適当でないものはどれか．

(1)　鉛蓄電池の1セル当たりの公称電圧は2.0 V である．
(2)　ニッケルカドミウム電池の1セル当たりの公称電圧は1.2 V である．
(3)　ニッケル水素電池の1セル当たりの公称電圧は1.2 V である．
(4)　リチウムイオン二次電池の1セル当たりの公称電圧は1.5 V である．

解説　リチウムイオン二次電池の1セル当たりの公称電圧は3.7 V である．

解答　(4)

問3　**R5-前期**　　→ 2 予備電源

電力系統における高調波に関する記述として，適当でないものはどれか．

(1)　高調波の障害として，通信線への誘導障害があげられる．

(2)　高調波対策として，避雷器の設置が有効である．

(3)　高調波発生の一因として，インバータ制御機器の多用があげられる．

(4)　高調波の障害として，進相コンデンサや直列リアクトルの過熱，騒音の発生等があげられる．

解説　避雷器の設置は，雷害を軽減するものであり，高調波対策にならない．

解答　(2)

問4　**R4-後期**　　→ 3 照明設備

LEDランプに関する記述として，適当でないものはどれか．

(1)　LEDランプの発光原理は，熱放射である．

(2)　LEDランプは，振動や衝撃に強い．

(3)　LEDランプは，白熱電球よりも発光効率が良い．

(4)　LEDランプは，蛍光ランプよりも長寿命である．

解説　LEDランプの発光原理は，熱放射ではなく，電界発光（ルミネセンスの一種）である．

解答　(1)

第3章 機械設備関係

1 換気設備

重要度 ★★★

(1) 換気方式

換気の方式には次のものがある.

表3・1 換気方式

換気方式		内 容
自然換気		室内外の温度差や風を利用する換気
機械換気	第1種機械換気方式	給気，排気とも機械設備
	第2種機械換気方式	給気を機械設備，排気は自然排気
	第3種機械換気方式	給気を自然給気，排気は機械設備

[①自然換気]

風力（通風）や**内外温度差による浮力**を利用するもので，機械設備を使わない換気方式である．この方式では，**冬期**は室内温度と外気温度の差が大きいので，**換気量が増加**する．

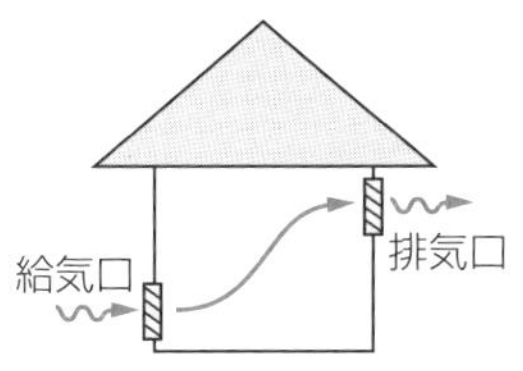

図3・1 自然換気

一般に，自然換気の給気口は床面に近く，排気口は天井面に近いところに設ける．

[②機械換気]

⊗：換気設備　▯：換気口

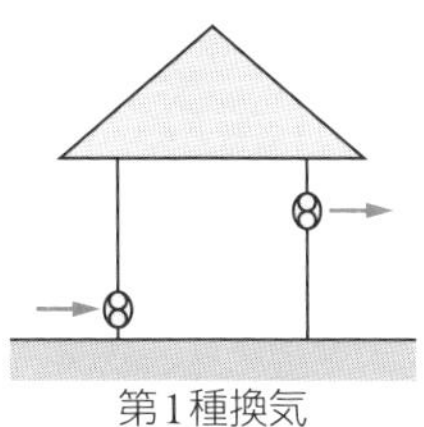

第2種換気

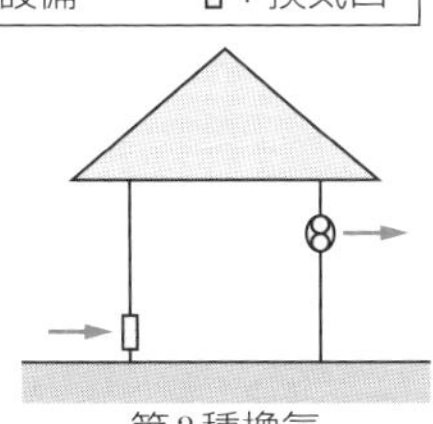

図3・2 機械換気

(2) 機械換気の特徴

[①第1種機械換気方式]

給気，排気とも機械設備による方式．室内を**正圧**（大気圧より高い圧力）にも**負圧**（大気圧より低い圧力）にもできる．

レストラン等の厨房の換気は，第1種機械換気が適している．厨房はやや負圧にして，中の空気が他に漏れないようにする．

[②第2種機械換気方式]

給気は機械設備，排気は自然排気による方式．**室内は正圧**に保たれるので，外部から塵埃（じんあい）等は入らない．

ボイラー室，発電機室等の燃焼機器を設置する室の換気には，燃焼用空気や室内冷却のために給気を十分とる必要があるので，第3種機械換気より第2種機械換気が適している．

[③第3種機械換気方式]

給気は自然給気，排気は機械設備による方式．**室内は負圧**となる．トイレ，台所等は臭いを出さないため負圧にするので，第3種機械換気方式が適している．

第1種機械換気方式は，最も優れた方式である．

2 空調設備 重要度★★★

(1) 空気調和とは

空調（空気調和）は，快適な住空間を演出するために必要なものであり，そのコントロールすべき要素は，温度，湿度，気流，清浄度である．

空調を行う本体部分が空気調和機（略して空調機）であり，空気ろ過装置，コイル，加湿装置，送風機等を一つの箱体内に収容したものである．

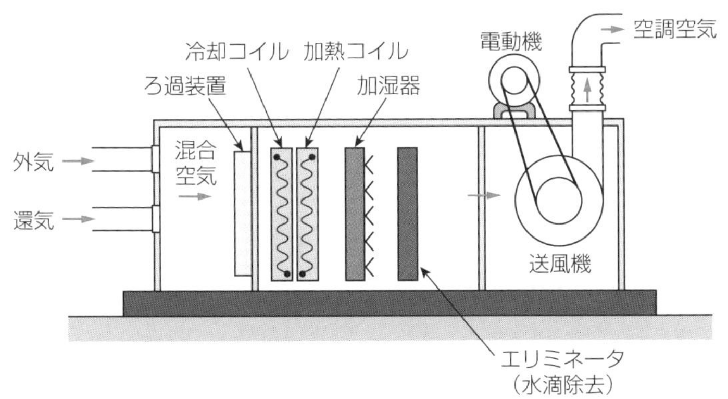

図3・3　空気調和機

(2) 空気調和設備の種類

[①定風量単一ダクト方式（CAV：Constant Air Volume）]

機械室の空調機から出た，1本の主ダクトと分岐したダクトにより，常に**一定風量**で各室の空調を行う．熱負荷特性の異なる室がある場合は適さない．

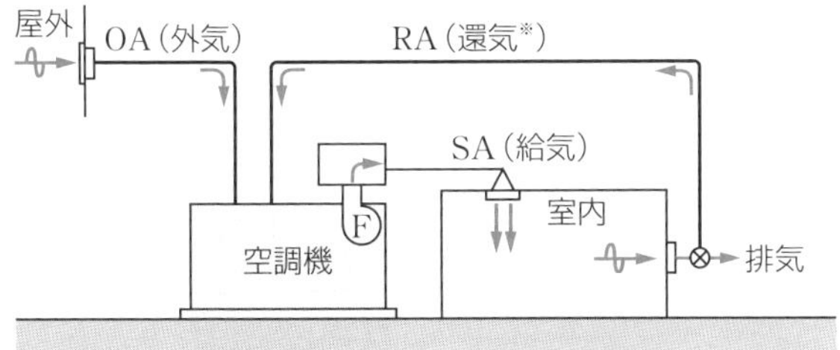

図3・4　CAV方式

[②変風量単一ダクト方式（VAV：Variable Air Volume）]

単一ダクトである点で，上と同じであるが，**風量を調節することができ**，ある程度負荷変動に対応できる．

[③パッケージユニット方式]

圧縮機・凝縮器・蒸発器その他の機器をケーシングに収納した**パッケージユニット**により空調する．一般に，暖房時の加湿対策が別に必要となる．通常は1台の屋内ユニットに対し1台の屋外ユニットだが，複数台の屋内ユニットを1台の屋外ユニットでシステム構成したものを**マルチタイプ**という．屋外機設置スペースが少なくてすむ．

［④ファンコイルユニット・ダクト併用方式］

ファンコイルユニットは，図3・5のように，冷温水コイル（コイル法の配管）に，冷水（夏期）又は温水（冬期）を通して冷暖房を行う．一方，ダクトは，CAV又はVAV方式で，ダクトにより空調空気を室内に供給する．搬送する熱媒体による分類では，「水－空気方式」に分類される．**ファンコイルユニットは水，ダクトは空気**を搬送する．

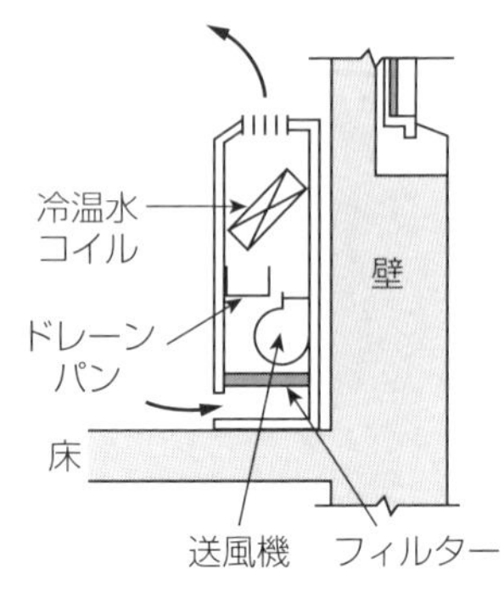

図3・5　ファンコイルユニット

［⑤ヒートポンプ方式］

ヒートポンプは，圧縮機（コンプレッサー）で**冷媒**を圧縮し，冷房，暖房を行う機器である．冷媒とは，熱の移動を媒介する物質をいう．

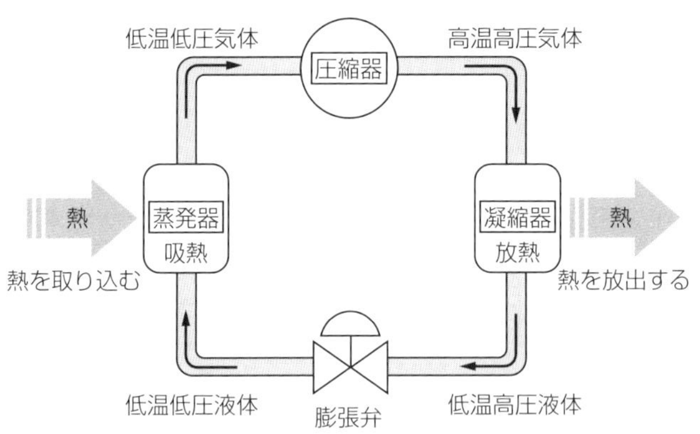

図3・6　ヒートポンプの原理図

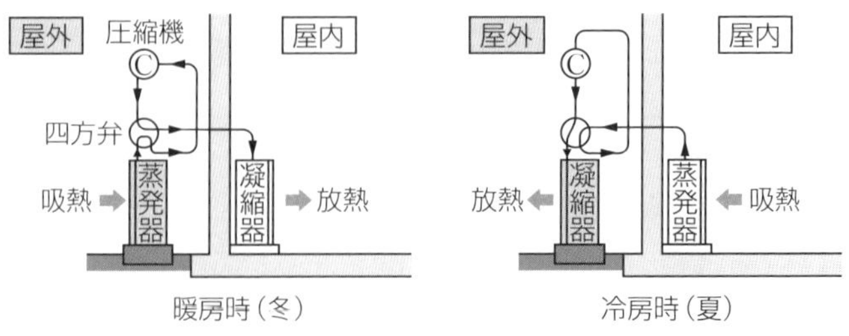

図3・7　蒸発器と凝縮器

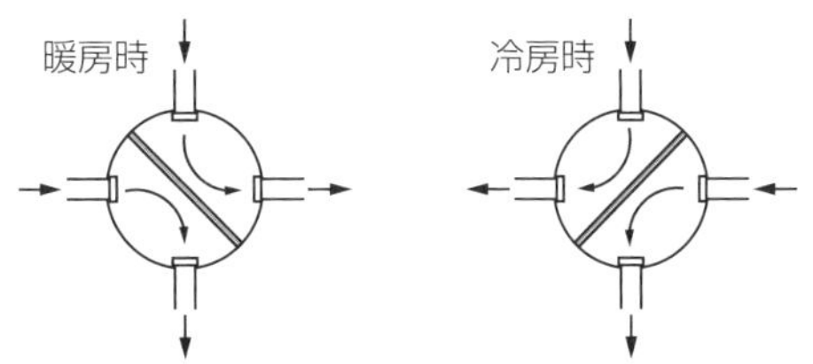

図3・8　四方弁の切換え

四方弁の切り替えで冷房・暖房を行う.

(3) 空調の省エネルギー

①**熱源機器**は，部分負荷性能の高いものにする.

②空気調和機にインバータを導入する.

③暖房時に外気導入量を少なくする．ただし，少なすぎると室内環境衛生上好ましくない.

空調機器の省エネルギーの指標として，**通年エネルギー消費効率**（AFP：Annual Performance Factor）がある．これは，1年間を通してある条件下で機器運転した時の消費電力量1kW・h当たりの冷房・暖房能力を表す．数値が大きいほどエネルギー効率が良く，省エネルギーの効果が大きいことを示している.

3　消防用設備等　重要度★★★

(1) 消防用設備等とは

消防法の規定により，消防用設備等は次のように定められている.

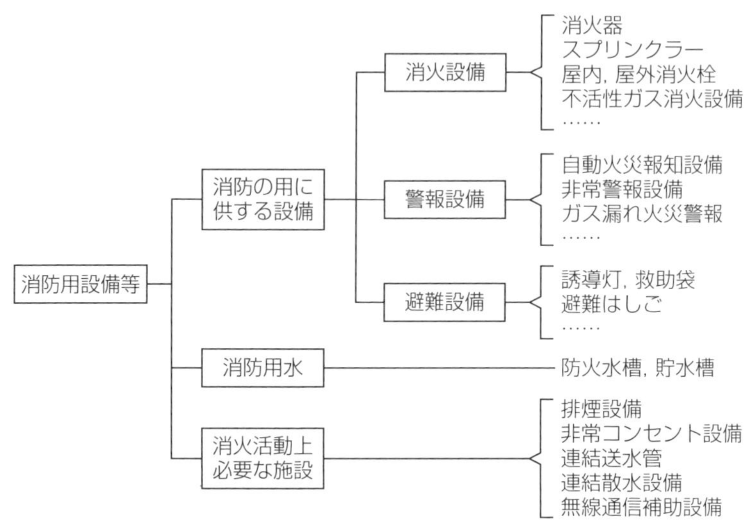

図３・９　消防用設備等の分類

消火活動上必要な設備とは，消防隊の消火活動を支援する設備をいう．たとえば，**無線通信補助設備**は，建物内に張られた通信用アンテナにより，火災時に消火活動を行う消防隊と，外部との通信を可能にする設備である．

消防用設備等の分類については，「法規」の分野からも出題されている．

（2）消火器

粉の薬剤が充填されているもので消火能力が高く，普通火災（A火災）油火災（B火災）電気火災（C火災）に対応している．一般に**ABC消火器**といわれている．

（3）スプリンクラー設備

初期消火を目的とし，火災を感知すると天井面に設置されたスプリンクラーからシャワー状に放水される．

［①閉鎖型］

放水口が閉じており，感熱体が溶けると放水する．**湿式**（放水口まで水が充満している）と**乾式**（放水口まで空気が充満している）がある．寒冷地で凍結のおそれのある場合は，乾式を使用する．

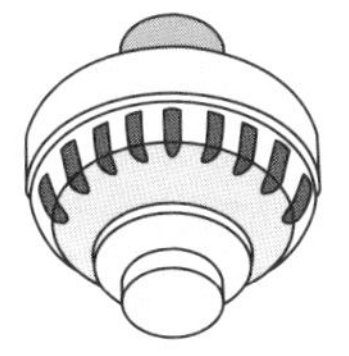

図3・10　閉鎖型スプリンクラー

［②開放型］

感熱体はなく，放水口が開口している．火災報知器との連動等により，弁が開放されて放水する．**劇場の舞台**に使用される．

［③予作動式］

感知器の作動と閉鎖型スプリンクラーヘッドの作動の**2つの作動**により放水する方式であり，閉鎖型スプリンクラーヘッドの破損等の**誤作動による放水で甚大な被害**が予想されるコンピュータ室や通信機械室等で使われる．

(4) 屋内消火栓設備

屋内消火栓設備は，火災を初期段階で消火することを目的とし，停電時でも一定時間使用できる**非常電源を附置**する．また，屋内消火栓箱の上部には，設置箇所の標示のために赤色の灯火を設ける．

［①1号消火栓］

放水量が多く，操作は2人以上で行う．

［②2号消火栓］

放水量は少ないが，操作は1人でできる．

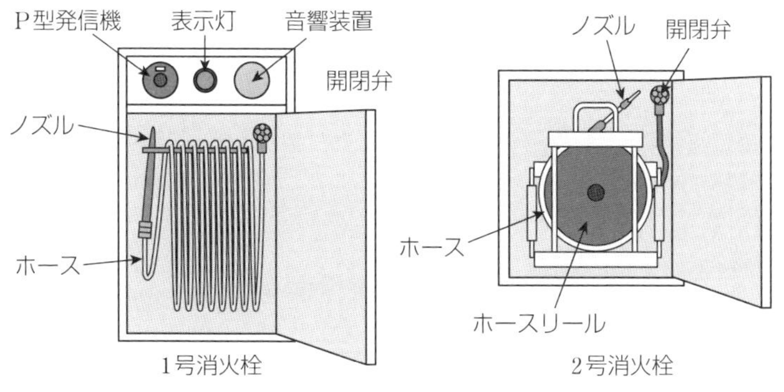

図3・11　屋内消火栓

(5) 水噴霧消火設備

水を散水する点ではスプリンクラー設備と同様であるが，違いは，散水される**水の粒が非常に細かい**という点である．火災時の熱によって急激に蒸発するときに熱を奪う**冷却効果**と，燃焼面を蒸気で覆い**酸素を遮断する窒息効果**で消火する．

(6) 泡消火設備

消火用の水に泡消火薬剤，空気を混合して燃焼面を覆う．泡が燃焼物の表面を覆うことによる**窒息効果と，水による冷却効果**で消火する．普通火災や油火災に適用する．

(7) 不活性ガス消火設備

不活性ガス消火設備の消火剤は**二酸化炭素や窒素**等があり，防護区画内に消火剤を放出し，酸素濃度を下げて消火する．水を使用することが不適切な**電気火災や油火災**等に使用される．消火剤による汚損が少なく，復旧を早急にすることが必要な施設で使用される．なお，消火剤としてハロゲン化物を用いたものを，ハロゲン化物消火設備という．

二酸化炭素消火は，普通火災には適用しない．

(8) 粉末消火設備

粉末消火設備は，噴射ヘッドまたはノズルから**粉末消火剤を放出**し，火炎の熱により，粉末消火剤が分解して発生する二酸化炭素による窒息効果により消火する．

過去問チャレンジ（章末問題）

問1　R4-後期　➡1 換気設備

換気方式に関する記述として，適当でないものはどれか．

(1)　自然換気の原動力は，建物内外空気の温度差及び風である．

(2)　第1種機械換気は，給気側と排気側にそれぞれ専用の送風機を設ける換気方式である．

(3)　第2種機械換気は，室内を正圧に保ち，排気口等から自然に室内空気を排出する．

(4)　第3種機械換気は，給気側にだけ送風機を設ける換気方式である．

解説　第3種機械換気は，排気側にだけ送風機を設ける換気方式である．

解答　(4)

問2　R1-後期　➡3 消防用設備等

消火設備に関する次の記述の〔　　〕に当てはまる語句の組合せとして，適当なものはどれか．

「泡消火設備は，油火災の消火を目的として，泡か燃焼物の表面を覆うことによる〔　ア　〕と水による〔　イ　〕により消火する設備である．」

	(ア)	(イ)
(1)	窒息効果	除去効果
(2)	窒息効果	冷却効果
(3)	冷却効果	除去効果
(4)	冷却効果	窒息効果

解説　泡消火設備は，油火災の消火を目的として，泡か燃焼物の表面を覆うことによる窒息効果と水による冷却効果により消火する設備である．

解答　(2)

土木・建築関係

1 通信土木工事

重要度★★

(1) 建設機械

建設作業とそれに用いられる建設機械は次のとおりである．

表4・1　建設機械

建設作業	建設機械
削岩(さくがん)	ハンドブレーカ，ドリフタ
掘削(くっさく)	バックホウ，ブルドーザ，クラムシェル
杭打ち(くいうち)	振動パイルハンマ，油圧ハンマ
締固め(しめかた)（土）	ランマ，タンパ，タイヤローラ，コンパクタ
締固め（コンクリート）	棒形振動機
整地(せいち)	モータグレーダ，ブルドーザ
鉄骨建て方	タワークレーン

バックホウは，機械位置より低い場所を掘削するのに適する．

(2) 地中電線路

地中埋設の電線路には，次の方式がある．

表4・2　埋設方式と特徴

埋設方式	特徴
直接埋設式	車両その他の重量物の圧力を受けるおそれがある場合，土冠は1.2m以上で他は0.6m以上．保守点検不向きである
管路式	直接埋設式に比べてケーブルに外傷を受けにくく，ケーブルの引替えが容易．土冠は0.3m以上
暗渠式(あんきょ)	多条数を布設する大規模な工事に用いられることが多い

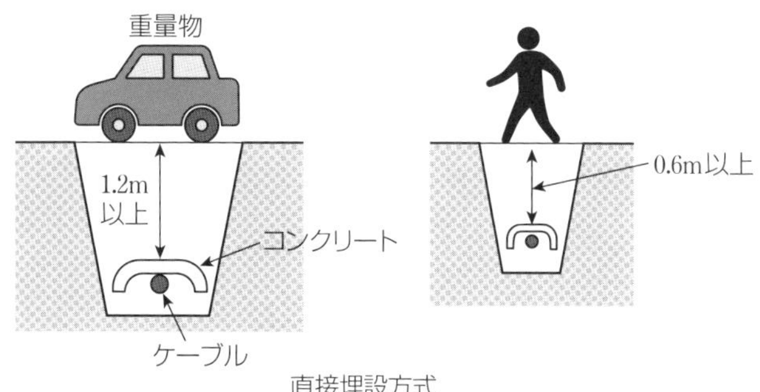

直接埋設方式

管路式　　暗渠式

図4・1　埋設方式の図

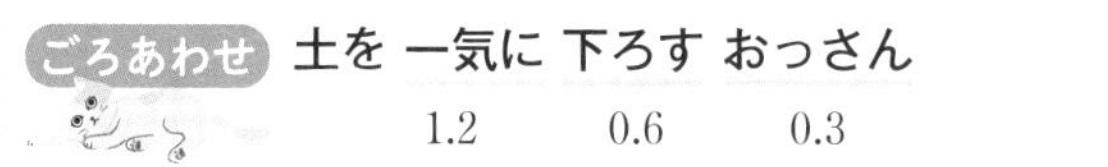

土を 一気に 下ろす おっさん
1.2　0.6　0.3

(3) 地中配線工事の留意点

①根切りに先立ち，ケーブル等の**地中埋設物がないこと**を確認する．

②掘削した**底部は，均し**て管を敷設する．

③ケーブルの敷設に支障が生じる**曲げ，蛇行等がないように**管を敷設する．

④埋戻しには，小石，砕石等を含まない**土砂で埋め戻す**．
※根切り土の中の良質土を使用するか，砂質土を使用するのがよい．

⑤ケーブルの上部に，**標識シート**（埋設シート）を施設する．

⑥管路周辺部の埋め戻し土砂は，すき間がないように**十分に突き固める**．

⑦管路の両端に高低差がある場合，**高い方のマンホールから**ケーブルを引

入れる.
※引入れ張力を小さくするため

(4) 土の粒子

粒径の大きい順に並べると，次のようになる.
礫（れき） > 砂 > シルト > 粘土

ごろあわせ 土の 歴 史 さ 知ると ねん
礫 砂 シルト 粘土

(5) 地盤

地山（現地盤）を加工すると図のようになる.
①切土（きりど）…現地盤を**切り崩す**こと.
②盛土（もりど）…現地盤上に土砂等を**盛る**こと.
③法面（のりめん）…切土や盛土によりできた**傾斜面**のこと.
④法肩（のりかた）…法面の**最上部**をいう.
⑤法尻（のりじり）…法面の**最下部**をいう.

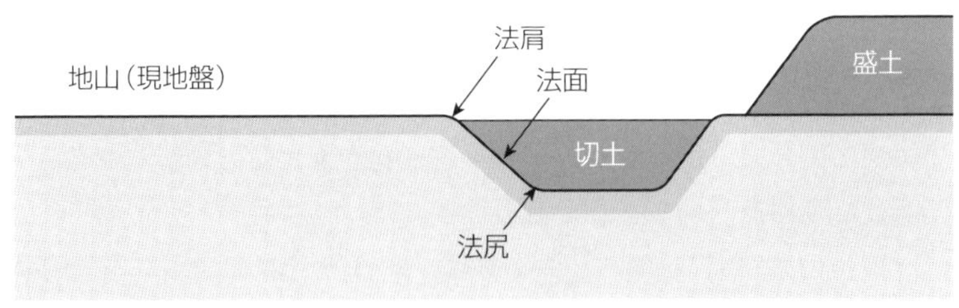

図4・2　地盤の名称

[①ヒービング※]

軟弱**粘土地盤**の掘削時，土止め壁を回り込んで**地盤を盛り上げる**現象.
※heave（ヒーブ）＝押し上げる

[②ボイリング※]

砂質地盤の掘削時，地下水位が高い場合に，水圧によって水と**砂が吹き上がる**現象．　※boil（ボイル）＝沸く

[③パイピング]

砂質地盤で，ボイリングにより地盤に空隙ができ（水道（みずみち）ができ），水が噴き出す現象．

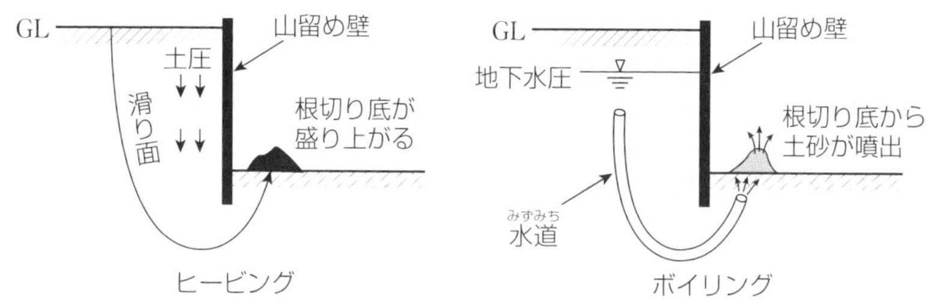

図4・3　ヒービングとボイリング

point
ヒービングは粘性土で，ボイリングは砂質土で起こる現象．

ごろあわせ
日々　粘る
ヒービング　粘性土

(6) 排水

根切底に水が溜まらないように**排水する工法**は次のとおりである．

[①釜場（かまば）工法]

掘削平面内に**ピット**（窪み）を設け，これに湧水を集めてポンプ等により外部へ排水する．

[②ディープウェル工法]

深い井戸を掘り，ポンプで地下水をくみ上げる．

[③ウェルポイント工法]

地盤面下に多数の**集水管**を埋め，地下水を吸い上げる．

(7) 山留め壁

山留め壁とは，掘削した土砂が崩落しないように，また，遮水（止水）目的で**掘削面を囲う壁**をいう．

山留め壁には，次の種類がある．

①親杭横矢板

②鋼矢板（シートパイル）

③ソイルセメント壁

④場所打ち鉄筋コンクリート壁

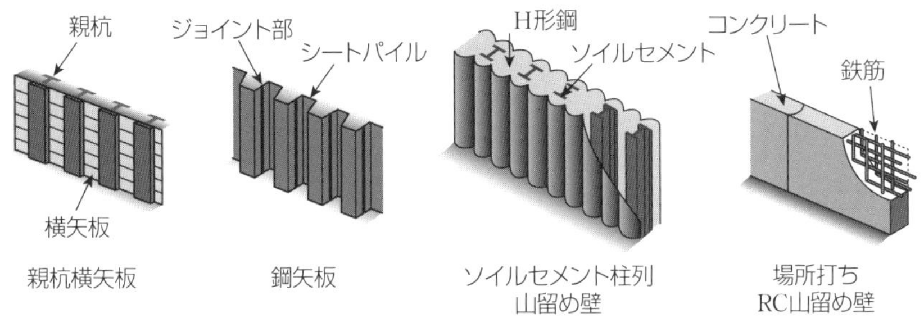

図4・4　山留め壁の種類

親杭横矢板は，横矢板間に隙間があるため遮水性は最も低い．

(8) 山留め支保工

山留め支保工とは，親杭横矢板工法等の，山留壁が倒壊しないように支えるものをいう．図は，**水平切梁工法**といわれる工法の一例である．

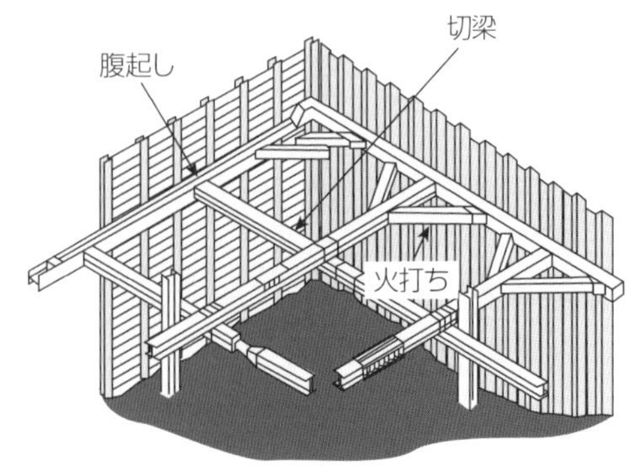

図4・5　親杭横矢板と鋼矢板の組み合わせ

(9) 送電線鉄塔

送電線鉄塔の**基礎**は次のとおりである.

①逆T字型基礎

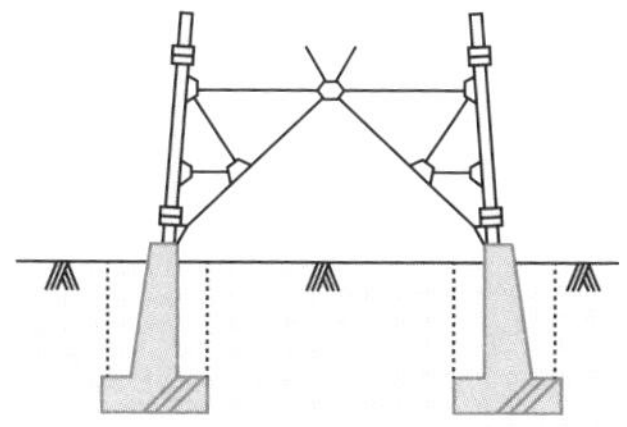

②ロックアンカー基礎

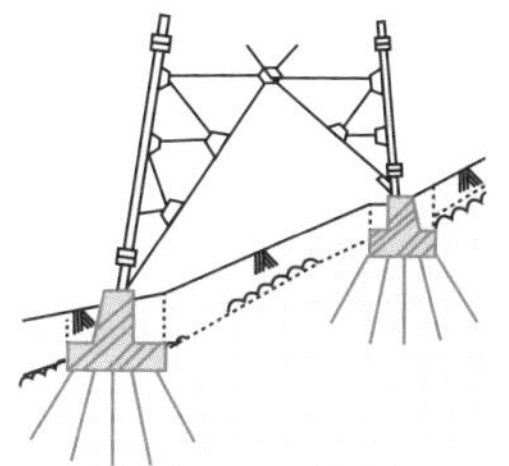

③深礎基礎

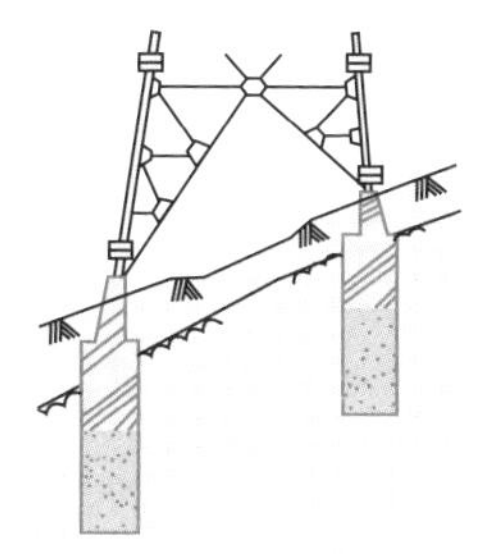

④杭基礎

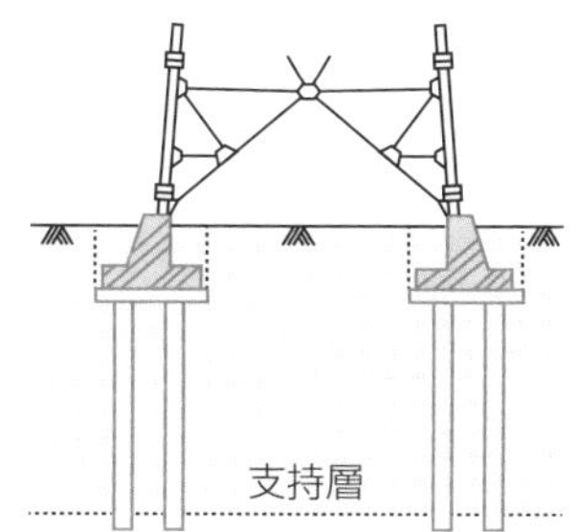

⑤井筒(いづつ)基礎

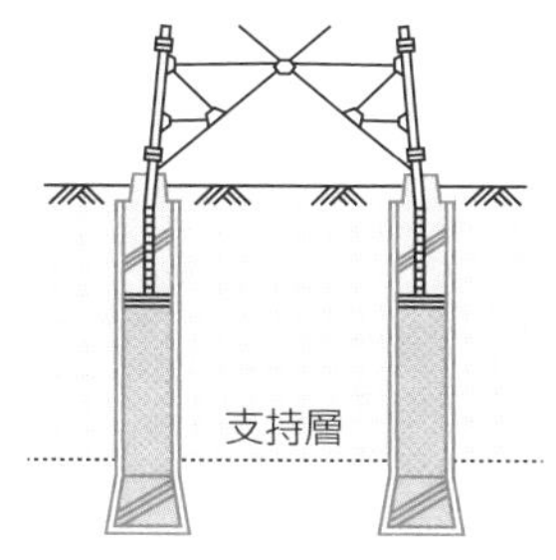

④べた基礎

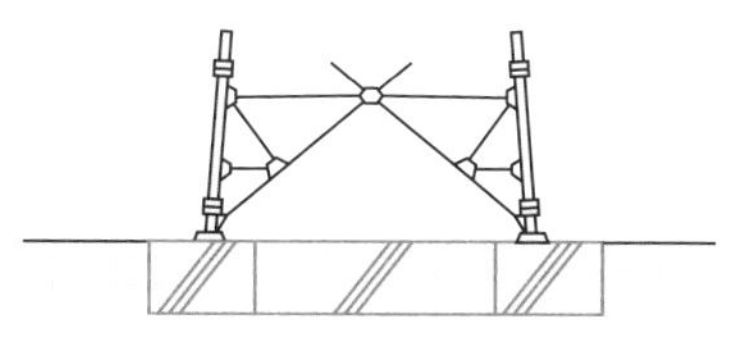

図4・6　送電線鉄塔の基礎

2 建築工事

重要度★★

(1) 建築構造

各種構造は図のとおりである．

[①ラーメン構造]

柱を鉛直方向，梁を水平方向に配置し，**接合部を強く固めた構造**である．

[②壁式構造]

板状の**壁と床を箱形に組み**，建築物とした構造である．

[③ブレース構造]

柱や梁等で構成された四角形の対角線上に，**ブレース**（斜め部材）を入れた構造である．

[④トラス構造]

三角形を基本にした構造である．

[⑤シェル構造]

大きな屋根等を，**薄い局面板**（シェル：貝殻）で作った構造である．

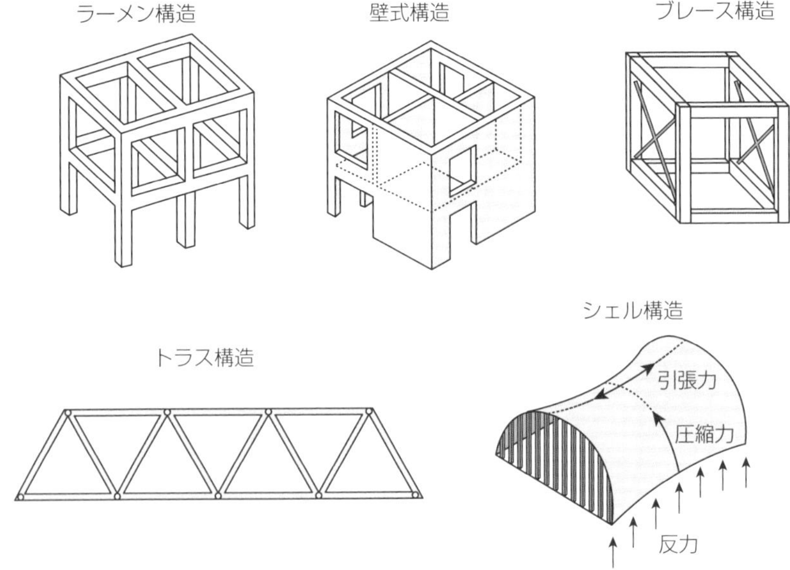

図4・7　各種構造

(2) コンクリート

コンクリートの組成は以下のとおりである.

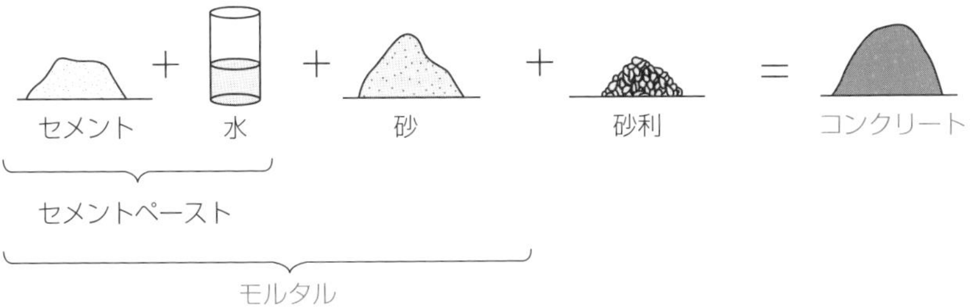

セメント ＋ 水 ＋ 砂 ＋ 砂利 ＝ コンクリート

セメントペースト（セメント＋水）

モルタル（セメント＋水＋砂）

図4・8　コンクリートの組成

モルタルに砂利を混ぜたものがコンクリートである.

コンクリートに水を混ぜると**水和熱**を発生し，固まる性質がある．コンクリート生産者がミキサー車により生コンクリート（レディーミクストコンクリートという）を運搬する場合，日本産業規格（JIS）によれば，**練混ぜ開始**から**荷卸し地点**に到着するまでの時間は**1.5時間**以内とする.

(3) 用語

[①水セメント比]

水の重さ÷セメントの重さ×100%

普通セメントは65%以下で．大きいと強度がでない.

ごろあわせ　**水攻めで**　**弱る**

水セメント比大　弱い

[②スランプ]

高さ30cmのスランプコーンに生コンクリートを入れる．上に引き上げたとき，コンクリートが崩れ落ちた値を計測する.

生コンクリートの**柔らかさ**を表すもので，その数値が大きいほど柔らかい．柔らかいコンクリートは施工性が良く，「**ワーカビリティ**が良い」と表現する．

また，フレッシュコンクリートの変形や流動に対する抵抗性のことを**コンシステンシー**という．

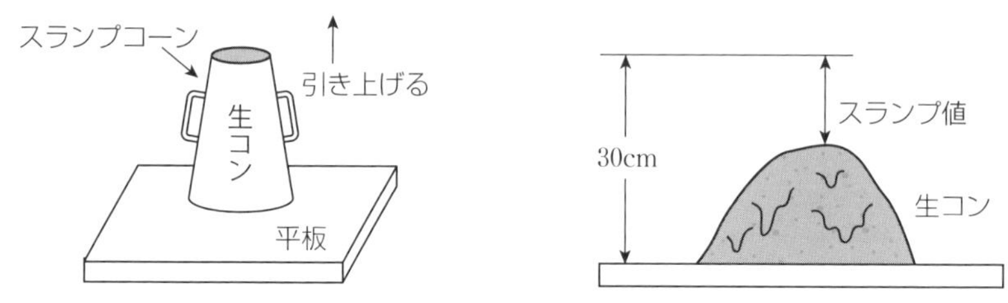

図4・9　スランプ値

［③コンクリートの中性化］

空気中の**二酸化炭素**等により，コンクリート表面から次第に**中性化**する．コンクリートは強いアルカリ性で，鉄筋の**防錆効果**があるが，中性化が進むと内部の鉄筋が保護できなくなる．

（4）鉄筋コンクリート

コンクリートの**圧縮強度は強い**が**引張強度は弱い**ので，引張力に強い鉄筋を組み合わせたものが鉄筋コンクリートである．その構造を鉄筋コンクリート構造といい，**RC※造**ともいう．

※RC：Reinforced Concrete（補強されたコンクリート）

図4・10　コンクリートと鉄筋

RC造の特徴は次のとおりである．

①コンクリートと鉄筋は**熱膨張率がほぼ同じ**で相性がよい．

②コンクリートはアルカリ性で，中の**鉄筋が錆びない**．

(5) 鉄筋

鉄筋は，その形状により次のものがある．

①丸鋼

②異形鉄筋

異形鉄筋とは，丸鋼の表面にリブや節などの**突起**を付けた鉄筋をいう．**コンクリートとの付着強度が高い**ので多く用いられる．

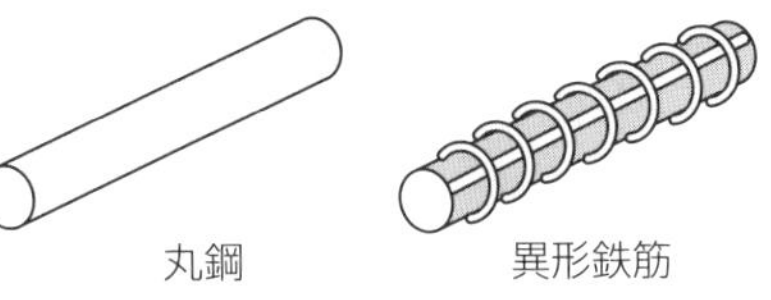

図4・11　丸鋼と異形鉄筋

異形鉄筋は表面に凹凸があるので，コンクリートとの付着性に優れる．

(6) 柱と梁（はり）

主筋を取り巻く鉄筋として次のものがある．

[①帯筋（フープ）]

柱の主筋を水平方向に巻いた鉄筋．**せん断力に耐え**，柱を補強する．

[②あばら筋（スターラップ）]

梁の主筋と垂直方向に巻いた鉄筋．**せん断力に耐え**，梁を補強する．

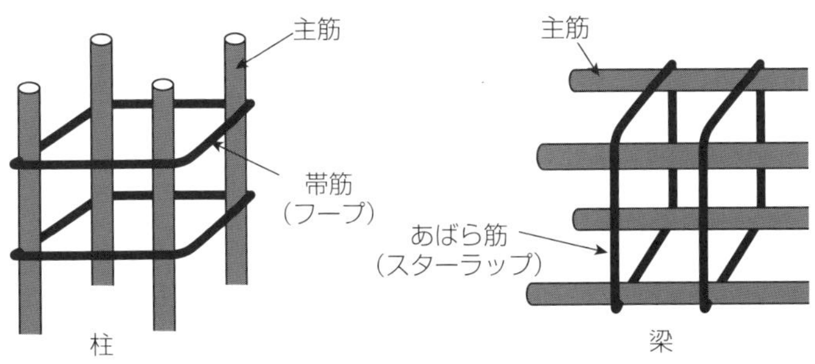

図4・12　柱と梁

(7) かぶり厚さ

鉄筋の**かぶり厚さ**とは，**一番外側にある鉄筋の表面から**コンクリート外面までの距離※をいう．十分なかぶり厚さがあれば，耐久性及び耐火性が大きい．

※主筋からの寸法ではない．

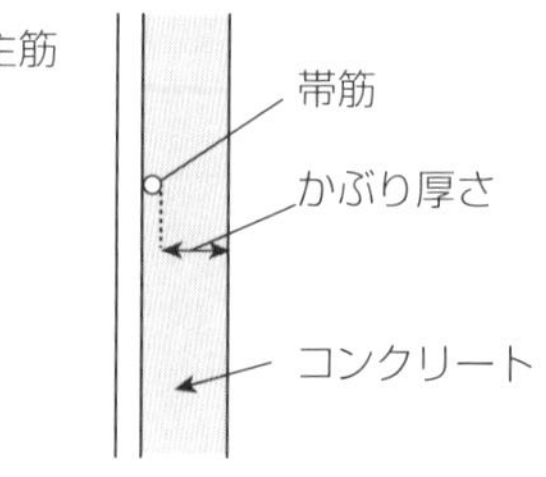

図4・13　柱のかぶり厚さ

(8) 養生

コンクリートを打設（だせつ）したら，表面を湿潤状態に保つ必要がある．

これを**湿潤養生**という．

①**適当な温度**（10～25℃）に保つ．

②直射日光に晒（さら）さない．

③振動及び荷重を加えない．

コンクリートの表面を乾燥状態にしない．

(9) 鉄骨構造

鋼材を用いた建物を鉄骨造（S造：Steel）という．

鋼材の特徴は次のとおりである．

①部材は工場で加工されるので，木造，RC造に比べて**工期は短い**．

②小さな断面で大きな**荷重に耐えられる**．

③骨組の部材断面が自由に製作でき，任意に接合できるので，さまざまな**デザインに対応しやすい**．

④**火災時は，耐力が大きく損なわれ**，変形，倒壊の危険があるので，鉄骨を**耐火被覆**（たいかひふく）する必要がある．

鉄骨は不燃材だが，そのままでは耐火構造とならない．

過去問チャレンジ（章末問題）

問1　R1-前期　⇒1 通信土木工事

地中埋設管路の施工に関する記述として，適当でないものはどれか．

(1)　掘削した底部は，掘削した状態のままで管を敷設した．
(2)　小石，砕石等を含まない土砂で埋め戻した．
(3)　管路周辺部の埋め戻し土砂は，すき間がないように十分に突き固めた．
(4)　ケーブルの布設に支障が生じる曲げ，蛇行等がないように管を敷設した．

解説　掘削した底部は，掘削した状態でなく，均して管路を敷設する．

解答　(1)

問2　R3-後期　⇒2 建築工事

コンクリートの劣化現象に関する次の記述に該当する名称として，適当なものはどれか．

「コンクリートに大気中の二酸化炭素が侵入し，セメント水和物と炭酸化反　応を起こすことによってコンクリートのアルカリ性が失われていく現象のことである．」

(1)　アルカリシリカ反応
(2)　中性化
(3)　凍害
(4)　塩害

解説　コンクリートのアルカリ性が失われていく現象は，中性化である．

解答　(2)

問3　R4-後期　➡2 建築工事

鉄筋コンクリート構造に関する記述として，適当でないものはどれか．

(1) 圧縮力に強いコンクリートと，引張力に強い鉄筋の特性を組み合わせた一体式構造である．
(2) コンクリートが中性であるため鉄筋をさびにくくしている．
(3) 熱に弱い鉄筋をコンクリートで覆うことで耐火性を持たせている．
(4) 躯体の断面が大きく材料の質量が大きいので，建築物の自重が大きくなる．

解説 コンクリートが強いアルカリ性であるため鉄筋をさびにくくしている．

解答 (2)

問4　R5-後期　➡2 建築工事

レディーミクストコンクリートに関する次の記述の［　　］の(ア)，(イ)に当てはまる語句と数値の組合せとして，「日本産業規格(JIS)」上，適当なものはどれか．

「レディーミクストコンクリートの運搬時間は，生産者が［(ア)］してから運搬車が荷卸し地点に到着するまでの時間とし，その時間は［(イ)］時間以内とする．」

	(ア)	(イ)
(1)	工場出荷	1.5
(2)	工場出荷	3
(3)	練混ぜを開始	1.5
(4)	練混ぜを開始	3

解説 レディーミクストコンクリートの運搬時間は，練混ぜを開始してからミキサー車が荷卸し地点に到着するまで1時間30分以内とする．

解答 (3)

第一次検定

施工管理法

第1章 工事施工

1 各種施工

重要度★★★

(1) 架空電線の施工

架空配線を施工するとき，特に電線のたるみの程度（**弛度**（ちど）という）に留意する．

①鉄塔に多回線を架設する場合，1径間（鉄塔間）は一定の弛度とする．

②弛度を小さくする（ぴんと張る）と電線の張力は増加する．

③電線の着氷雪の多い地方は，実態に合った荷重を考慮した弛度とする．

④電線の弛度が大きすぎると，支持物を高くする必要があり不経済である．

(2) 低圧配線工事

①600 V ビニル絶縁電線（IV）などの**絶縁電線は電線管に入れる**．

②電線管や線ぴ内で**電線の接続はしない**．**アウトレットボックス**等の箱内で接続する．

③金属管工事では，1つの回路の電線は**1本の金属管に入れる**．

④絶縁電線の**相互接続**については，次のとおりとする．

- 接続部分における電線の**電気抵抗は，増加させない**．
- 電線の引張強さを，**20%以上減少させない**．
- 接続部分に**接続管**（スリーブなど）を使用する．
- 接続部分をその部分の絶縁電線の絶縁物と**同等以上の絶縁効力**のあるもので十分に被覆する．

ごろあわせ

てこ	でも 動かぬ	強い仁王
抵抗	増やさない	強度20%

(3) 低圧ケーブル工事

①低圧ケーブルを造営材の下面に沿って**水平に取り付ける場合**，そのケーブルの**支持点間隔は2m以下**とする．

②低圧ケーブルと通信用メタルケーブルを**同一のケーブルラック**に敷設する場合，それらを**接触させない**ように固定する．

③低圧ケーブルを垂直のケーブルラックに敷設する場合は，特定の子げたに**重量が集中しないように固定**する．

④屈曲箇所では，低圧ケーブルの**曲げ半径**（内側の半径とする）を，そのケーブルの仕上り外径の**6倍以上**とし，単心ケーブルでは8倍以上にする．

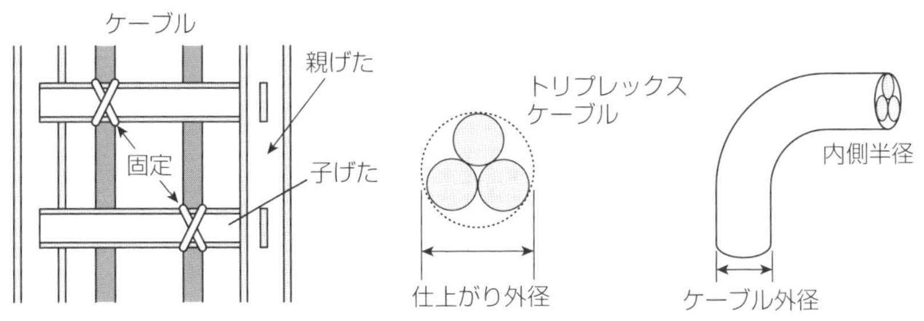

図1・1　ケーブルの固定と曲げ

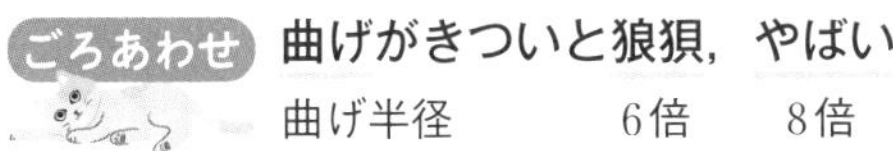

曲げがきついと狼狽，やばい
曲げ半径　6倍　8倍

(4) 光ファイバケーブルの施工

①ケーブルドラムからケーブルを引き出す際は，平坦な場所に設置した**ドラムの上側**から繰り出す．

②けん引ロープを光ファイバケーブルに取り付けるときは，**より返し金物**を介する．

③鋼線のテンションメンバは，**接地を施す**．

④**融着接続**は，2つの心線を一体化する方法であり，加熱溶融には，**アーク放電**による方法が一般的に使われている．

⑤屋外での接続には**メカニカルクロージャ**（単にクロージャともいう）を用いると作業性・信頼性・保守性などに優れているため一般的に用いられている.

⑥マンホールなどの地下環境においては，**水密性を重視したクロージャ**を使用し，水密性が確保されているかどうかの気密試験を行う.

⑥**敷設時**（延線時）許容曲げ半径は，仕上がり外径の**20倍以内**とする.

⑦**固定時**の許容曲げ半径は，仕上がり外径の**10倍以内**とする.

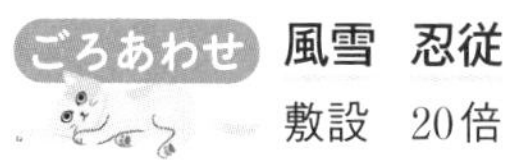

風雪　忍従
敷設　20倍

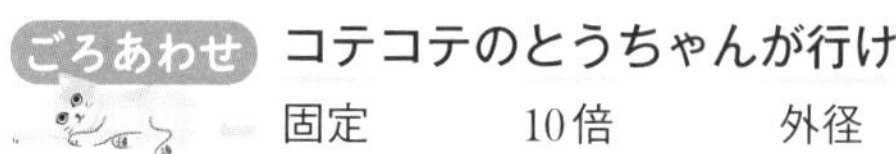

コテコテのとうちゃんが行け
固定　10倍　外径

(5) UTPケーブルの施工

①導通試験器等の試験器を使って，**ワイヤマップ**※**を確認**する.
※ワイヤマップは，ケーブルの先端をコネクタに接続する際の配置をいう.

②UTPケーブルの成端作業時の対の**より戻し長は，最小**とする.

③端子盤，機器収納ラック等の端末処理はすべての対を成端する.

④UTPケーブルの**結束**は，外被が変形するほど強く締め付けない.

⑤UTPケーブルの成端には，**8P8C（RJ-45）規格のコネクタ**を使用する.

UTPはメカニカルスプライス接続ではない.

(6) アンカーボルト

アンカーボルトは，機器を基礎コンクリート上に設置するときに使用するボルトである.

表1・1　アンカーボルトの施工

種　類	施工上の留意点
埋込アンカー	基礎コンクリート**打設と同時**
箱抜きアンカー	基礎コンクリート打設時は**箱抜き**し，位置決定後にモルタルで詰める
後（あと）施工アンカー	基礎コンクリート打設後，**ドリルで穴をあけて**設置する

(7) ハンドホール工事

①掘削幅は，ハンドホールの施工が可能な**最小幅**とする．

②舗装の切り取りは，**コンクリートカッタ**により，周囲に損傷を与えないようにする．

③所定の深さまで掘削した後，石や突起物を取り除き，**底を突き固める**．

④掘削土を全て埋め戻すのではなく，**30 cm程度ずつ**埋め戻して締め固める．

掘削土はすべてを一度に埋め戻さない．

(8) 地中埋設管路

FEP（波付硬質ポリエチレン管）の地中埋設管路の施工の留意点は次のとおりである．

①地中配管終了後，管路径に合った**マンドリル**を取り付けたテストケーブルにより通過試験を行い，管路の状態を確認する．

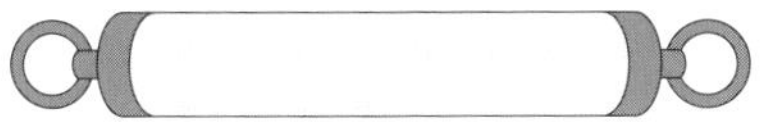

図1・2　マンドリル

②FEPの接続部では，FEP管に挿入されている双方の**パイロットワイヤ**（呼び線）を接続する．

③ハンドホールの壁面にFEPを取り付ける場合は，壁面の孔とFEPとの隙間に**モルタル**を充填する．

管路には，管頂と地表面（舗装がある場合は舗装下面）のほぼ中間に**埋設表示シート**を連続して施設する．防食テープではないので注意．

過去問チャレンジ（章末問題）

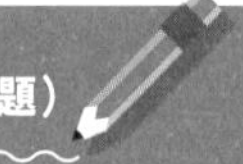

問1　R1-後期　⇒1 各種施工

ハンドホールの工事に関する記述として，適当でないものはどれか．

(1)　掘削幅は，ハンドホールの施工が可能な最小幅とする．

(2)　舗装の切り取りは，コンクリートカッタにより，周囲に損傷を与えないようにする．

(3)　所定の深さまで掘削した後，石や突起物を取り除き，底を突き固める．

(4)　ハンドホールに通信管を接続した後，掘削土を全て埋め戻してから，締め固める．

解説　掘削土を全て埋め戻してではなく，30cm程度ずつ埋め戻して締め固める．

解答　(4)

問2　R3-後期　⇒1 各種施工

光ファイバケーブルの地中管路内配線に関する記述として，適当でないものはどれか．

(1)　光ファイバケーブルを地中管路に敷設する前に，管路の清掃とテストケーブルによる通過試験を行う．

(2)　けん引ロープを光ファイバケーブルに取り付けるときは，より返し金物を介して取り付ける．

(3)　光ファイバケーブルの接続部分をクロージャに収納し，クロージャのスリーブを取り付けた後，クロージャの気密試験を行わずにクロージャをハンドホールに固定する．

(4)　光ファイバケーブルの引張り端は，防水処置を施す．

解説　クロージャの気密試験を行う．

解答　(3)

問3　R3-後期　⇒1 各種施工

UTPケーブルの施工に関する記述として，適当でないものはどれか．

(1)　UTPケーブルに過度の外圧が加わらないように固定する．
(2)　UTPケーブルの成端作業時，対のより戻し長は最小とする．
(3)　許容張力を超える張力を加えないように敷設する．
(4)　UTPケーブルを曲げる場合，その曲げ半径は許容曲げ半径より小さくなるようにする．

解説　曲げ半径は許容曲げ半径より大きくなるようにする．

解答　(4)

問4　R5-前期　⇒1 各種施工

光ファイバケーブルの施工に関する記述として，適当でないものはどれか．

(1)　ハンドホール内での光ファイバケーブルや接続部は，地震などの災害時の移動等に対して過大な張力や外圧が加わらないよう施工する．
(2)　ケーブルドラムから光ファイバケーブルを繰り出す際は，ドラムを平坦な場所に設置しドラムの下側から繰り出す．
(3)　光ファイバケーブルを地中管路に敷設する場合は，引入れに先立ち管路の清掃とテストケーブルによる通過試験を行う．
(4)　けん引ロープを光ファイバケーブルに取り付けるときは，より返し金物を介して取り付ける．

解説　ケーブルドラムから光ファイバケーブルを繰り出す際は，ドラムを平坦な場所に設置しドラムの上側から繰り出す．

解答　(2)

施工計画

1 施工計画書

重要度★★★

施工計画とは，受注した工事に対して適正な品質管理，安全管理等を行い，工期内に完成させるための計画をいう．

施工計画書は，工事着手前に工事目的物を完成するために必要な手順や工法等について記載したものである．

(1) 施工計画書の種類

施工計画書は，大別すると**総合施工計画書**と**工種別施工計画書**がある．

総合施工計画書は，工事の着手に先立ち，**工事全体の計画**をまとめたものである．仮設工事から，検査，引き渡し，火災予防計画，安全管理など**工事にかかわる全般を記載**する．他業種との**詳細な取り合い等の記載は要しない**．

具体的な記載事項として，次のものがある．

①現場施工体制表

②総合仮設計画

③計画工程表

④施工管理計画

⑤主要資材　ほか

機器承諾図，機器製作図は着工後に必要となるものであり，施工計画書に記載すべき内容ではない．

また，原価管理を行うために作成する**実行予算書**は会社の内部資料であり，施工計画書には**記載しない**．

工事の内容に応じた安全教育及び安全訓練等の具体的な計画も記載する．

一方，工種別施工計画書は，工事の**工種ごとに詳しく記載**したものであるが，すべての工種について記載しなくともよい．

(2) 計画の手順

施工計画は次の手順で作成する．

［① 契約条件の確認］

施工計画書作成前に，契約書（設計図，仕様書等）に目を通し，**工事内容を把握**する．

公共工事では，**現場説明書**や**質問回答書**も設計図書であり，その確認も非常に重要である．

［② 現場条件の確認］

地勢，地質や気象等の自然条件や現場周辺状況等について，できるだけ工事経験豊富な複数人で**現地調査**を行う．

施工計画書は工事着工前に発注者に提出し，承諾を得る．変更した場合も同様である．

公共工事において，監督職員（監督員）から指示された事項については，**さらに詳細な施工計画書**を提出する．

(3) 計画上の留意点

①他の現場でも使用できる共通的な内容としない．
　その現場に即した仮設計画，資機材の搬入計画，施工方法，安全管理，養生等を検討する．

②**新工法**，**新技術**，特殊な工法等を調査する．

③個人の考えや技術水準だけで計画せず，企業内の関係組織を活用して**全社的な技術水準**で検討する．

④複数の代替案を作成し，それらを比較検討して選定する．

⑤発注者側と十分協議してその意図を理解して計画する．

2 仮設・搬入計画

仮設計画，搬入計画とも総合的な施工計画書に記載すべき事項である．

(1) 仮設計画

仮設計画の良否は，工程その他の計画に影響を及ぼし，工事の品質に影響を与える．仮設計画は，契約書及び設計図書に特別の定めがある場合を除き，請負者がその責任において定める．

仮設物は，設置，維持管理，撤去，後片付けまで含み，**労働安全衛生法**に基づき強度計算，安全率等を考慮して設置する．仮設物の材料は，使用後は他の工事に転用してもよい．

記載する主な内容は次のとおりである．

①仮囲い，現場小屋，資材置場等の**仮設物の配置と大きさ**

②資材加工，機材搬入**スペース等**

③電力，電話，給水，ガスの**引き込み**

④**火災予防，盗難防止**

仮設建物は，工事の進捗に伴う移転の多い場所には配置しない．

仮設計画には，火災予防や盗難予防の対策を含む．

(2) 搬入計画

資機材の品質を損なうことなく，また，公衆災害等を発生させないよう**安全に運び入れる**計画である．

次の点に留意する．

①機器の大きさと重量

②搬入揚重機（ようじゅうき）の選定

③搬入口の位置と大きさ

④運搬車両の駐車位置と待機場所

⑤作業に必要な有資格者

3 書類の届出

重要度★★★

(1) 届出書類と提出先

おもな届出書類，報告書類等の提出先は表のとおりである．

表2・1　届出書類と提出先

届出及び報告書類等	提出先
道路**使用許可**申請書	所轄警察署長
道路**占用許可**申請書 特殊車両通行許可申請書	道路管理者
高層建築物等予定工事届（電波法）	総務大臣
無線局免許申請書	総務大臣
航空障害灯（60m以上）	航空局長
労働者死傷病報告	労働基準監督署長
機械等設置届	労働基準監督署長
確認申請書	建築主事又は指定確認検査機関
自家用電気工作物使用開始届書・**保安規程**	経済産業大臣又は経済産業局長
工事整備対象**設備**等着工届※1	消防長または消防署長
消防用設備等設置届	消防長または消防署長
特定建設作業※2	市町村長

※1消防用設備等の着工届のこと．

※2騒音規制法及び振動規制法に定める，著しい騒音・振動を発生する作業．

誘導灯，消火器，防火水槽，無線通信補助設備等は，甲種消防設備士でなくても設置できるので，着工届は不要．

過去問チャレンジ（章末問題）

問1　R1-前期　⇒1 施工計画書

工事目的物を完成させるために必要な手順や工法を示した施工計画書に記載するものとして，最も関係のないものはどれか．

(1) 計画工程表
(2) 主要資材
(3) 施工管理計画
(4) 機器製作設計図

解説 機器製作設計図は，工事着工後に必要となるものである

解答 (4)

問2　R1-後期　⇒1 施工計画書

公共工事における施工計画作成時の留意事項等に関する記述として，適当でないものはどれか．

(1) 工事着手前に工事目的物を完成するために必要な手順や工法等について，施工計画書に記載しなければならない．
(2) 特記仕様書は，共通仕様書より優先するので両仕様書を対比検討して，施工方法等を決定しなければならない．
(3) 施工計画書の内容に重要な変更が生じた場合には，施工後速やかに変更に関する事項について，変更施工計画書を提出しなければならない．
(4) 施工計画書を提出した際，監督職員から指示された事項については，さらに詳細な施工計画書を提出しなければならない．

解説 施工計画書の内容に重要な変更が生じた場合には，施工後ではなく，施工前に変更施工計画書を提出する．

解答 (3)

問3　R4-後期　⇒1 施工計画書

施工計画策定段階で事前に行う現地調査に関するものとして，適当でないものはどれか．

(1)　施工上不利な自然条件の調査
(2)　賃金又は物価の変動に基づく請負代金の変更の調査
(3)　近隣環境の調査
(4)　現場搬入路の調査

解説　賃金又は物価の変動に基づく請負代金の変更の調査は，現地調査で行う内容ではない．

解答　(2)

問4　R5-前期　⇒1 施工計画書

施工計画の立案に関する次の記述の〔　　〕の（ア）～（エ）に当てはまる語句の組合わせとして，適当なものはどれか．

・作業計画では，予定された工程や仕様書に示された〔（ア）〕，工事現場の諸条件などを考慮し，各作業の最適な〔（イ）〕と使用機械の組合わせを決定し，どのようにこれらを配置して作業するか計画する．
・設計図書から工事量を的確に把握し，使用する機械・設備・人などの1日あたりの〔（ウ）〕を算出し，これをもとに定められた工期や〔（エ）〕に従い各工種の時期を決定して工程計画を立案する．

	（ア）	（イ）	（ウ）	（エ）
(1)	支払条件	資金調達	作業量	安全管理組織
(2)	支払条件	施工法	実行予算	施工順序
(3)	品質	資金調達	実行予算	安全管理組織
(4)	品質	施工法	作業量	施工順序

解説　（ア）仕様書に示されるのは品質である．（イ）最適な施工法を決定する．（ウ）1日あたりの作業量を算出する．（エ）工期や施工順序に従い各工種の時期を決定する．

解答　(4)

問5 R4-前期

⇒3 書類の届出

法令に基づく申請書等とその提出先の組合せとして，誤っているものはどれか．

	（申請書等）	（提出先）
(1)	道路法に基づく「道路占用許可申請書」	所轄警察署長
(2)	電波法に基づく「高層建築物等予定工事届」	総務大臣
(3)	道路法に基づく「特殊車両通行許可申請書」	道路管理者
(4)	労働安全衛生法に基づく「労働者死傷病報告」	所轄労働基準監督署長

解説　道路占用許可申請書は，道路管理者に提出する．

解答　(1)

問6 R5-後期

⇒3 書類の届出

法令に基づく申請書等とその提出先の組合せとして，正しいものはどれか．

	（申請書等）	（提出先）
(1)	労働安全衛生法に基づく「機械等設置届」	所轄労働基準監督署長
(2)	道路法に基づく「特殊車両通行許可申請書」	所轄警察署長
(3)	電波法に基づく「無線局免許申請書」	都道府県知事
(4)	消防法に基づく「工事整備対象設備等着工届出書」	市町村長

解説　(2)道路法に基づく「特殊車両通行許可申請書」は，道路管理者に提出する．

(3)電波法に基づく「無線局免許申請書」は，総務大臣に提出する．

(4)消防法に基づく「工事整備対象設備等着工届出書」は，消防庁または消防署長に提出する．

解答　(1)

工程管理

1 工程管理の方法

重要度★★

工程管理は，実際に進行している工事が工程計画のとおりに進行するように調整をはかることである．

工程の進行状況は作業員に周知徹底させ，作業能率を高めるように努力させる．

(1) 手　順

①一般的に，全体工程計画をもとに月間工程が最初に計画され，その月の週間工程が順次計画される．**全体計画→月間計画→週間計画**（P：Plan）

②作業の**実施**（D：Do）

③計画した工程と**進捗の比較**（C：Check）

④工程計画の**是正処置**（A：Act）

このP→D→C→Aを**デミングサークル**といい，AからPに戻って繰りかえす．

PLAN（計画）
P
DO（実施）
D
C
CHECK（評価）
A
ACT（改善）

図3・1　PDCA

なお，計画にあたっては，主要機器の製作承認期間，製作期間を十分考慮し，屋外工事の工程は，天候不順等を考慮して**余裕をもたせる**．

工程管理は，その他の管理（品質管理，原価管理等）と関連を持たせながら行う．

(2) 進捗度曲線

進捗度曲線は，工期と出来高の関係を示した図である．

一般に，作業の進捗（進み具合）は，横軸に工期，縦軸に出来高をとると**S字曲線**になる．工期初めと終盤は出来高が上がらない．

S字曲線が，上方許容限界曲線と下方許容限界曲線の中に入るように工程管理する必要がある．この2本の曲線を**バナナ曲線**という．

常に進捗状況を把握して，計画と実施とのずれを早期に発見し是正する必要がある．

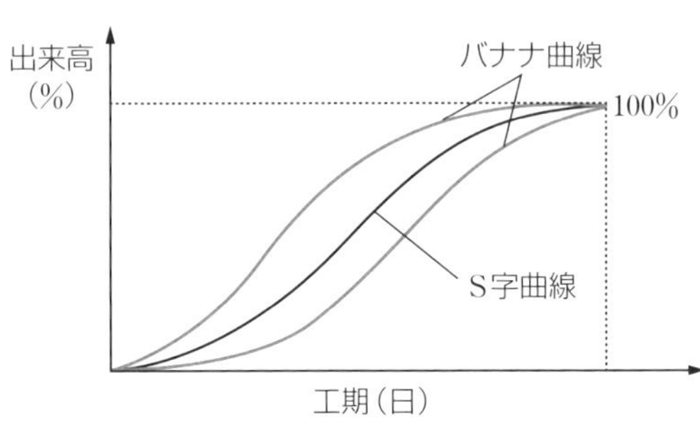

図3・2　S字曲線とバナナ曲線

バナナ曲線は工事着工前に想定した曲線．

(3) 経済速度

工程速度を上げると出来高が増え，原価は安くなるが，極端に速めると**突貫工事**の状態となり，原価は逆に高くなる．それに移行する境目あたりが最も経済的な速度となる．

直接費（機械器具費，材料費，労務費等）と**間接費**（共通仮設費，経費等）は，一般的に図のような曲線で，両者を合計したものが**総費用**である．これが**最小となる施工速度を経済速度**（**最適工期**）という．

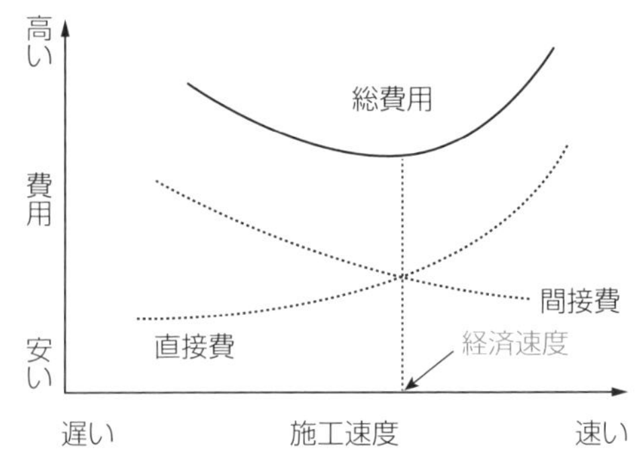

図3・3　経済速度

施工速度を上げすぎると突貫工事となり費用はかさむ.

(4) 採算速度と利益図表

[①固定原価]

現場事務所経費, 足場損料, 建設用機械等, 施工出来高の大小によらずかかる費用をいう.

[②変動原価]

材料費, **労務費**等, 施工出来高にほぼ比例してかかる費用をいう.

[③工事原価]

①固定原価 + ②変動原価

図においては, $y=x$ の直線と工事原価の直線が交わった点が**損益分岐点**である.

それより出来高が増えると利益となり, その分岐点が**採算速度**となる.

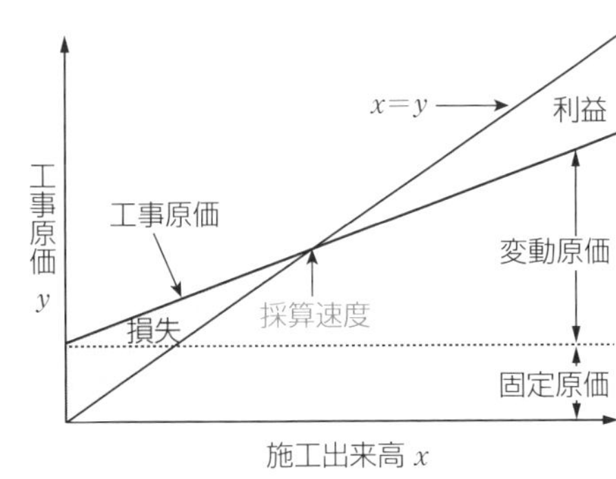

図3・4　採算速度

施工出来高が損益分岐点を超えると利益が出る.

(5) 留意点

電気通信工事の工程管理に関する留意点は, 次のとおりである.

①**月間工程表**で工事の進捗を管理し, **週間工程表**で詳細に検討及び調整を行う.

②常に**クリティカルな工程** (遅れの許されない工程) を把握し, 重点的に管理する.

③施工速度を上げるほど, 一般に品質は低下しやすい.

V 第3章 工程管理

クリティカルな工程のみを管理するのではない.

2 工程表の種類 重要度★★★

(1) バーチャート

縦軸に作業名，横軸に月日をとった工程表で**横線工程表**ともいう.

【特徴】

- 作成，修正が**簡単**である.
- 所要**日数と作業の関係**がわかりやすい.
- **計画と実績**が比較しやすい.
  ※計画の下に赤線で実績を記入する.
- **作業間の関連性**がつかみにくい.

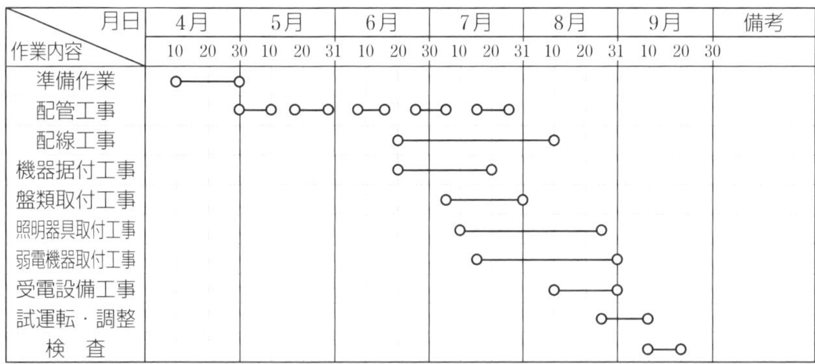

図3・5　バーチャート

(2) ガントチャート

縦軸に作業名，横軸に達成度（出来高）をとった工程表である．進行状態を棒グラフで表す.

【特徴】

- 各作業の**現時点での達成度**がわかる.
- 工事全体からみて，進捗状況がわからない.
- 全体の所要時間がつかめない.

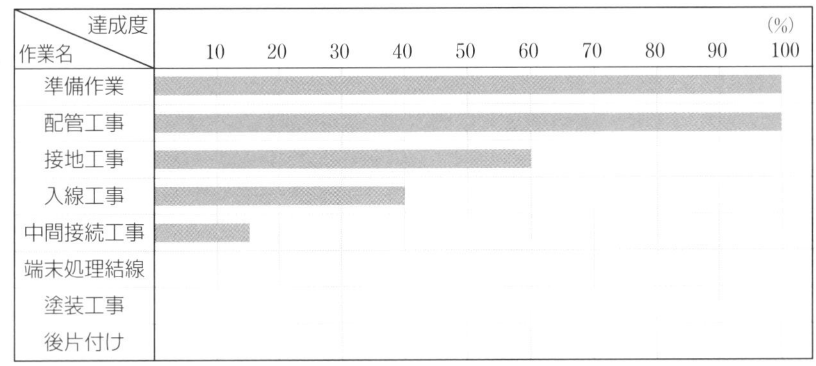

図3・6　ガントチャート

(3) ネットワーク工程表

全体工事のなかで，各作業の相互関係を表したものである.

→と○などを使ったフロー（流れ）の工程表．**アロー形ネットワーク**が代表的である.

①**クリティカルパス**（最長時間）を求めることができ，重点管理項目の予測ができる.

②作成，修正が難しく，熟練を要する.

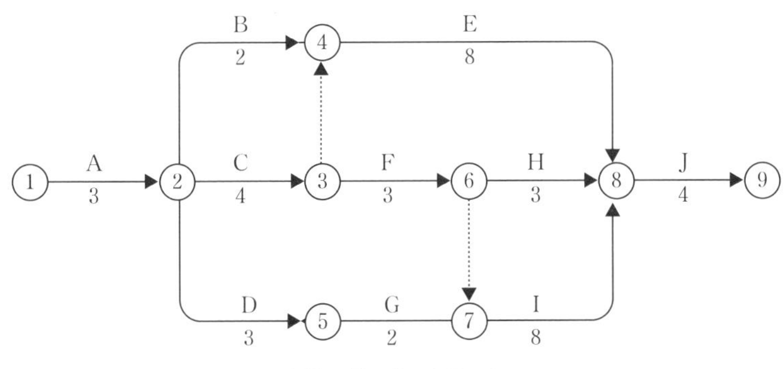

図3・7　ネットワーク

(4) タクト工程表

フローチャートを階段状に積上げた工程表.

①共同住宅，高層事務所ビル等，**各階繰り返しの間取りの建物**に適している.

②ほかの作業との関連性がわかりやすい.

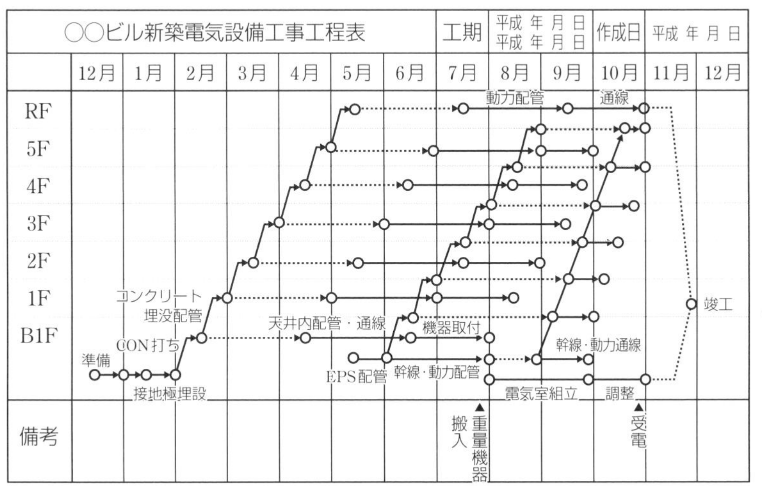

図3・8　タクト工程表

(5) グラフ式工程表

グラフ式工程表は，工種ごとの工程を**斜線で表した**ものである.

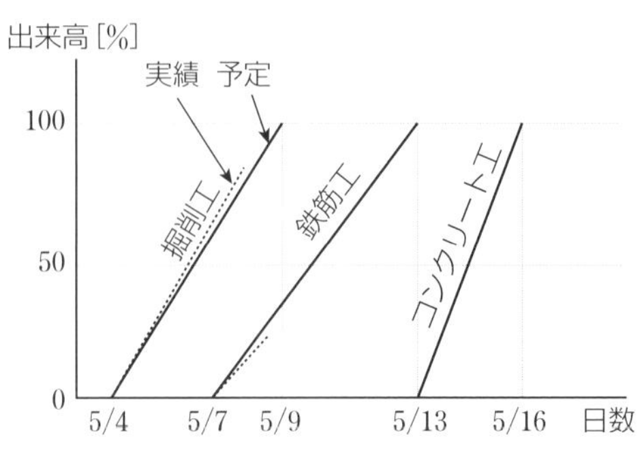

図3・9　グラフ式工程表

(6) 工程表の比較

おもな工程表の比較表は次のとおりである.

表3・1　工程表の比較

項目	バーチャート	ガントチャート	ネットワーク
作業手順	△	×	○
作業日数	○	×	○
進行状況	△	△	○
作成の難易	○	○	×

×：不明，困難　△：漠然　○：判明，容易

ガントチャートの進行状況は，工種ごとにはわかるが全体は不明.

3　アローネットワーク工程表　重要度★★★

(1) 基本用語

[①作業（アクティビティ）]

作業の流れを表す**矢印**のこと．作業内容は矢印の上に表示し，作業時間（日数）は矢印の下に表示する．矢印の方向は進行方向を表す.

通線作業

3

[②結合点（イベント）]

作業の**開始点**，**終了点**を表す.

○の中に番号を入れる（イベント番号）

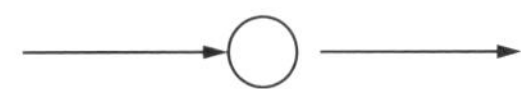

[③ダミー]

点線の矢印で表記する．実際に作業はなく，**作業の前後関係のみ**表す.

【例】A及びBが終わらないとCができない.

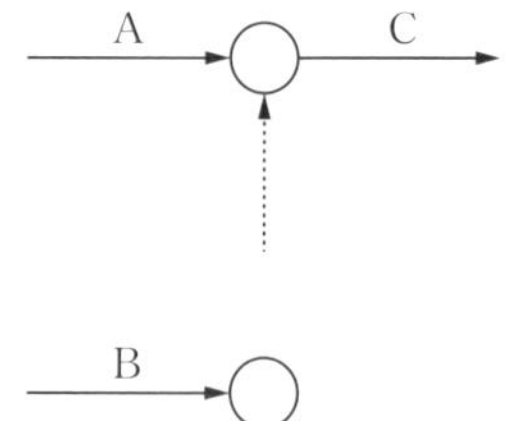

［④時　刻］

- 最遅(さいち)開始時刻(LST：Latest(遅くとも)　Start(開始する)　Time(時刻))

  A作業を，遅くとも開始しなければならない時刻．②－Aの作業日数．
- 最遅完了時刻(LFT：Latest(遅くとも)　Finish(終わる)　Time(時刻))

  A作業を，遅くとも完了しなければならない時刻．
- 最早(さいそう)開始時刻(EST：Earliest(最も早く)　Start(開始する)　Time(時刻))

  B作業を，最も早く開始できる時刻．
- 最早完了時刻(EFT：Earliest(最も早く)　Finish(終わる)　Time(時刻))

  B作業を，最も早く完了できる時刻．　③＋Bの作業日数

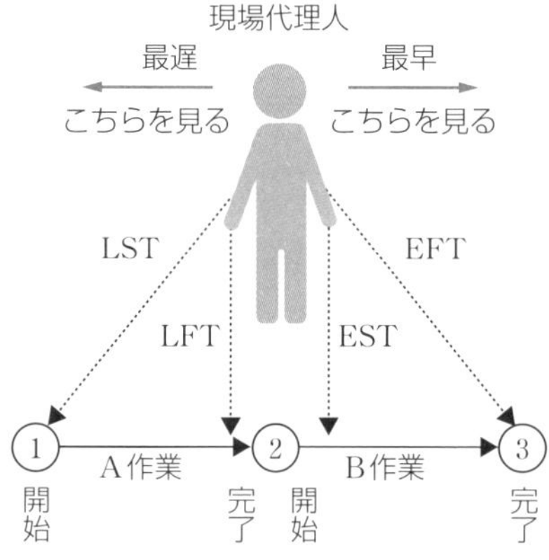

図3・10　時刻の表し方

point

現場代理人の足元の時刻(ESTとLFTが重要)
「最早○○」は，次の作業に視点をおく．「最遅○○」は，前の作業に視点をおく．

[⑤フロート（余裕時間）]

- フリーフロート

　ある作業内で**自由に使える**余裕時間．後続する作業の最早開始時刻に影響しない．つまり，すべて使い切っても後続作業を最早開始時刻で開始できる．

- ディペンデントフロート

　使用すると，後続作業を最早開始時刻では開始できないが，**最遅開始時刻には間に合う**．

- トータルフロート

　フリーとディペンデントの**合計**．最大余裕時間をいう．

[⑥クリティカルパス]

　余裕時間がまったくない作業をつなげたもの．それら作業を合計したものが所要工期となる．最も長くかかる工程である．

クリティカルパスは，1本以上ある．

V 第3章 工程管理

(2) 基本ルール

①結合点間の矢印は1本

①──A──→③ はよい．

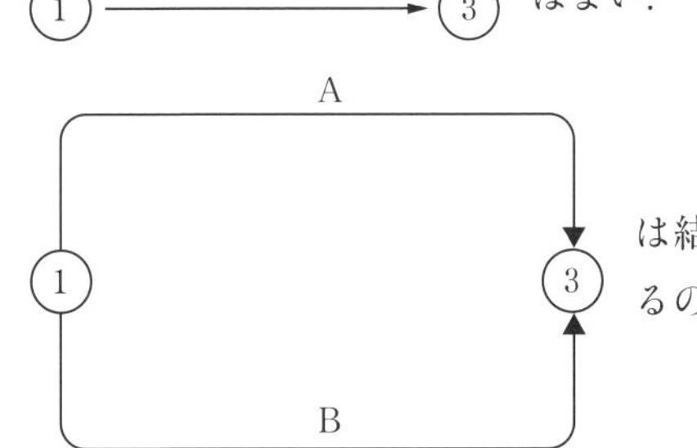

は結合点間に2本の矢印（作業）があるので不可．

この場合，次のようにダミーを用いて表記する．

4つのどのパターンでもよい．

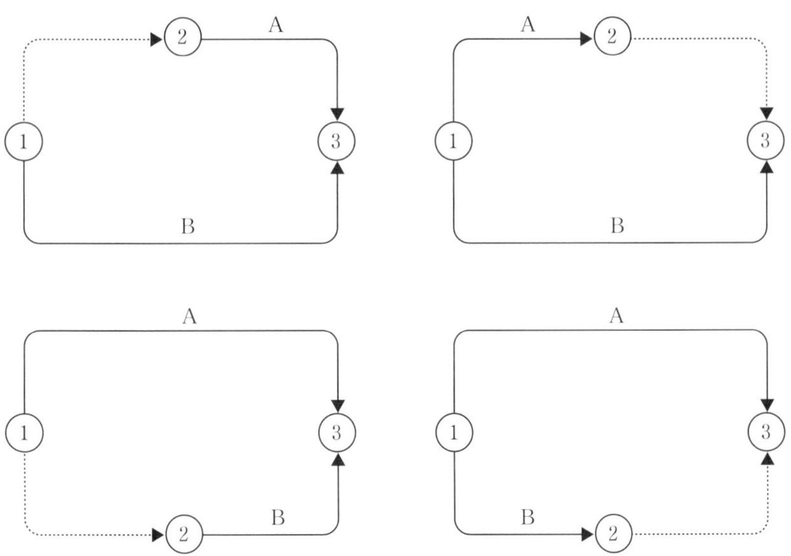

②1つの結合点に始まり，1つの結合点で終わる.

③先行作業と後続作業

先行作業が終われば後続作業ができる.

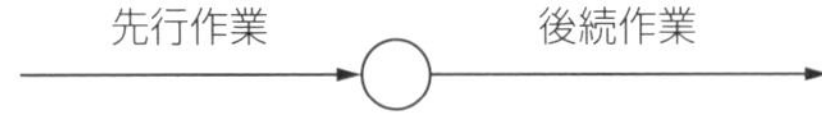

【例】A，B，Cが終わればDが開始できる.

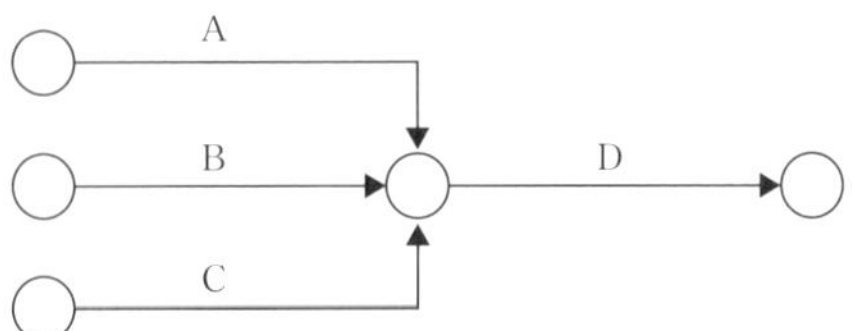

【例】開始の条件に注意.

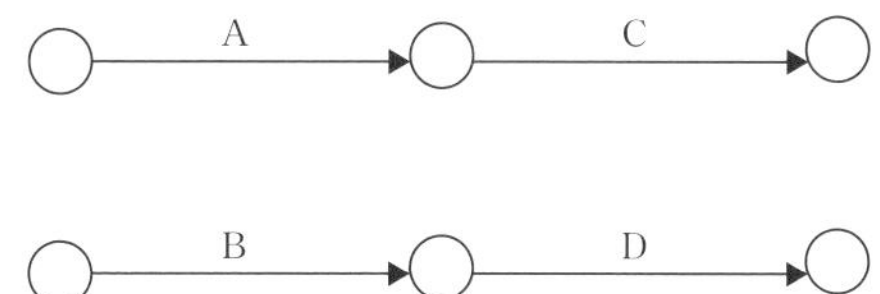

Aが終わればCは開始できる．Bが終わればDは開始できる．

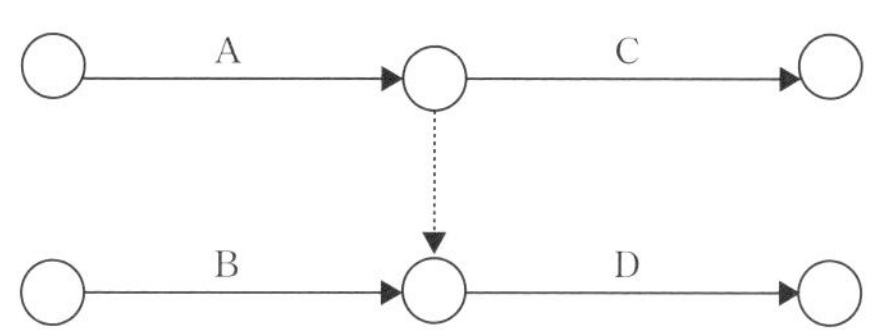

Aが終わればCは開始できる．Bが終わっているだけでは，Dは開始できない．AとBが終わってから，Dが開始できる．

(3) 最早開始時刻（EST）の決め方

ESTとは，後続する作業を**最も早く開始できる時刻**のことをいう．
図のようなネットワークの場合，ESTはイベント番号の上に記入する．

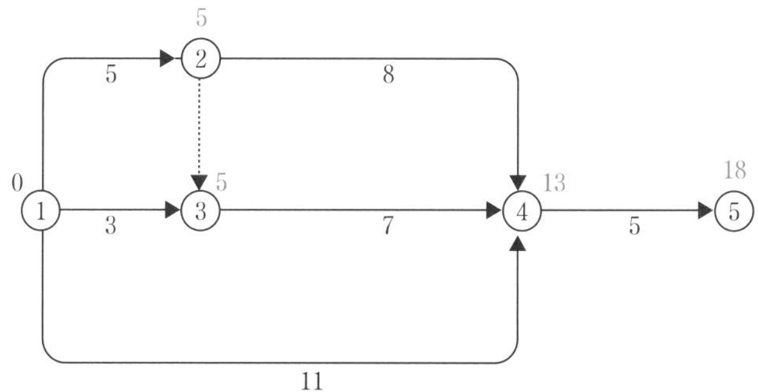

図3・11　最早開始時刻

【手順】

- スタートは0なので，①の上に0を記入する．
- ②については，①→②に5日かかるので，②の上に5を記入する．
- ③へは，①→③と②→③（①→②→③）の2通りあり，それぞれについて日数を計算する.
①→③は3日，②→③はダミーで0だが，③に移るには①→②→③の日数を必要とするので，5日かかる．5＞3で，大きい方の数を記入.
(3日では①→②の作業が終わらず，次の作業に移ることができない)

- ④については，流入する矢印が3本あり，②→④，③→④，①→④のそれぞれについて考える.
②→④は　5+8=13
③→④は　5+7=12
①→④は　　　11
従って，④の上に13を記入.
- ⑤については，入る矢印が1本で，13 + 5 = 18を記入.
18がこの工程の所要日数である．**クリティカルパスは①→②→④→⑤**.
ESTを求めるとき，採用したルートに○印を付け，それをつないでいったものがクリティカルパスである.

ESTは，イベントに流入する矢印が複数あるとき，最も大きい数をとる.

エステ は 大 入り
EST 大きい数 流入

過去問チャレンジ（章末問題）

問1　R2-後期　⇒1 工程管理の方法

工程管理に関する記述として，適当でないものはどれか．

(1)　工程計画は，所定の工期内に，所定の品質で，経済的に施工できるように作成する．

(2)　工程管理にあたっては，実施工程が工程計画よりも遅れるように管理することが望ましい．

(3)　工程計画と実施工程の間に生じた差は，労務・機械・資材・作業日数など，あらゆる方面から検討する必要がある．

(4)　工程管理にあたっては，工程の進行状況を全作業員に周知徹底させ，作業能率を高めるように努力させることが重要である．

解説　実施工程が工程計画よりも少し進んでいる方がよい．

解答　(2)

問2　R3-後期　⇒1 工程管理の方法

工程管理に関する記述として，適当でないものはどれか．

(1)　工程管理は，計画→実施→検討→処置の手順で行われる．

(2)　工程管理にあたっては，工程の進行状況を全作業員に周知徹底させ，作業能率を高めるように努力させることが重要である．

(3)　工程管理にあたっては，実施工程の進捗が工程計画よりも，やや上まわる程度に管理することが望ましい．

(4)　工程管理は所定の工期内に工事を完成させることであり，そのためには品質やコストを無視してよい．

解説　工程管理は，品質やコストにも留意しながら所定の工期内に工事を完成させる．

解答　(4)

問3　R1-前期

➡3 アローネットワーク工程表

下図のネットワーク工程表のクリティカルパスにおける所要日数として，適当なものはどれか．

(1)　19日

(2)　20日

(3)　21日

(4)　22日

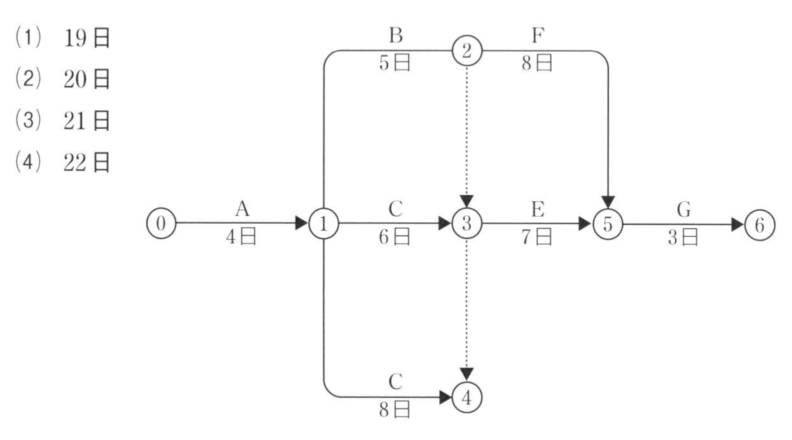

解説　最早開始時刻を計算すると図のようになり，所要日数は22日である．

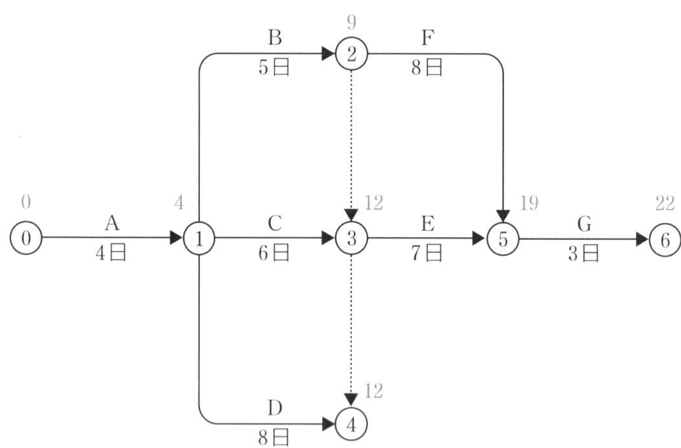

解答　(4)

第4章 品質管理

1 品質管理の用語と検査 重要度★★

(1) 全数検査

全数検査は，すべてのものについて行う品質，性能等の検査をいう．次に該当する場合は，全数検査を行う．

①不良品の混入が，人身事故等**重大な損失をまねくおそれ**があるとき．
②品質水準に達しておらず，**不良品が多い**とき．
③安い検査費で**大きな成果**が得られるとき．

(2) 抜取検査

抜取検査は，製品の中から**一定数を抜き取って行う検査**をいう．合格ロットの中にある程度の不良品が含まれても許容される．

point

本来，全数検査が望ましいものでも，破壊検査となる場合は抜取検査とする．

2 品質管理の手法 重要度★★★

品質管理を効果的に行う主な道具（ツール）は次のとおりである．

(1) 管理図

データをプロットした点を直線で結んだ**折れ線グラフ**に，異常を知るための中心線や上方，下方管理限界線を記入したもの．

①異常な**バラツキの早期発見**が可能

②**データの時間的変化**がわかる

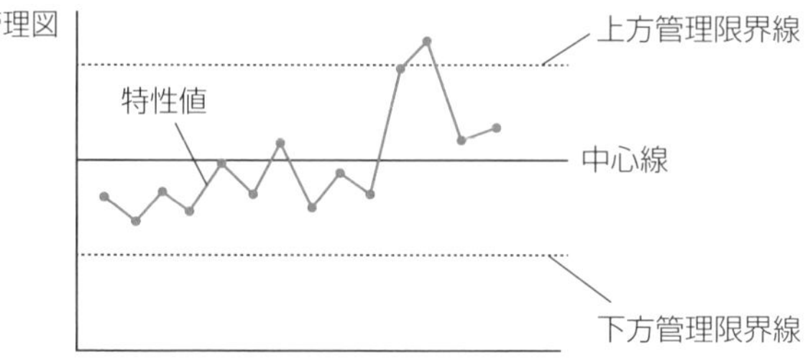

図4・1　管理図

管理状態（＝安定状態）にあるといえる条件
① 点がすべて上・下の管理限界線の中にあること
② 点の並び方にくせがないこと

(2) 特性要因図

特性（結果）と，それに影響を与える**要因（原因）**との関係を一目でわかるように，体系的に整理した図で，「**魚の骨**」と呼ばれている．

①要因同士の**結びつき**がわかる

②**ブレーンストーミング**の形をとりやすい

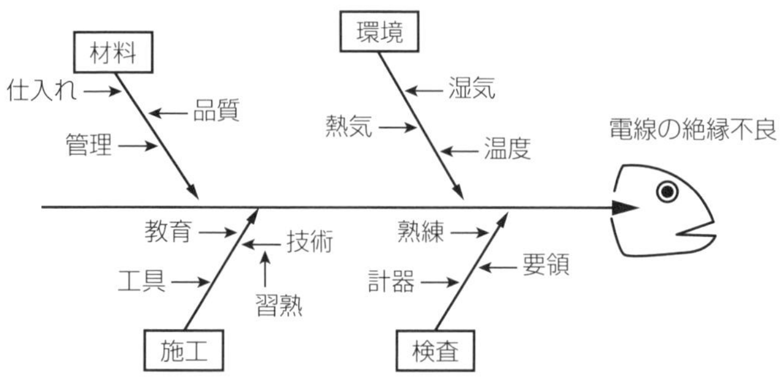

図4・2　特性要因図

(3) ヒストグラム

データをいくつかの区間に分け，その中の度数を縦軸にとった**柱状図**をいう．

①データの**分布状態**がわかる

②規格や**標準値からのずれ**がわかる

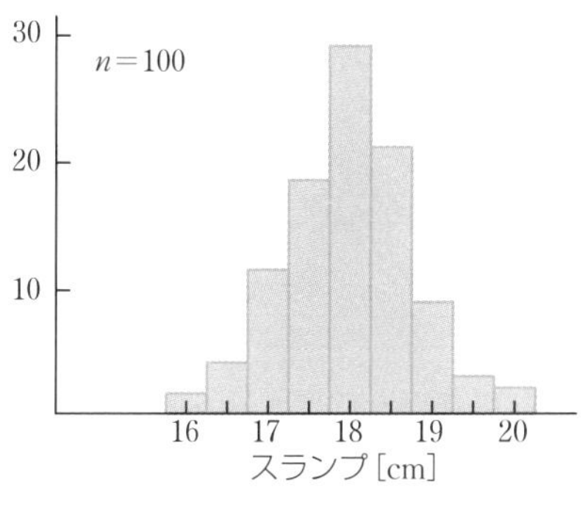

図4・3　ヒストグラム

(4) パレート図

不良品，故障等の発生個数を原因別に分類し，**大きい順に並べて**その大きさを**棒グラフ**とし，さらに順次累積した**折れ線グラフ**で表した図である．

①**不良項目の順位**がわかる

②対策前，後のパレート図を比較し，効果を確認できる

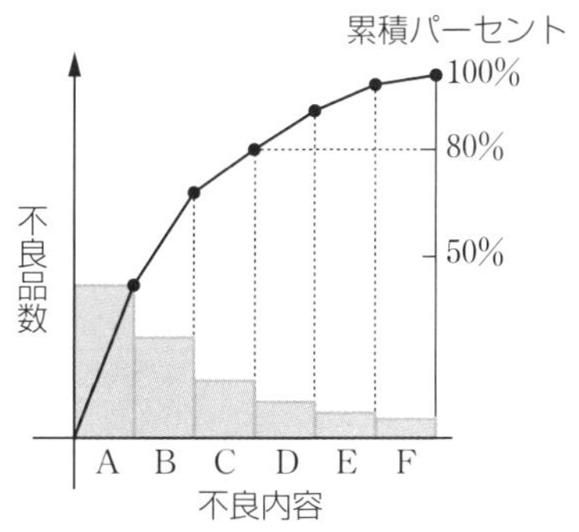

図4・4　パレート図

(5) 散布図

2つの対になったデータを縦軸と横軸にとり，点をグラフにプロットした図である．

①対応する2つのデータの関連性の有無がわかる

②関連がある場合，片方のデータの処理対策がわかる

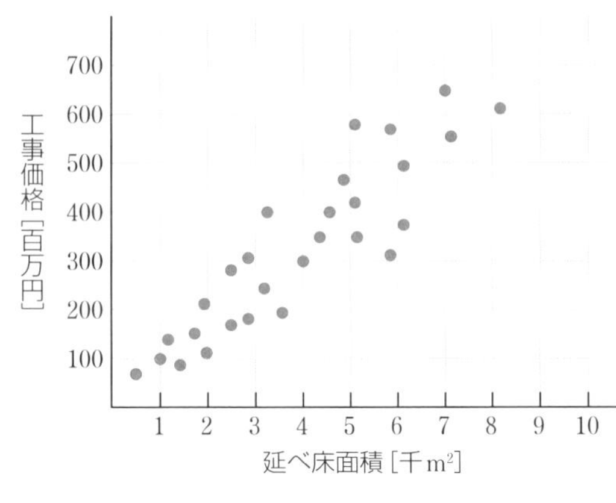

図4・5　散布図

3 試験　重要度★★★

(1) 測定器

電気通信工事の完成検査で使用する測定器と使用目的は表のとおりである．

表4・1　測定器

測定器	使用目的
絶縁抵抗計	回路の絶縁状態の確認
接地抵抗計	接地抵抗値の測定
回路計（テスタ・デジタルマルチメータ）	低圧回路の電圧値の測定ほか
検相器	三相動力回路の相順の確認
検電器	充電の有無の確認
クランプメータ	電流の測定
BER※1測定器・符号誤り率測定器	受信ビットとエラーのビットを計測
SWR※2計	伝送線路の定在波比測定
スペクトラムアナライザ	周波数成分の大きさの分布を調べる
オシロスコープ	電気信号の時間的変化を観測する
周波数カウンタ	交流信号の周波数測定
OTDR	光パルスの試験に使用される

※1 BER：Bit Error Ratio

※2 SWR：Standing Wave Ratio

(2) 絶縁抵抗測定

絶縁抵抗とは，電線を被覆する絶縁材（塩化ビニル等）の抵抗のことで，この値が大きいほど絶縁性能がよい．絶縁抵抗値は，**電気設備技術基準**に次のように定められている．

表4・2　絶縁抵抗値

使用電圧		絶縁抵抗値
300V以下	対地電圧150V以下	0.1MΩ以上
	その他	0.2MΩ以上
300Vを超える		0.4MΩ以上

電気通信設備令によれば，光ファイバを除く屋内配線の絶縁抵抗は，1MΩ以上でなければならない．

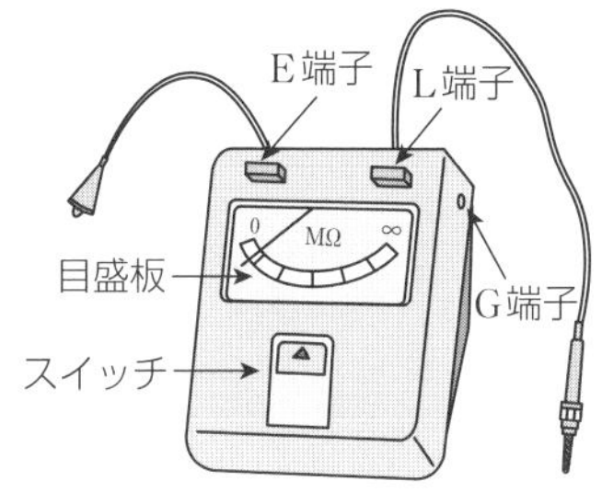

図4・6　絶縁抵抗計

(3) 接地抵抗の測定

表4・3　接地工事の種類

種類	接地抵抗値
A種	10〔Ω〕以下
B種	$R=K/I$　K：一般にK＝150　I：変圧器の高圧，特別高圧側の1線地絡電流（Kは高圧遮断する装置の動作時間により，300,600）
C種	10〔Ω〕以下（低圧電路において，地気を生じた場合，0.5秒以内に自動的に遮断する装置を施設したときは，500〔Ω〕以下）
D種	100〔Ω〕以下（低圧電路において，地気を生じた場合，0.5秒以内に自動的に遮断する装置を施設したときは，500〔Ω〕以下）

接地抵抗は，電気設備の技術基準に次のように定められている．

また，接地抵抗の測定は図4・7のようにする．

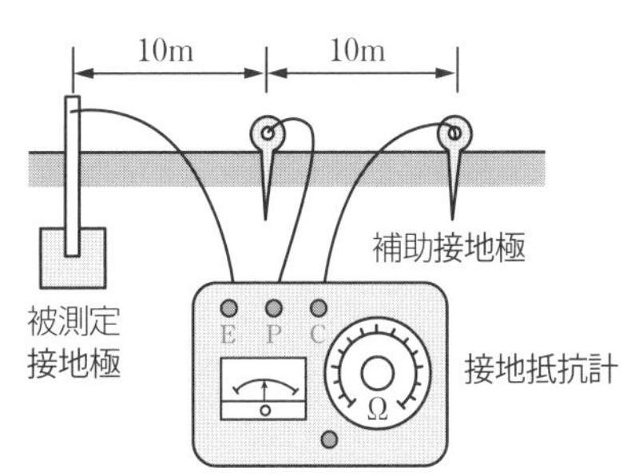

図4・7　接地抵抗の測定

Ｅ－Ｐ－Ｃの順に配置することが重要.

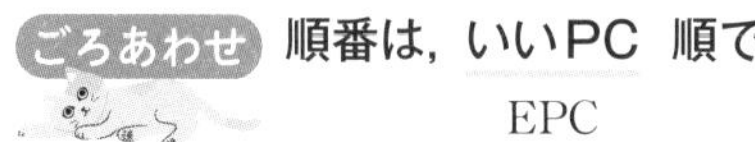

順番は，いいPC 順で
EPC

(4) 光ファイバの試験

OTDR法は，光ファイバの片端から光パルスを入射し，その光パルスが光ファイバ中で反射して返ってくる光の強度から光ファイバの**損失を測定**する方法で，光ファイバの片端から測定できる.

(5) 工場立会検査

特注品の工場立会検査には，**基本的には現場代理人が立ち会い**，次のような方法で検査をする.

なお，**メーカの標準品**については，工場立会検査を実施しなくてもよい.

①検査員は，検査の実施に先立ち**関係者と協議**し，検査項目，検査方法及び判定基準を決定する.

②製作者が事前に行った社内検査の**試験成績書をもとに検査**を行ってよい.

③検査に使用する測定機器は，校正成績書などにより**トレーサビリティ**※**がとれたもの**を使用する.

※トレーサビリティとは，測定機器の校正記録をいう.

④**検査員**は，指摘事項（手直し改善事項）がある場合は，改善個所，内容，手直し期日，確認の方法等を記載した**書類を作成する**．検査結果がすべて合格の場合には，検査記録に「指摘事項なし」等と記録する.

工場検査の際，現場代理人は必ず立会わなければならないものではない.

過去問チャレンジ（章末問題）

問1　R2-後期　➡2 品質管理の手法

品質管理の手法に関する次の記述に該当する名称として，適当なものはどれか．

「データの存在する範囲をいくつかの区間に分け，それぞれの区間に入るデータの数を度数として高さに表した図.」

(1)　パレート図
(2)　ヒストグラム
(3)　特性要因図
(4)　散布図

解説　いくつかの区間に分け，それぞれの区間に入るデータの数を度数として高さに表した図は，ヒストグラムである．

解答　(2)

問2　R4-後期　➡2 品質管理の手法

品質管理に用いる図表のうち，不適合，クレームなどを，その現象や原因別に分類してデータをとり，不適合品数や手直し件数などの多い順に並べて，その大きさを棒グラフで表わし，累積曲線で結んだ下図の名称として，適当なものはどれか．

(1)　散布図
(2)　パレート図
(3)　特性要因図
(4)　管理図

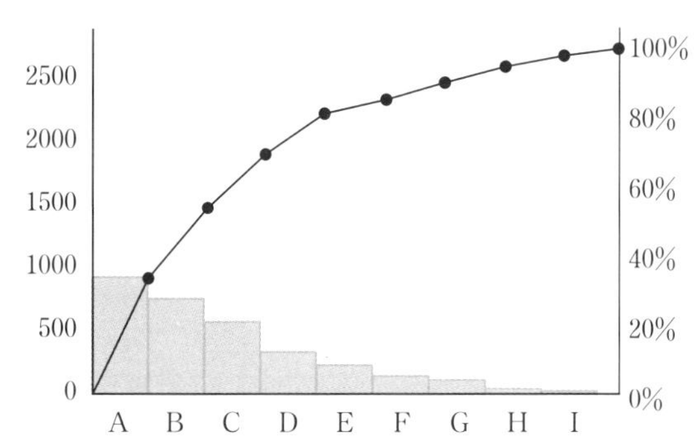

V 第4章 品質管理

解説 棒グラフと累積曲線は，パレート図である．

解答 (2)

問3 **R4-後期** ➡3 試験

測定器に関する次の記述に該当する測定器の名称として，適当なものはどれか．

「電気信号の時間的変化を観測する測定器であり，直流から高周波までの電圧や周期，時間，位相差などを，波形として表示し測定することができる．」

(1) オシロスコープ
(2) スペクトラムアナライザ
(3) OTDR
(4) 回路計

解説 波形として表示し測定することができるのは，オシロスコープである．

解答 (1)

第5章 安全管理

1 安全衛生活動

重要度★★

全産業のうち，建設業の労働人口は1割に満たないが，労働災害による死亡者数は約1/3を占める．このうち，**高所作業による墜落災害**が最も多く，他に建設機械，クレーン等による事故，建設材料等の落下事故等がある．

これらの事故を防止するため，**安全管理が重要**となる．

(1) 安全の用語

［①安全施工サイクル］

安全朝礼から始まり，安全ミーティング，安全巡回，工程打合せ，片付けまでの**1日の活動サイクル**のこと．

［②リスクアセスメント］

現場に潜在する危険性又は有害性を洗い出し，それによるリスクを見積もり，その**大きいものから優先してリスクを除去，低減**する手法．

［③重大災害］

一度に3人以上の労働者が業務上死傷した災害をいう．事業者は，重大災害として，**労働基準監督署**に速やかに報告しなければならない．

指差呼称は，意識のレベルを上げて緊張感，集中力を高める効果がある．

(2) 安全衛生の活動

［①ヒヤリ・ハット運動］

建設現場で怪我にならずにすんだが，ひやりとした，はっとしたことを取り上げて，その原因を取り除く活動をいう．

また，**ハインリッヒの法則**によれば，1人の重傷災害が発生する陰には，29人の軽傷災害があり，さらに表に出ない300の**潜在災害**がある．

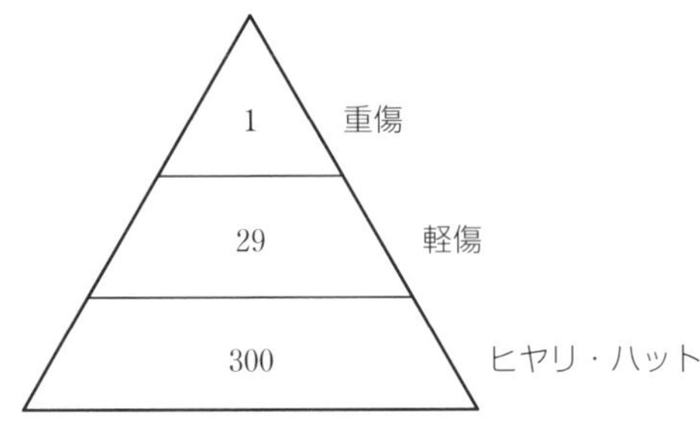

図5・1　ハインリッヒの法則

[②オアシス運動]

「オハヨウ」，「アリガトウ」，「シツレイシマス」，「スミマセン」の頭文字をとって名付けられた．声掛けをし，**コミュニケーションを図る**ことによって，現場の安全活動に役立てる運動をいう．

[③TBM（ツール・ボックス・ミーティング）：Tool Box Meeting]

作業開始前の短い時間を使って，道具箱（ツールボックス）のそばに集まった仕事仲間が，**安全作業について話し合い**（ミーティング）をすることをいう．アメリカの風習を取り入れたもので，安全常会ともいう．

[④KYTとKYK]

- KYT＝危険予知トレーニング．
- KYK＝危険予知活動．

職場や**作業の中にひそむ危険要因**や，自ら作り出そうとしている危険要因を，イラストや実際に作業をして見せながら，職場小集団で話し合う安全についての訓練がKYT，それを作業に活かすのがKYKである．

[⑤4S運動]

安全の基本となる，**「整理」**，**「整頓」**，**「清潔」**，**「清掃」**の頭文字をとったもの．作業場所を常にこの4つの状態に保ち，快適で安全な職場環境を作る活動をいう．

2 安全衛生教育と作業

重要度★★★

(1) 雇い入れ時の教育

事業者は，次の場合，当該労働者に**安全衛生教育**を行わなければならない．

①労働者を**雇い入れ**たとき

②労働者の**作業内容を変更**したとき

③**有害な業務**につかせるとき

危険または有害な業務に就かせるときは，**特別の教育**を行う．また，**雇い入れ時の教育内容**は次のとおりである．

- 作業開始時の**点検**に関すること．
- **作業手順**に関すること．
- **整理，整頓**および**清潔の保持**に関すること．
- 事故時等における**応急措置及び退避**に関すること．

(2) 職長教育

事業者は，新たに職務に就く**職長に対し**，次の安全衛生教育を行わなければならない．

①作業方法の決定及び**労働者の配置**に関すること．

②労働者に対する**指導又は監督**の方法に関すること．

③**異常時等における措置**に関すること．

(3) 高所作業

高さ2m以上の高所作業においては次の点に留意する．

①**作業床**を設ける．**幅は40cm以上**とし，床材の**隙間は3cm以下**とする．ただし，**つり足場**では，作業床に**隙間がない**ようにする．

ごろあわせ　愉快 な 幅寄せ が 好きさ
床　幅40cm　すき間　3cm

V 第5章 安全管理

②床材と**建地**（たてじ）※との**隙間は12cm未満**とする．

※建地とは，足場で使用される垂直材（柱）をいう．

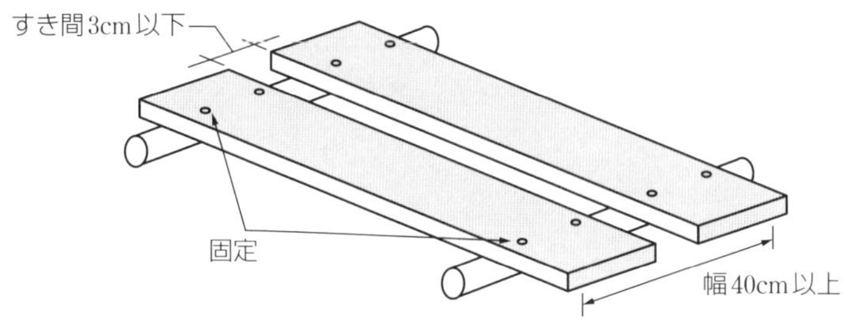

図5・2　作業床

③作業床の**手すりの高さは85cm以上**とし，中間部に**中さん**を設ける．

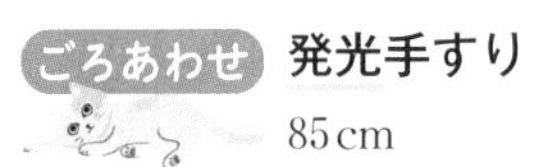

発光手すり

85cm

④安全に作業を行うことができる**照度を確保**する．

⑤**墜落制止用器具**を安全に取り付けるための設備等を設ける．

⑥強風，大雨，大雪等**悪天候**により危険が予想される時は**作業を中止**する．

強風，大雨，大雪等悪天候により危険が予想される時は，墜落制止用器具をしても不可．

（4）玉掛け作業

巻上げの際，ワイヤロープが十分張ったときに**一度停め**，吊り荷のバランス等の安全を確かめる．

玉掛け用ワイヤロープの留意点は次のとおりである．

①玉掛け用ワイヤロープは，**フック**や両端に**アイ**（輪）を備えているものを使用する．

②ワイヤロープが**キンク**（よじれ）しているものは使用しない．

③使用する日の**作業前**に，玉掛け用ワイヤロープの異常の有無について点検する．

④クレーンのフック部で，玉掛け用**ワイヤロープが重ならないよう**にする．

(5) 酸素欠乏危険作業

酸素欠乏とは，空気中の酸素濃度が**18％未満**の状態をいう．なお，空気中には約21％の酸素があるので，作業環境としては，極力，この数値に近づけるようにする．

酸素濃度が低い場所での作業の留意点は次のとおりである．

①酸素欠乏危険場所における作業では，事業者は**酸素欠乏危険作業主任者**を選任する．

②酸素欠乏のおそれがないことを確認するまでの間，その場所に特に指名した者以外の者が**立ち入ることを禁止**し，かつ，その旨を見やすい箇所に表示する．

③酸素欠乏危険場所における空気中の**酸素濃度測定は，作業開始前**に行う．

④酸素欠乏危険作業を行う場所において酸素欠乏のおそれが生じたときは，直ちに**作業を中止**し，労働者をその場所から**退避**させなければならない．

地下に設置されたマンホール内での通信ケーブル敷設作業は，酸素欠乏危険場所に該当する．

V 第5章 安全管理

3 安全設備

重要度 ★★★

(1) 昇降設備

高さ又は深さが**1.5mをこえる箇所**で作業を行うときは，安全に昇降するための設備を設ける．

人ごみは昇降が大変

1.5m　　昇降

(2) 投下設備

3m以上の高さから物体を投下するときには，**投下設備**を設け，**監視人**を置く等の措置を講じる．

落下傘（らっかさん）

落下 3m

(3) 架設通路

①通路面から高さが**1.8m以内**に障害物を置かない．

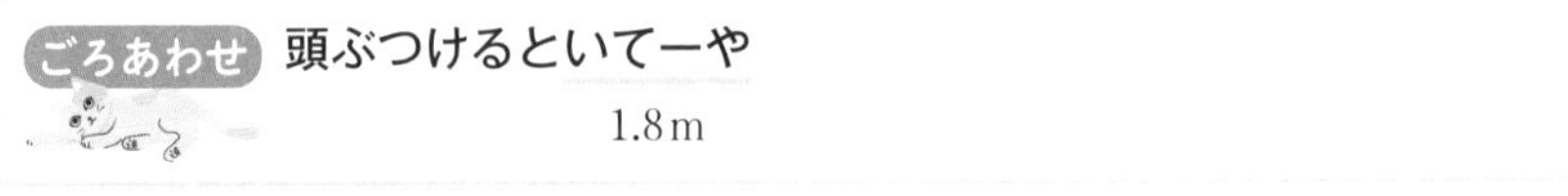

②**架設通路**の勾配は，原則として**30°以下**とする．ただし，階段を設けたもの，または，高さが2m未満で丈夫な手掛けを設けたものは除く．

③勾配が**15°を超える**ものには，**踏さん**（ふみさん）その他の**滑り止め**を設ける．

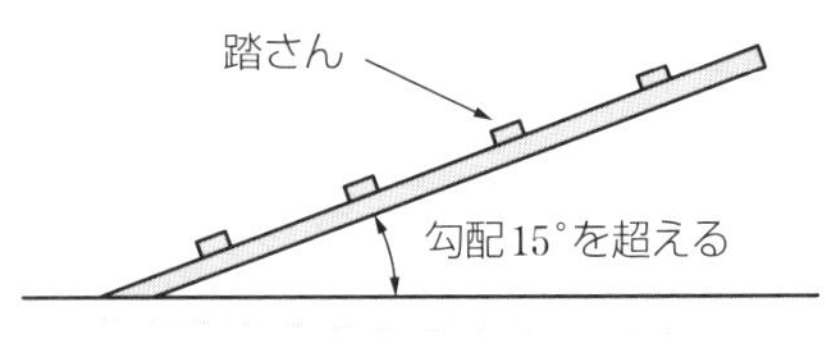

図5・3　架設通路

ごろあわせ **されば フミさん 行こう**
30　踏さん　15

④**高さ 8 m 以上**の登りさん橋には **7 m 以内ごとに踊場**を設ける．

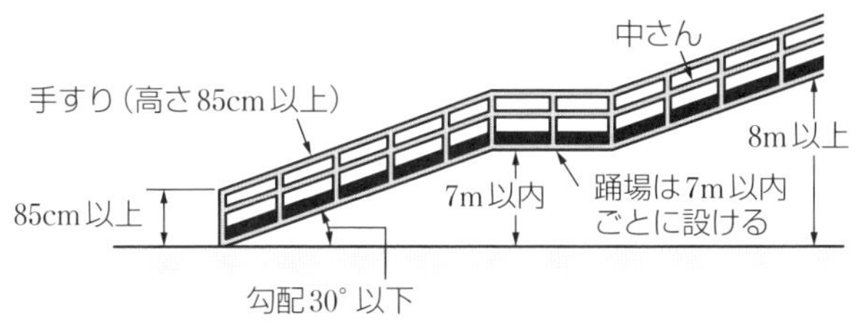

図5・4　登りさん橋

ごろあわせ **やめろ なめ た踊り**
8 m　7 m

(4) 脚立

①脚立と水平面との角度は，**75°以下**とする．
②折りたたみ式のものは，角度を保つための**金具**を備える．
③脚立の**天板に立ってはいけない**．
④**吊り足場**の上で脚立を用いない．

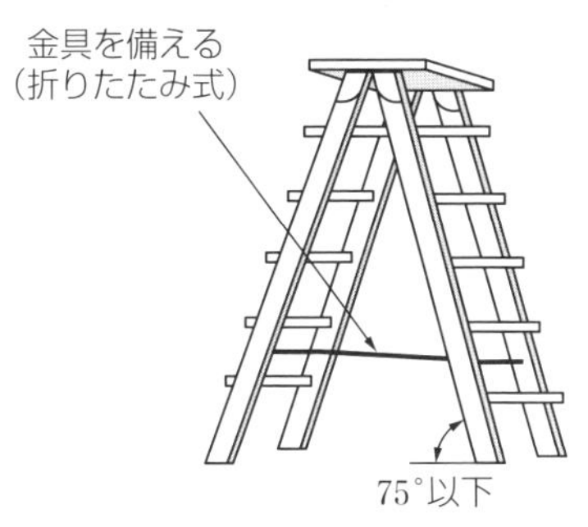

図5・5　脚立

ごろあわせ **際立つ仲人**
脚立　75度

(5) 移動はしご

①移動はしごは，幅を**30cm以上**とし，**滑り止め**装置を設ける．

②はしごを立て掛ける場合，**先端は60cm以上**突き出す．

図5・6　移動はしご

(6) 歩(あゆ)み板

歩み板とは，仮設用の通路や作業床に架け渡す**道板**のことをいう．

踏み抜きの危険がある屋根の上で作業を行うため，幅が**30cm以上**必要である．

移動はしごも歩み板も幅30cm以上必要である．

(7) ローリングタワー

ローリングタワーとは**移動式足場**のことで，設置に関して次の留意点がある．

①作業床は**すき間が3cm以下**となるように敷き並べて固定する．

②作業床の周囲には，床面より**90cm以上の高さに手すり**を設け，中さんと幅木を取り付ける．

③作業床上では，**脚立の使用を禁止**する．

④作業員が**乗ったまま足場を移動させない**．

⑤枠組構造部の外側空間を昇降路とするローリングタワーでは，同一面より同時に2人以上昇降させない．

⑥乗ったまま移動しない.

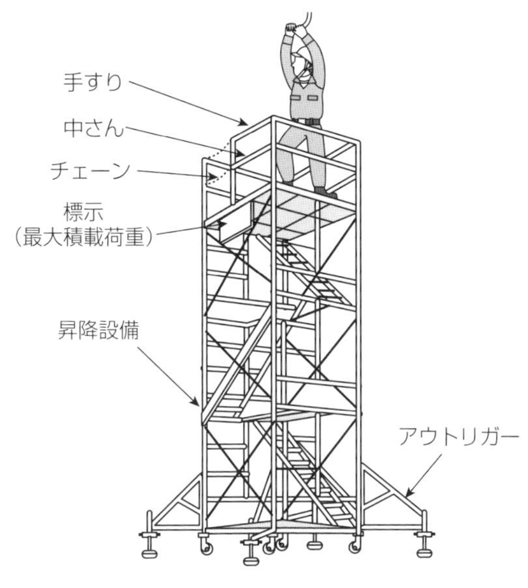

図5・7　ローリングタワー

point

墜落制止用器具を使用しても，乗ったままの移動は不可.

(8) 高所作業車

事業者は，**高所作業車**を用いて作業を行うときは，次の点に留意する.

①転倒又は転落による危険を防止するため，**アウトリガー**※**を張り出す**.

※アウトリガーとは，建設機械の転倒を防止するため，車両から張り出して地面に対して突っ張る装置である.

②作業前に，制動装置，操作装置及び作業装置の**機能について点検**を行う.

③**積載荷重**その他の能力を超えて使用しない.

④乗車席及び作業床以外の箇所に労働者を乗せない.

過去問チャレンジ（章末問題）

問1　R1-前期　　⇒ 2 安全衛生教育と作業

事業者が足場を設ける場合の記述として，「労働安全衛生法令」上，誤っているものはどれか．

(1)　つり足場を除き，作業床の幅は，30 cm以上とすること．
(2)　事業者は，足場の構造及び材料に応じて，作業床の最大積載荷重を定め，かつ，これを超えて積載してはならない．
(3)　事業者は，足場（一側足場を除く）における高さ2m以上の作業場所には，作業床を設けなければならない．
(4)　事業者は，足場については，丈夫な構造のものでなければ，使用してはならない．

解説　つり足場を除き，作業床の幅は，40 cm以上とする．

解答　(1)

問2　R3-前期　　⇒ 2 安全衛生教育と作業

安全衛生教育に関する次の〔　〕に当てはまる語句の組合せとしての組答せとして「労働安全衛生法」上，正しいものはどれか．

「事業者は，労働者を雇い入れたときは〔 ア 〕に対し，厚生労働省令で定めるところにより，その従事する業務に関する〔 イ 〕のための教育を行なわなければならない．」

	(ア)	(イ)
(1)	当該作業場の職長	能力向上
(2)	当該作業場の職長	安全又は衛生
(3)	当該労働者	能力向上
(4)	当該労働者	安全又は衛生

解説 事業者は，労働者を雇い入れたときは当該労働者に対し，厚生労働省令で定めるところにより，その従事する業務に関する安全又は衛生のための教育を行なわなければならない．

解答 (4)

問3 **R4-後期** ⇒ 2 安全衛生教育と作業

高さ2 m以上の足場（一側足場及びつり足場を除く.）の作業床に関する記述として，「労働安全衛生法令」上，誤っているものはどれか.

(1) 作業床の幅を50cmとする.
(2) 床材間の隙間を2cmとする.
(3) 床材と建地との隙間を20cmとする.
(4) 床材が転位し脱落しないよう3つの支持物に取り付ける.

解説 床材と建地との隙間は12cm未満とする．

解答 (3)

問4 **R3-後期** ⇒ 3 安全設備

昇降するための設備の設置に関する次の記述の〔　〕に当てはまる語句と数値の組合せとして，「労働安全衛生法令」上，正しいものはどれか.

「事業者は，〔 ア 〕又は深さが〔 イ 〕mをこえる箇所で作業を行うときは，当該作業に従事する労働者が安全に昇降するための設備等を設けなければならない.」

	(ア)	(イ)
(1)	高さ	1.5
(2)	高さ	2
(3)	幅	1.5
(4)	幅	2

解説 事業者は，高さ又は深さが1.5 mをこえる箇所で作業を行うときは，当該作業に従事する労働者が安全に昇降するための設備等を設けなければならない．

解答 (1)

能力問題

「基礎的な能力」という位置付けである．多少，出題形式が他の問題と異なるが，内容は「施工管理法」の過去問題と同じといってよい．従って，1章～5章の施工管理法を十分理解していただきたい．

1 施工管理者の業務　重要度★★★

(1) 工事監理・施工管理

工事監理者とは，設計図書に合致する工事が工期内に精度良く，かつ，安全に完成するよう**受注者を指導監督する立場**の者である．たとえば，公共工事における，監督員（監督職員）等をいう．

一方，施工管理者とは，受注した工事の**施工計画を立て**，それに基づき工程管理，品質管理，安全管理等を行い，施工に従事する者を**指導する立場**の者をいう．法的資格要件を必要とする，**主任技術者**，**監理技術者**のほか，**現場代理人**をいう．

(2) 監督員等

監理者（監督員）は発注者として，次のことに留意して現場を監理する．

①工事現場の**安全**を確保する．

②**検査基準**，**法令**等を十分理解する．

③工事現場の状況を熟知し，工事が**完全に施工**されるよう努める．

④受注者（現場代理人）と定例打合せ等行い，施工管理に必要な事項を**事前に把握**し，**早期に対策を指示**する．

⑤指示は**文書**で行い，指示事項の**徹底**，**確認を図る**．

(3) 現場代理人

現場代理人は，受注者（代表取締役社長）の代理人として，権限の一部を委譲され，**現場を管理**する．

①公共工事では原則として現場に常駐する（常駐が課されない場合もある）．

②主任技術者，監理技術者，専門技術者を**兼ねることができる**（資格要件を満たしていれば，という条件付き）．

③受注者が現場代理人をおく場合は，**発注者に通知**する（一方，発注者が監督員をおく場合，受注者に通知する）．

発注者と受注者は互いに通知し合う．承諾は不要である．

V 第6章 能力問題

(4) 業務と環境

現場代理人の職務は，次のように多岐にわたっている．

①工事写真撮影　②材料手配

③資材搬入立会い，確認　④作業員手配，指示

⑤工程管理，巡回　⑥新人研修

⑦安全管理　⑧朝礼

⑨工程会議　⑩他業種との打ち合わせ，調整

⑪監督員，発注者との連絡，調整　⑫施設管理者との調整

⑬関係機関との協議　⑭施工図作成

⑮各種提出書類作成　⑯検査立会い

⑰原価管理　ほか

対人環境は図のとおりである.

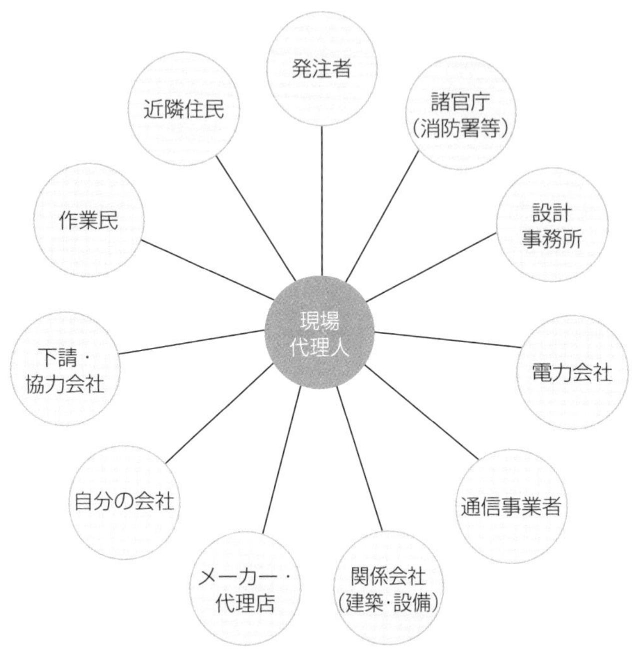

図6・1　現場代理人の対人環境

(5) 下請け会社との関係

①下請けや協力会社とは, 日頃から**信頼関係**を築いておく.

②作業員は自社, 他社を含め, **統一的な施工**※を指導する.

※職人によるばらつきのない, 均一な品質とする.

③下請けに**任せきりにしない**.

(6) 近隣住民との関係

①工事説明会が必要な場合は, **工事着工前**に開く.

②騒音対応など, **住民感情**を害さないようにする.

③クレームがあればすぐに現場に行き**話を聞く**. 対応策は後でもよい.

2　施工管理の技術　重要度★★★

(1) 施工計画

[施工計画書]

施工計画書とは，契約事項や発注者の要求を，どういう計画で工事を行うかを書類にしたものである．

具体的には，次の2種類がある．

①**総合施工計画書**　②**工種別施工計画書**

※①を作成してから②を作成する．

(2) 作成手順

作成に当たり，まず，**事前調査**を行う．事前調査は，**契約条件の確認**と**現場条件の調査**が主な内容である．

①設計図書（図面，仕様書）に目を通す．→ **契約条件の確認**である．

- 公共工事では，現場説明書，質問回答書も設計図書に含まれるので注意する．

②現地調査を行う．→ **現場条件の調査**である．

③現場に即した施工計画書をつくる．**計画案は複数**あるとよい．

- **仮設計画**は，仮囲い，仮設事務所，足場，資材置き場等の計画である．
- **資材計画**は，使用する資材の搬入方法，保管方法等に関する計画である．
- **工程計画**は，工事が予定した期間内に完成するために，工事全体がムダなく円滑に進むように計画する．
- **機械計画**は，工事を実施するために最も適した機械の使用計画をたてる．
- **労務計画**は，作業計画に基づいて，各作業に必要な人員を準備・計画する．
- **品質管理計画**は，設計図書に示された品質水準を満たすための計画である．
- **原価管理計画**は，工事代金の収入と支出の関係について，資金の調達や利益金の把握する計画である．
- **環境管理計画**は，工事に伴って発生する公害問題や近隣環境への影響を最小限に抑えるための計画である．

(3) 留意事項

①過去の実績や経験のみで施工計画を作成するのではなく，**新工法や新技術も取り入れて**検討する．

②**複数の案**を立て，その中から選定する．

③個人の考えや技術水準だけで計画せず，企業内の関係組織を活用して，**全社的な技術水準**で検討する．

④発注者から示された工程に関わらず，経済性や安全性，品質の確保の検討を行う．

現場の直接の担当者だけでなく，全社的に複数の計画案を検討する．

(4) 下請けの選定基準

次のものを**総合的に勘案**して，優良な下請け会社を選定する．

①施工能力　②見積り金額

③対応力　④法令遵守（**コンプライアンス**）

⑤労務管理　⑥取引状況

⑦経営状況　⑧建設業許可の有無　ほか

【例】下請け採点表を作る．

たとえば，上の①～⑥までを重視してチェック表を作る．（5点満点）

表6・1　採点表の作成例

会社名	A	B	C
①	5	3	5
②	3	5	3
③	4	2	1
④	2	4	5
⑤	3	3	4
⑥	4	3	4
総合点	21	20	22

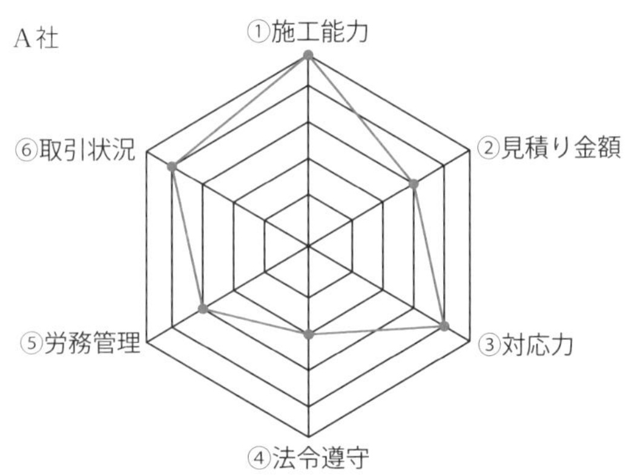

図6・2　レーダーチャート

下請けは複数社の中から，受注工事の個別的条件を加味して決定する．

3 工程管理

重要度★★★

(1) 3ムを無くす

①それぞれの作業には適した人数がある．**ムリ，ムダ，ムラをなくす**．この3つを3ムという．

②労働力の**平準化**をする．平準化とは，同種の作業を行う場合，1日に投入する労働者の人数がほぼ同じとなるよう平均化することをいう．

③1日の作業量は，次の式で決定される．

1日の作業量≧全作業量/作業可能日数

(2) 生産性を高める最適な人数

作業にはそれぞれ，生産性を高める**最適な人数がある**．

作業分担したほうが生産性は高く，**コストを削減**できる．

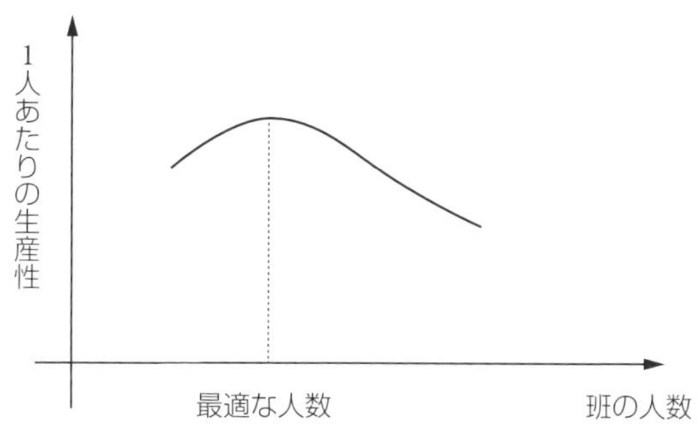

図6・3　最適な人数

4　品質管理

(1) 建設現場における品質管理

[①現場に即した施工]

施工図や施工要領書とおりに施工できるか.

- 現場状況から見て，施工が困難　→　修正する.
- 施工はできるが，発注者を満足させる品質が確保できない　→　修正する.

[②施工図，施工要領書を周知]

- 基幹技能者，職長，職人等に対し，説明の場を設ける.
- 技術指導を行う.

[③施工写真を撮る]

- 特に施工個所が隠れてしまい，後で確認が困難となる**不可視部分**.
- **仮設，安全管理のミーティング風景等**，完成時に確認できないものは，写真に撮っておく.
- **写真撮影担当者を決めておく**．工事全体のストーリーがわかる人がよい．手の空いている人に頼むのは統一性がなくなるのでやめる.

[④ 社内検査基準との照合]

会社で定めた**評価基準**をもとに適否を判定する．建築基準法等法令を遵守することは前提である.

[⑤測定計器類の校正]

定期的に専門機関で校正してもらう．**トレーサビリティ**（校正履歴）をとる.

[⑥資機材の保管，養生]

使用資機材の性能を損ねることなく，**適切に養生して保管**する.

施工要領書を手渡すだけではだめ.

(2) 品質管理における現場代理人の役割

①仕事の手順を**文書で示す**（施工計画書，施工図，施工要領書等の作成）

②その通りに施工する（工程管理）

③実施の状況を**記録する**（工事日報，打合せ記録，検査記録，工事写真等）
④**記録の整理**（データとして保存，CDR，プリントアウト）

(3) 工場検査

①原則として，現場代理人が立ち会うが，都合のつかないときは，現場代理人が立会者※（検査員）を指名して，その者に立ち会わせる．必ずしも現場代理人が立ち会わなければならないものではない．
※工場検査に精通している者が良い．
②経験の浅い場合は，社内の経験者を同行させることが望ましい．
③教育の観点から，施工管理経験の浅い人を，連れて行くとよい．
④検査の結果，指摘事項がなくても，「指摘事項なし」と明記して**書類で残す**．
⑤**検査風景**を写真で残す．

5 安全管理

(1) 安全管理とは

①建設工事による**災害を防止**し，安全を確保する．
②危険因子を取り除き，**安全性を高める**．

(2) 原因

次の要因で，**労働災害**が発生するおそれが高くなる．

[① 物的要因]

作業設備の不備や作業環境が劣悪であるとき．

[②人的要因]

経験不足，不注意等．また，特に次のケースは要注意．

- **今までと違う作業**をするときや**緊急な割り込み作業**をするとき．

過去問チャレンジ（章末問題）

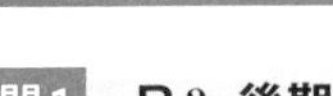

問1　R3-後期　➡2 施工管理の技術

施工計画の作成にあたっての留意事項に関する記述として，次の①～④のうち適当なもののみを全て挙げているものはどれか．

① 施工計画は，複数の案を立て，その中から選定する．

② 新工法や新技術は取り入れず，過去の実績や経験のみで施工計画を作成する．

③ 個人の考えや技術水準だけで計画せず，企業内の関係組織を活用して，全社的な技術水準で検討する．

④ 発注者から示された工程が最適であるため経済性や安全性，品質の確保の検討は行わずに，その工程で施工計画を作成する．

(1) ①③
(2) ①④
(3) ②③
(4) ②④

解説 ② 過去の実績や経験だけによらず，新工法や新技術も取り入れ施工計画を検討する．④ 経済性や安全性，品質の確保の検討も行って施工計画を作成する．

解答 (1)

問2　R4-後期　➡2 施工管理の技術

施工計画の作成に関する記述として，次の①～④のうち適当なもののみを全て挙げているものはどれか．

① 労務計画は，作業計画に基づいて，各作業に必要な人員を準備・計画することが主な内容である．

② 品質管理計画は，工事に伴って発生する公害問題や近隣環境への影響を最小限に抑えるための計画が主な内容である．

③　機械計画は，工事を実施するために最も適した機械の使用計画をたてることが主な内容である．

④　資材計画は，工事代金の収入と支出の関係について計画を立て資金の調達や利益金の把握をすることが主な内容である．

(1)　①②

(2)　①③

(3)　②④

(4)　③④

解説　② 品質管理計画は，設計図書に示された品質水準を満たすための計画である．工事に伴って発生する公害問題や近隣環境への影響を最小限に抑えるための計画は，環境管理計画である．④ 資材計画は，使用する資材の搬入方法，保管方法等に関する計画である．工事代金の収入と支出の関係について計画を立て資金の調達や利益金の把握をするのは，原価管理計画である．

解答　(2)

問3　**R4-後期**　➡3 工程管理

タクト工程表に関する記述として，次の①～④のうち適当なもののみを全て挙げているものはどれか．

①　高層ビルの基準階などの繰り返し行われる作業の工程管理に適している．

②　全体の稼働人数の把握が容易で，工期の遅れなどによる変化への対応が容易である．

③　縦軸にその建物の階層を取り，横軸に出来高比率を取った工程表である．

④　クリティカルパスを求めることができる．

(1)　①②

(2)　①③

(3)　②④

(4)　③④

解説 ③ タクト工程表は，縦軸にその建物の階層を取り，横軸には出来高比率ではなく，工期（日程）を取った工程表である．④ クリティカルパスを求めることができるのは，ネットワーク工程表である．

解答 (1)

問4 R3-前期 ⇒5 安全管理

酸素欠乏危険作業に関する記述として，「労働安全衛生法令」上，正しいものはいくつあるか．

① 地下に設置されたマンホール内での通信ケーブルの敷設作業では，作業主任者の選任が必要である．

② 酸素欠乏危険作業を行う場所において酸素欠乏のおそれが生じたときは，直ちに作業を中止し，労働者をその場所から退避させなければならない．

③ 空気中の酸素濃度が21％の状態は，酸素欠乏の状態である．

④ 酸素欠乏危険場所における空気中の酸素濃度測定は，その日の作業終了後に1回だけ測定すればよい．

(1) 1つ

(2) 2つ

(3) 3つ

(4) 4つ

解説 ③ 酸素欠乏とは，空気中の酸素濃度が18％未満の状態をいう．④ 酸素欠乏危険場所における空気中の酸素濃度測定は，その日の作業終了前に測定する．

解答 (2)

第二次検定

施工経験記述

1 施工経験の書き方

重要度★★★

(1) 記述できる工事・できない工事

電気通信工事施工管理に関する実務経験として，認められる工事，認められない工事がある．

[①認められる主な工事種別・工事内容等]

受検資格として認められる工事種別・工事内容	工事種別等	工事内容等
	有線電気通信設備工事	通信ケーブル工事，CATV ケーブル工事，伝送設備工事，電話交換設備工事　等
	無線電気通信設備工事	携帯電話設備工事（携帯局を除く），衛星通信設備工事（可搬地球を除く），移動無線設備工事（移動局を除く），固定系無線設備工事，航空保安無線設備工事，対空通信設備工事，海岸局無線設備工事，ラジオ再放送設備工事，空中線設備工事　等
	ネットワーク設備工事	LAN設備工事，無線LAN設備工事　等
	情報設備工事	監視カメラ設備工事，コンピュータ設備工事，AI（人工知能）処理設備工事，映像・情報表示システム工事，案内表示システム工事，監視制御システム工事，河川情報 システム工事，道路交通情報システム工事，ETC設備工事（車両取付を除く），指令システム工事，センサー情報収集システム工事，テレメータ設備工事，水文・気象等観測設備工事，レーダ雨量計設備工事，監視レーダ設備工事，ヘリコプター映像受信基地局設備工事，道路情報表示設備工事，放流警報設備工事，非常警報設備 工事，信号システム工事，計装システム工事，入退室管理システム工事，デジタルサイネージ設備工事　等
	放送機械設備工事	放送用送信設備工事，放送用中継設備工事，FPU受信基地局設備工事，放送用製作・編集・送出システム工事，CATV放送設備工事，テレビ共同受信設備工事，構内放送設備工事　等

※上記表における工事内容と経験を有する件名が合致しない場合においても，上記表に該当する電気通信設備の据付調整まで含まれている場合は電気通信工事の実務経験として認められる．

※上記表においては，既にある設備の増設，改造，修籍に関する工事も実務経験として認められる．

※上記表の「携帯局を除く」とは，携帯電話端末，自動車電話車載機等の移動する側の無線通信設備を除くことをいう．

[②認められない主な工事種別・工事内容等]

受検資格として認められない・工事種別・工事内容	工事種別等	工事内容等
	電気通信設備取付	自動車，鉄道車両，建設機械，船舶，航空機等における電気通信設備の取付
	土木工事	通信管路（マンホール・ハンドホール）敷設工事，とう道築造工事，地中配管埋設工事
	電気設備工事	発電設備工事，送配電線工事，引込線工事，受変電設備工事，構内電気設備（非常 用電気設備を含む.）工事，照明設備工事，電車線工事，ネオン装置工事，建築物 等の「○○電気設備工事」 等
	鋼構造物工事	通信鉄塔工事
	機械器具設置工事	プラント設備工事，エレベータ設備工事，運搬機器設置工事，内燃力発電設備工事，集塵機器設置工事，給排気機器設置工事，揚排水（ポンプ場）機器設置工事，ダム 用仮設工事，遊技施設設置工事，舞台装置設置工事，サイロ設置工事，立体駐車場設備工事
	消防施設工事	屋内消火栓設置工事，スプリンクラー設置工事，水噴霧・泡・不燃ガス・蒸発性液体又は粉末による消火設備工事，屋外消火栓設置工事，動力消防ポンプ設置工事，漏電火災警報設備工事

[③認められない業務・作業等]

・設計，積算，保守，点検，維持メンテナンス，営業，事務などの業務
・工事における雑役務のみの業務，単純な労働作業　等
・官公庁における行政及び行政指導，教育機関及び研究所等における教育と指導及び研究　等
・工程管理，品質管理，安全管理等を含まない単純な労務作業等（単なる雑務のみの業務）
・据付調整を含まない工場製作のみの工事，製造及び購入
・アルバイトによる作業員としての経験

2 問題例　重要度 ★★★

施工経験記述は，以下の内容が想定される．自らが経験した**電気通信工事**について記述することが重要である．

施工経験記述は二次検定試験の中心をなすものであり，**簡潔で的確な表現**，**具体的な記述**が求められる．

(1) 過去の出題

工程管理，**品質管理**，**安全管理**の3テーマから2テーマが出題されている．

(2) 出題例

問題1 あなたが経験した電気通信工事のうちから，代表的な工事を1つ選び，次の設問1から設問3の答えを解答欄に記述しなさい．

〔注意〕代表的な工事の工事名が工事以外でも，電気通信設備の据付調整が含まれている場合は，実務経験として認められます．
ただし，あなたが経験した工事でないことが判明した場合は失格となります．

設問1 あなたが経験した電気通信工事に関し，次の事項について記述しなさい．

〔注意〕「経験した電気通信工事」は，あなたが工事請負者の技術者の場合は，あなたの所属会社が受注した工事内容について記述してください．従って，あなたの所属会社が二次下請業者の場合は，発注者名は一次下請業者名となります．

なお，あなたの所属が発注機関の場合の発注者名は，所属機関名となります．

(1) 工事名

(2) 工事の内容

① 発注者名

② 工事場所

③ 工　期

④ 請負概算金額

⑤ 工事概要

(3) 工事現場における施工管理上のあなたの立場または役割

設問2 上記工事を施工することにあたり「**安全管理**」上，あなたが**特に重要と考えた事項**をあげ，それについて**とった措置**または**対策**を簡潔に記述しなさい．

ただし，安全管理については，交通誘導員の配置のみに関する記述は除く．

設問3 上記工事を施工することにあたり「**品質管理**」上，あなたが**特に重要と考えた事項**をあげ，それについて**とった措置**または**対策**を簡潔に記述しなさい．

※出題テーマは，「工程管理」もあり，年度により異なると思われる．

3 設問1 の解答例

重要度 ★★★

設問1 は自分が行った**工事を紹介する**部分であり，採点者に，どのような工事を行ったか**わかるように記述**する．

まず，「あなたが経験した電気通信工事のうちから，代表的な工事を1つ選び」とあるので，**電気通信工事としてふさわしく**，ある程度の工事規模で，できるだけ新しいものから選定する．

ある程度の工事規模とは，一般に，建設業許可が必要となる500万円以上が望ましいといわれている．しかし，実際にはネットワークの改修工事等はルータやハブ，ケーブル等の使用数量も少ないため，この金額に届かない工事も少なくないと思われる．

採点者は，記載した金額と工事概要に矛盾がなく整合がとれているか等をチェックするので，工事金額が小さいからといってだめなわけではないが，「特に重要と考えた事項」や「とった措置または対策」の記述内容が貧弱にならないように留意したい．

したがって，各人が行った工事のなかで，工事金額の大きいものから記述しやすいものを選定するとよい．

できるだけ新しいものから選定するというのは，電気通信設備の技術進歩が著しいためである．

一般に，記述時点から10年程度以内に実施した工事が望ましい．

(1) 工事名

電気通信工事の工事名とする．電気工事，建築工事，土木工事等は採点されないので注意する．

原則として，**契約書に記載されたもの**を書く．建物名や施工場所などの名称が付いているものは，その固有名詞も忘れずに書く．

工事名から，電気通信工事であることがわからないような場合は，**(　)書きして補足**するとよい．

次の**【例1】**は契約書名から電気通信工事であることが判明する例．**【例2】**は(　)書きで補足した例．

【例1】・大山第二ビル電気通信設備工事

・山海物産事務所構内ネットワーク設備改修工事

【例2】・SAビル新築工事(構内電気通信設備工事)

・中央サンケイ病院外来病棟改修工事(情報処理設備工事)

(2) 工事の内容

[①発注者名]

発注者名については，問題文の【注意】に，「あなたの所属会社が二次下請業者の場合は，発注者名は一次下請業者名となります．なお，あなたの所属が発注機関の場合の発注者名は，所属機関名となります．」とあるので，解答例は次のとおりである．

・**二次下請業者**の場合

【例1】 ○○建築工事株式会社

【例2】 ○○通信工事株式会社

・**発注機関**の場合

【例1】 国土交通省○○地方建設局○○課

【例2】 ○○県庁住宅都市部○○課

※○○の中には概当する名称等を入れる．以下同様．

[②工事場所]

工事を施工した場所を，都道府県名，市町村名，番地※まで書く．

※番地までの記載は無くても可．

・建物内等，**施工現場が特定できる**所在地の場合の書き方

【例】 東京都練馬区大泉町1丁目2−3

・電線の延線工事等，施工場所が広範囲にわたる場合の書き方

【例】 長野県松本市中央1丁目2番地～深志2丁目3番地

・施工場所が複数ある場合の書き方

【例3】 宮城県仙台市青葉区1丁目3番地内ほか3か所

[③工期]

工事着工年月日と完成年月日を，**西暦または年号**で記述する．なるべく**新しい工事経験**から選ぶ．現在進行中の工事は記述対象外である．

工期とは，実際の工事期間だけではなく，事前の調整や打合せ，工事後の試験調整等の日数も含む．

【例1】 2023年9月10日～11月30日

【例2】 令和5年6月3日～8月31日

※R1.6.3～8.31のような省略形としない．

※日付けが不明確の場合は，記載しなくても可であるが，令和5年9月～9月のような表記は，日数が不明であり不可．

［④請負概算金額］

概略額であっても大雑把すぎないように記載する．**有効数字2桁か3桁**で表示する．

【例1】 7,300,000円

【例2】 2,360万円

※建築工事など，他の工事と一括請負の場合は，電気通信工事のみの金額を○○万円と記載し，「(電気通信工事分)」と補足する．

［⑤工事概要］

箇条書きがよい．表記すべき内容は次のとおりである．

- 電気通信工事の**具体的な種類**
- 電気通信設備に含まれる**主要機器の仕様，台数**
- 電線管，ケーブル等の種類※，サイズ，使用数量

※種類が多い場合は，「φ19～φ31 mm」のようにまとめても可

【例1】 構内電気通信設備(LAN) 工事

　スイッチングハブ　○台　　ルーター　○台

　LANケーブル：カテゴリ6 UTPケーブル　○m　ほか

【例2】 共聴アンテナ設備工事

　VHFアンテナ　○素子　1本　UHFアンテナ　○素子　1本

　混合器1台　増幅器1台　分配器・直列ユニット類○個

　同軸ケーブル5C-FB　○m　ほか

(3) 工事現場における施工管理上のあなたの立場または役割

工事の施工管理に直接的にかかわり，中心的な役割を果たしたことが分かるように記述する．つまり，次の①～③が採点者に伝わるように記述する．

①**施工管理**の経験であること

※施工の経験では不可である．

②**工期のほぼ全般**に渡って関与したこと

※工期の初めだけや，たまに現場に来るだけでは不可である．

③**中心的役割**を果たしたこと

※補助的な役割は不可である．

【例】

・発注者の場合

監督員，監督職員，主任監督員，工事事務所所長など．

・受注者の場合

現場代理人，現場技術員，現場主任，現場事務所所長など．

その工事の施工管理に直接的に関わったことがわかるように書く．

受注者の場合，「監督」という用語は発注者側の用語であるため，使用しないほうがよい．また，「工事課長」のように職場での職位を表す用語も記述しない．

以下の**【例1】**～**【例3】**は一般的な記述で，**【例4】**～**【例6】**は工種を上げた記述例である．

【例1】 現場代理人

【例2】 現場主任として施工管理全般を行い、現場代理人を補佐する役割。

【例3】※元請負の現場技術員として、安全管理、品質管理を行うこと。

【例4】※CATV設備の施工図の作成、安全管理、品質管理等を担当。

【例5】 事務所内の有線LAN工事の施工管理全般。

【例6】 光ファイバケーブルの引込、配線工事の施工管理。

※**【例3】**と**【例4】**は，**設問２**，**設問３**のテーマに「工程管理」があれば，その記述は必要．

(4) 施工経験記述のテーマ

施工経験は，施工管理に関する記述であり，具体的なテーマは次のとおりである．

［①施工計画］

仮設計画，資機材の手配・搬入，労務計画，現場組織などの組織編成，施工の段取り，品質計画，安全計画等**多岐にわたる**．

［②工程管理］

工程表の作成，工期厳守の観点から**工期内に順調に完成**するように他業種との調整をはかり，また，施工の工夫を行い工期短縮する等．

［③品質管理］

資材，部品の品質の維持および寸法や精度が**設計図書に合致**し，目的の機能が十分得られたこと，**施工品質**に関すること等，品質のグレードを維持，向上させること．

［④安全管理］

労働安全衛生法に基づく，現場での労働者の**労働災害の防止**に関すること，または，現場付近住民，通行人等の**公衆災害防止**に関すること．

出題されたテーマに合致した内容を記述する．これまで，工程管理，品質管理，安全管理の中から，2つが出題されている．

(5) 出題例

次のパターンで出題されている．

- 上記工事を施工することにあたり「**工程管理**」上，あなたが**特に重要と考えた事項**をあげ，それについて**とった措置**または**対策**を簡潔に記述しなさい．
- 上記工事を施工することにあたり「**品質管理**」上，あなたが**特に重要と考えた事項**をあげ，それについて**とった措置**または**対策**を簡潔に記述しなさい．
- 上記工事を施工することにあたり「**安全管理**」上，あなたが**特に重要と考えた事項**をあげ，それについて**とった措置**または**対策**を簡潔に記述しなさい．

ただし，安全管理については，交通誘導員の配置のみに関する記述は除く．

①以上の3パターンのいずれも「**特に重要**と考えた事項」とあるので，記述する**課題は1つに絞る**．また，その内容が，常識的に「特に重要」と思われないようなものは不可とする．

②「とった措置または対策を簡潔に記述しなさい」とあるので，**わかりやすく，具体的に記述**する．

③安全管理の出題で，「ただし，安全管理については，交通誘導員の配置のみに関する記述は除く」に留意する．

【例1】 工事現場の前面道路は、小学校の通学路となっているため、交通誘導員を配置した。(×)（交通誘導員の配置のみの記述であるため．）

【例2】 工事現場の前面道路は、小学校の通学路となっているため、交通誘導員を配置した。また、安全コーンとバーで歩道の掘削箇所を区画し、90cmの通路幅を確保した。(○)

4 あなたの現場をチェック

重要度★★

(1) 工事を検証する

次の10項目のうち，あなたが経験した現場を検証してみよう．

表1・1　現場チェック表

	項目	記述例	記述可能なテーマ
1	高所作業があった	→ 墜落災害の防止（胴綱，足場，脚立）	安全管理
		→ 作業の効率化（手戻り防止，緻密な施工）	工程管理
2	狭い場所での作業があった	→ 怪我の防止（ヘルメット，着衣）	安全管理
		→ 酸欠防止（送風機，換気）	安全管理
3	改修工事であった	→ 職員の安全（資機材搬入の仮設計画）	安全管理
		→ 工程調整（振動等による工事制限）	工程管理
4	現場周辺は人通りが多かった	→ 通行人の安全（工事車両，監視人）	安全管理

項目		記述例	記述可能なテーマ
5	他業者との同時作業があった	→ 工程調整 （作業の重なり）	工程管理
6	重機を使用する作業があった	→ 安全確認 （クレーン，監視人）	安全管理
7	工期は短かった	→ 手戻り防止 （資材納期厳守）	工程管理
8	下請け業者を使った	→ 施工能力 （TBM，作業確認，資材提供）	工程管理
9	天候が不順であった	→ 工程調整 （フォローアップ，資材管理）	工程管理
10	設計変更があった	→ 連絡調整 （特注品の手直し，購入先変更）	工程管理

5 文章作成の基本

重要度★★★

(1) 文房具

手書きで文章を書くための基本的な留意点は次のとおり．

①シャープペンシル，または鉛筆を用いる．

芯の濃さはHBまたはBがよい．細い芯や薄い芯は採点者が見づらいので使用しない．太さは0.5mm程度がよい．

②消しゴムはプラスチック消しゴムがよい．消しゴムを使わず，文字を消して書き直すことはないようにする．

(2) 文の体裁

文を作るにあたり，次のことに留意する．

①下手でも**ていねいに書く**．採点者が読めない字は不可である．

【例】 機器収容箱からケーブル配線　…（×）

機器収容箱からケーブル配線　…（○）

②**句読点**（くとうてん）「，」と「．」は**はっきり**と書く．

【例】 ○○○なので△△△とした。　（×）

○○○なので、△△△とした。（○）

③誤字のないようにする．特に漢字間違いはしない．

④専門用語を使う．

【例】・電気が地面に流れる電流（×）

→ 地絡電流（○）

・危険作業を監視する人（×）

→ 作業主任者（○）

⑤専門用語や一般的に使う語句は漢字で書く．

【例】・せっち（×）　接地（○）

・ぜつえん（×）　絶縁（○）

・ちゅうい（×）　注意（○）

(3) 話しことばは用いない

話しことばや流行語は文章にすると軽薄になるので使わない．

（　　の部分）

【例】①通行人とかが危なくないようにセフティコーンを設けたりした。(×)

②通行人の安全に配慮し、セフティコーンを設けた。(○)

「……とか」，「……したり」は話しことばである．

また，「危なくないように」よりも，「安全」ということばを使うほうが適切である．

(4) キーワードを用いる

キーワードとは，その文の鍵（キー）を握ることば（ワード）である．専門用語だけでなく，内容をより正確，具体的に伝えることばをいう．

キーワードを入れるだけでメリハリのある，正確で具体的な文となる．

【例】①通行人の安全に配慮した。(×)

②セフティコーンを設け、通行人の安全に配慮した。(○)

「セフティコーン」という，ありふれた用語を加えただけで現実味が増す．この場合，セフティコーンがキーワードといえる．

6 文を練る 重要度★★★

(1) 簡潔な表現

簡潔とは簡単で明瞭(めいりょう)なことをいう．くどい表現，同じことばの繰り返しや，あいまいなことばは使わず，明快で主体性のある表現を心がける．

【例】 ①D種接地工事の接地抵抗値が100Ω以下であることを確認するため、接地抵抗計を用いて接地抵抗値を測定した。(×)

②接地抵抗計を用い、D種接地の値が100Ω以下を確認した。(○)

①の文は，「接地」ということばが多過ぎてくどい．

(2) 文の長さを調節する

解答用紙のスペースがどのくらいあるかによって，長さを調整する．

たとえば，2行のラインが引いてある場合，1行で終わることなく，2行の中ほどまでは記述する．(スペースの**80%程度は埋める**．ただし，そのために文字サイズがアンバランスになるのはよくない．)

[文を長くしたいとき]

【例1】 ①危険作業を明示した。(×)

②朝のTBMにおいて、高所での危険作業を明示し、作業員に周知徹底した。(○)

TBMというキーワードを入れ，状況説明するとよい．

【例2】 ①墜落災害を防止する。(×)

②ケーブル架線工事において、地上高約6mとなるため、作業員の墜落災害を防止する。(○)

※具体的な危険作業や数値を記載するとよい．

[少しだけ長くしたいとき]

【例】

- 周知した → 作業者全員に周知徹底した (強調したことばを付け足す)
- 外来者 → 外来者、通行人など (同種のことばを付け足す)

- 職人　　　→　熟練した職人
- 高い天井　→　高さ5mの天井

このように**具体的に**すると，文も長くできる．

スペースが余るときは，次のようにする．

① 特に重要と考えた事項の設問に対し，「○○を特に重要と考えた」を書き足す．

② 措置または対策の設問に対し，その結果を書き足す．ただし，短めに．

［文を短くしたいとき］

これは，長くする場合より簡単である．文を長くしたいときに述べた方法の逆を行えばよい．読み返して無駄と思われる箇所を削除する．ただし，削除したことによって，**前後の繋がりがおかしくならないよう**注意する．

7　減点答案と合格答案　重要度★★★

(1) 減点答案

以下の①～③の3つは大幅減点または採点されない不合格答案の例で，このような答案は書かない．

①題意に適さない

【例1】 安全管理の質問に対して，工程管理のことを書く．

【例2】 労働災害と公衆災害を混同して書く．

【例3】 墜落災害と落下災害を混同して書く．

②誤解される表現

【例1】 資材が盗難にあったので、保管には十分配慮した。

※他の現場で盗難にあったので，この現場では合わないように注意した，というつもりでも，そう解釈されず減点される．

【例2】 脚立を使用する作業が多くあり、低所からの転落災害の防止に留意した。

※低所からの転落災害もあるので，気を緩めてはいけない，というつもりで書いたが，「高所」ではないかと採点者は思う．

③社会通念上好ましくない

【例】 突貫工事となり、深夜、休日作業で工期内に完了した。

※突貫工事は，工程管理がうまくいっていれば行わなくてすむ工事である．

(2) 減点される答案例

下記は減点答案の例である．不適当な箇所はどこかみてみよう．

> **問題1** 「工程管理」上，あなたが特に重要と考えた事項をあげ，それについてとった措置または対策を簡潔に記述しなさい．

［減点答案］

①**特に重要と考えた事項**

他業者との工程調整がうまくいかず、躯体コンクリート工事が遅れ、それにより通信機器取付工事が遅れそうになった。だから、コンクリート打設が遅れないように留意した。

②**措置**または**対策**

時間のかかる作業を減らし、施工能率の上がる材料を使い、社内検査においても手直しもなく、予想以上の工期短縮となり、問題なく工事が完了できた。

［解説］

次の点が減点箇所である．

① • 他業者とは誰か．
• なぜうまくいかなかったのか．
• 他業者のコンクリート打設の心配より，自分の工程管理のことを書く．

② • 時間のかかる作業とは，具体的に何か．
• 施工能率の上がる材料とは具体的に何か．
• 予想以上の工期とは何日か．

VI 第1章 施工経験記述

問題2 「品質管理」上，あなたが特に重要と考えた事項をあげ，それについてとった措置または対策を簡潔に記述しなさい．

［減点答案］

①**特に重要と考えた事項**

共同受信アンテナの品質管理を重要と考えたので、基礎コンクリートを鉄筋入りとし、アンカーボルトは4本でダブルナットとし、支線は4方向にとる。

②**措置**または**対策**

台風時はアンテナの風荷重が大きくなるので、鉄筋コンクリート基礎とし、アンカーボルトを鉄筋に結束し、ナットは二重ナットとして、ステーをバランスよく4方向にとった。

［解説］

次の点が減点箇所である．

① •共同受信アンテナの品質管理とは具体的に何か．

•対策も記述してしまった．

② •①と同内容の記述になっている．

「重要と考えた事項」に「措置または対策」は書かない．

問題3 「安全管理」上，あなたが特に重要と考えた事項をあげ，それについてとった措置または対策を簡潔に記述しなさい．

［減点答案］

①**特に重要と考えた事項**

高いところでの工事があるので、脚立使用時の作業員の落下災害を防止すること。

②**措置**または**対策**

脚立の天板に立って作業する場合は、しっかりとワイヤロープを張り、それに安全帯を結び、作業者の安全を確保した。

［解説］

次の点が減点箇所である．

① • 高いところでの工事とは具体的にどこか．高さは何mか．

• 落下災害でなく墜落災害である．

② • 脚立の天板に立つのは法令違反である．

• しっかりとは具体的にどのようにするのか．

• 安全帯でなく，要求性能墜落制止用器具（墜落制止用器具も可）．

減点の少ない答案を書くことが合格につながる．

8 合格答案

重要度★★★

（1）合格する答案例

以下の記述例は見本である．マネするのではなく，あくまで各自の経験に沿って記述することが重要である．

特に次の点に留意する．

①**具体的であること**

②**オリジナリティが感じられること（現場の特殊性）**

ただし，採点者が理解できないような特殊工法などや，新製品に関することなどの記述は避けた方が無難である．また，どの現場にも共通するような内容は避ける．

［工程管理がテーマの場合］

設問 上記工事を施工することにあたり「**工程管理**」上，あなたが**特に重要と考えた事項**をあげ，それについて**とった措置**または**対策**を簡潔に記述しなさい．

【例】

①**特に重要と考えた事項**

高所作業車を再度手配すると、工程が遅れるため、アンテナ設置工事における高所作業車の手配を、1回で済むようにすること。

②**処置・対策**

アンテナの取付け終了後、取付けの状態を作業員による確認だけでなく、現場技術員に指示し検査させ手戻りを防止した。

[品質管理がテーマの場合]

設問 上記工事を施工することにあたり「**品質管理**」上，あなたが**特に重要と考えた事項**をあげ，それについて**とった措置**または**対策**を簡潔に記述しなさい．

【例】

①**特に重要と考えた事項**

各班の作業者によって施工方法、精度に違いがあると品質水準が落ちるため、一定の施工精度を保てるように基準を設ける。

②**処置・対策**

図入りの施工要領書、手順書を作成し、作業者に作業標準、品質規格値を熟知させた。また、直列ユニットやケーブルの端末処理について、技術水準の高い作業員を手本とした実地訓練を行った。

[安全管理がテーマの場合]

設問 上記工事を施工することにあたり「**安全管理**」上，あなたが**特に重要と考えた事項**をあげ，それについて**とった措置**または**対策**を簡潔に記述しなさい．ただし，安全管理については，交通誘導員の配置のみに関する記述は除く．

【例1】

①**特に重要と考えた事項**

アンテナ設置工事が地上5mの高所作業となるため、作業員の墜落災害の防止を特に重要と考えた。

②**処置・対策**

高所作業車を使用し、ガードパイプに墜落制止用器具用のフックを取り付けて作業させた。また、ガードパイプからの体の乗り出しを禁じた。

【例2】

①特に重要と考えた事項

工事範囲の一部が既存建物内であり、また敷地、作業スペースが狭いため、職員、外来者等への安全に配慮する。

②処置・対策

事務室内の作業、騒音振動、粉塵の出る作業は極力休館日に行い、機器、ケーブル類の搬入は、ガードマンを配置し、執務の始まる1時間前までに完了させた。

特に重要と考えた事項には，なぜそのように考えたか理由も書く．

[施工計画がテーマの場合]

設問 上記工事を施工することにあたり「**施工計画**」上，あなたが**特に重要と考えた事項**をあげ，それについて**とった措置**または**対策**を簡潔に記述しなさい．

【例】

①特に重要と考えた事項

使用資材・機材の搬入の遅れは稼働率の低下、工期の遅延につながるため、資材の搬入計画を綿密に行うこと。

②処置・対策

掘削機械及び工事用仮設発電機の必要なリース期間をリース会社と打ち合わせた。また、使用資材の種類、数量等を資材メーカーと日程調整し、工期に余裕を持った調達計画を立てた。

「重要と考えた事項」に対する答え方は，「○○を行う」，「△△をする」でもよいし，「○○を行うこと」，「△△をすること」でもよい．どうしても字数が不足する場合は苦肉の策として，「△△をすることを特に重要と考えた」も可．

過去問チャレンジ（章末問題）

問1　R5

➡1 施工経験の書き方　等

あなたが経験した電気通信工事のうちから，代表的な工事を1つ選び，〔設問1〕から〔設問3〕の答えを解答欄に記述しなさい.

〔注意〕 代表的な工事の工事名が工事以外でも，電気通信設備の据付調整が含まれている場合は，実務経験として認められます．ただし，撤去のみの工事は除きます．なお，あなたが経験した工事でないことが判明した場合は失格となります.

〔設問1〕 あなたが経験した電気通信工事に関し，次の事項について記述しなさい.

〔注意〕「経験した電気通信工事」は，あなたが工事請負者の技術者の場合は，あなたの所属会社が受注した工事内容について記述してください．従って，あなたの所属会社が二次下請業者の場合は，発注者名は一次下請業者名となります.

なお，あなたの所属が発注機関の場合の発注者名は，所属機関名となります.

(1) 工事名
(2) 工事の内容
　① 発注者名
　② 工事場所
　③ 工　期
　④ 請負概算金額
　⑤ 工事概要
(3) 工事現場における施工管理上のあなたの立場又は役割

〔設問2〕 上記工事を施工することにあたり「安全管理」上，あなたが特に重要と考えた事項をあげ，それについてとった措置又は対策を簡潔に記述しなさい.

ただし，交通誘導員の配置のみに関する記述は除く.

〔設問3〕 上記工事を施工することにあたり「品質管理」上，あなたが特に重要と考えた事項をあげ，それについてとった措置又は対策を簡潔に記述しなさい.

解説 合格答案例（➡P.299）を参考のこと.

第2章 施工全般

1 電気通信工事 重要度★★★

電気通信工事を施工するに当たり，**施工管理上留意すべき事項**は次のとおりである．

(1) 材料・機器

[①材料]

- 外観に傷，錆び等の**損傷がないか**確認する．
- 設計図書の**仕様に適合しているか**，数量，寸法に違いはないか確認する．
- 総務省令で定める**技術基準**，JIS等の規格に適合しているか確認する．

[②機器]

- 特注品は工場検査を行い，**製作図**にて寸法，色等を確認する．
  ※そのほか，①材料にある3つの事項を同様に確認する．

[③機器の搬入]

- 資材置場か現地据付か等，事前に検討し，大型機器の場合は搬入時の**揚重計画**をする．
- 搬入時刻，経路を調整し，必要に応じて**監視員を配置**し，**公衆災害**の防止に留意する．

[④現場内資材管理]

- 資材を長期間置くと，劣化等の問題があるので**必要最小限の資材**を保管する．
- 鍵のかかる小屋で保管し，**盗難防止**に努める．

[⑤機器の取付け]

- 取付け高さや他物との離隔が**技術基準等に適合**しているかを確認する．
- 点検や修理時の**スペースを考慮**して，取り付け位置を決める．
- 大型機器は床や壁に固定する等，**耐震施工**する．

(2) 電線管類の施工

[①合成樹脂製可とう電線管(CD管)の施工]

- 露出や隠ぺい配管は認められておらず，**コンクリート埋込**配管となるので，鉄筋にバインド線等で結束し，移動しないようにする.

[②硬質ビニル電線管(VE管)の露出施工]

- VE管はVE管用のサドルにて，**1.5m以下の間隔**で壁等に固定する.

[③1種金属線ぴの施工]

- 線ぴ内に収める電線は**絶縁電線**とし，電線の接続点を設けてはならない.

(3) 電線の施工

[①配線施工]

- 電線の接続部の**電気抵抗**，**引っ張り強度**が基準を満たすように施工する.
- 電線接続部の**絶縁**は十分保たれているようにする.
- ケーブルの場合，**支持間隔**が規定値以下となるようにする.
- 電線管内で**電線の接続をしない**.

[②端子盤内の配線処理]

- 電線の被覆をねじでかまないようにし，**心線はかたく**締めつける.
- 電線が密集するので，結束バンド等を用いて**整然と配線**する.

(4) メタルケーブルの施工

[①同軸ケーブルの敷設]

- 同軸ケーブルを造営材に取付ける場合は，ケーブルの**被覆を損傷しない**ように注意し，適合する**取付金具で固定**する．この場合の固定間隔は0.5m以下とする.
- 同軸ケーブルをケーブルラックに取付ける場合は，**他のケーブルに重ねない**ように施工する.

[②通信ケーブルのラック配線]

- ケーブルの端末は，コネクタで接続するものを除き，端子に取付けやすいように**編出し**を行う.

- 外被を取り除いたケーブルは，ケーブルラック上に敷設してはならない．

［③通信線の架空配線］

- 事前に**道路使用許可**を所轄の**警察署長**から得ておき，また，交通等に支障のないよう安全に十分配慮する．
- 架空電線の高さは，架空電線が道路上にあるときは，横断歩道橋の上にあるときを除き，**路面から5m以上**※とする．

※交通に支障を及ぼす恐れが少ない場合で，工事上やむを得ないときは，歩道と車道との区別がある道路の歩道上においては2.5m以上，その他の道路上においては4.5m以上

- 架空電線が**横断歩道橋の上**にあるときは，その路面から**3m以上**であること．
- 架空電線が**鉄道**または軌道を横断するときは，軌条面から**6m以上**（車両の運行に支障を及ぼす恐れがない高さが，6mより低い場合はその高さ）であること．
- 架空電線が河川を横断するときは，**船舶の航行等に支障**を及ぼすおそれがない高さであること．

［④通信ケーブルのちょう架］

- ちょう架用線は，**亜鉛めっき鋼より線**とし，電柱に取付ける場合には，柱頭より0.5m下がりの箇所に支持金具で取付ける．
- ちょう架用線を使用する場合は，**間隔0.5m以下**ごとにハンガーを取付けて電線を吊り下げるか，または電線とちょう架用線を接触させ，その上に容易に腐食しない金属テープなどを0.2m以下の間隔を保って，ら旋状に巻き付けてちょう架する．

［⑤地中管路内への通信ケーブル配線］

- 通信ケーブルの地中配線を行う前に，管内の清掃を行った後，管路径に合った**マンドリルまたはテストケーブル**を用いて**通過試験**を行い，管路の状態を確認する．
- ハンドホール内では，接続部及び引き通し部ともに通信ケーブルに必要長を確保し，災害時等のケーブル移動に際してキンク，断線が生じないよう考慮する．

［⑥UTPケーブルの施工］

- UTPケーブルの敷設作業中は，ケーブルに損傷を与えないように行い，延線時及び固定時の許容曲げ半径は，仕上り**外径の4倍以上**とする．

- UTPケーブルを電線管より引き出す部分には，ブッシング等を取付け，引き出し部で損傷しないように，**スパイラルチューブ**等により保護する．
- UTPケーブルを支持または固定する場合には，UTPケーブルに過度の外圧または張力が加わらないよう施工する．
- UTPケーブルの敷設時には，張力の変動や衝撃を与えないように施工する．
- 外圧または衝撃を受ける恐れのある部分は，**防護処置**を施すものとする．

［⑦メタル通信ケーブルの接続］

- CPEVケーブルは**10mm以上ずらした段接続**とし，同軸ケーブルは**高周波同軸コネクタ**接続とする．
- 電気的な連続性を保ち，**電磁誘導障害**の発生しないよう，各ケーブルに適した工具，工法にて接続する．

［⑧高周波同軸ケーブルの接続］

- コネクタ接続では，特性インピーダンスが変化しないよう，同軸ケーブルの種類に適合した**専用のコネクタ**を使用して接続する．
- 被覆を剥ぎ取る際，導体を損傷することのないようにする．

(5) 光ファイバケーブルの施工

［①光ファイバケーブルの施工（全般）］

- 光ケーブルの敷設作業中は，光ケーブルが傷まないように行い，**延線時**許容曲げ半径は，**仕上り外径の20倍以上**とする．また，**固定時**の曲げ半径は，仕上り外径の**10倍以上**とする．
- 光ケーブルの敷設時には，**テンションメンバ**に延線用**撚**（より）**戻し金物**を取付け，一定の速度で敷設し，張力の変動や衝撃を与えないように施工する．
- 光ケーブルを支持または固定する場合には，光ケーブルに外圧または張力が加わらないよう施工する．
- 外圧または衝撃を受ける恐れのある部分は，**防護処置**を施す．
- 光ケーブルに加わる張力及び側圧は，許容張力及び許容側圧以下とする．
- 敷設時には，光ケーブル内に水が入らないように，**防水処置**を施す．
- 光ケーブルを電線管より引き出す部分には，**ブッシング**などを取付け，引き出し部で損傷しないように，**スパイラルチューブ**などにより保護する．
- 光ケーブルの敷設時は，光ケーブルを踏んだり，重量が光ケーブル上に加わったりしないように施工する.

- 光ケーブルの敷設の要所では，ケーブルに合成樹脂製またはファイバ製などの名札を取付け，**ケーブルの種別，行先などを表示**する.

［②光ケーブル地中配線］

- 光ケーブル地中配線を行う前に，管内の清掃を行った後，管路径に合った**マンドリル**または**テストケーブル**を用いて通過試験を行い，管路の状態を確認する.
- ハンドホール内では，接続部及び引き通し部ともに光ケーブルに必要長を確保することとし，災害時等のケーブル移動に際し，**キンク断線が生じない**よう考慮する.
- ハンドホール内で後分岐を行う場合は，ケーブルの必要長と**クロージャー**設置スペースを確保する.

［③光ケーブル屋内配線］

- 屋内管内配線は，**プルボックスごとに人を配置**し，連絡を取り合い，ケーブルの許容張力及び許容曲率を確認しながら施工する.
- 水平ラック部に光ケーブルを敷設する場合は，**3m以下の間隔**ごと，垂直ラック部は，**1.5m以下の間隔**ごとにラックに緊縛して固定する.

［④光ケーブル屋外配線］

- 敷設後に他の工事によって別のケーブルが積み重ねられることが多いので，ケーブルの耐圧縮強度に注意し，許容側圧を越えないよう施工する.

［⑤光ケーブル架空配線］

- 光ケーブルの敷設作業中は，許容張力及び許容曲率を確認しながら施工するとともに，他のケーブルとの接触，柱間の**ケーブルのたるみ及び脱落**などの監視を行う.
- ケーブル弛度は，光ケーブルの種別，径間長及び外気温度などによって異なり，実状に応じた計算を行い施工する.
- 共架及び添架において，既設電線との混触などのおそれがある場合には，既設電線の弛度に合わせて施工する.

［⑥光ケーブルの心線接続］

- 光ケーブルの心線相互の接続は，アーク放電による**融着接続**または**光コネクタによる接続**とし，融着接続とする場合は，JISに規定されている，光ファイバ心線融着接続方法によるものとする.

- 接続損失は融着接続の場合0.6dB/箇所以下※，かつ，施工区間の伝送損失が所定の規格値を満足するものとする．

※光コネクタによる接続の場合0.7dB/両端以下とする．

［⑦光ケーブルの成端］

- 光ケーブルと機器端子を接続する場合は，**成端箱**を設けて箱内で外被を固定し，機械的強度を保つように施工する．
- 機器の内部に接続箱などの施設がある場合，直接引き入れて同様に成端する．

(6) その他工事

［①管路の外壁貫通］

- 管路の周囲にできた外壁とのすき間は，防水性のある**シール材等を充てん**する．
- 木造壁と金属管の場合，メタルラスを切り開き，**管と接触しない**ようにする．

［②コンクリート穴あけ（貫通口）］

- 貫通口は，コンクリート打設前に**スリーブ**にて確保するが，打設後にやむを得ず開ける場合は，放射線透過検査を行い，**鉄筋を切断しない**ようにする．

［③通信用鉄塔架線］

- クレーン車による据付は，**アウトリガー**を原則最大限に張出し，鉄板・角材等を使用して，堅固かつ水平に行う．
- 約20m以上の高所作業における上下の連絡は，**トランシーバ**またはホイッスル等を使用し，確認しながら作業する．

［④衛星通信固定局基礎工事］

- コンクリートに埋込む**アンカーボルト**は，埋設部を除き**溶融亜鉛めっき**を施したものを使用する．
- コンクリートの基礎部は，**モルタル**により仕上げる．

［⑤空中線据付※］

- 取付高さ，相手局方向，偏波面を確認してから施工する．
- 使用するボルトが鋼製のものにあっては，溶融亜鉛めっきまたはステンレス製で**防食効果**のあるものを使用する．

※多重無線通信及び衛星通信においても，2つの事項は共通である．

(7) 試験・検査

[①資材の受入検査]

- 品名，数量等が**発注書通り**か確認する．
- 製品にきず等の**損傷がないか**を確認する．

[②光ケーブル敷設後の測定及び試験項目]

- 試験項目は，外観確認，**クロージャーの気密試験**，接続損失の測定，伝送損失の測定を行う．
- **外観確認**は，光ケーブルの外観（損傷・変形のないこと），敷設状態（無理な捻れ等のないこと），整理状態（整然と配置されていること），付属器材類が正しく取付けられていることを確認する．
- クロージャーの気密試験は，クロージャー内の防水のため，気圧を高めて密封された器内の気密が十分かを確認する．
- **接続損失**は，測定区間の両端から測定し，その平均値を採用する．
- **伝送損失**は，施工区間の伝送損失が，所定の規格値以下で施工されたかを測定する．

[③OTDR（光パルス試験器）による測定]

- 伝送損失，接続損失の**規格値を確認**し，測定試験ヤードを確保する．
- 光ファイバケーブルの接続損失は，測定区間の両側から測定し，その**平均値を採用**する．

[④工場検査]

- **製作図と照合**し，寸法，形状，性能等が満たされているか調べる．
- 検査の結果，改善の必要がある場合，指摘内容を記録に残し，**手直しの期日**を明記する．ない場合は，指摘事項のない旨を記録する．

2 安全管理

重要度★★★

建設現場の安全管理は，**労働安全衛生法を遵守**して行う．

(1) 安全衛生活動

安全衛生活動は，次のとおりである．

［①オアシス運動］

- 「オハヨウ」「アリガトウ」「シツレイシマス」「スミマセン」の頭文字をとって名付けられた，**コミュニケーションを図る**ための運動をいう．

［②TBM（Tool Box Meeting）］

- 作業開始前の短い時間を使って，道具箱（ツールボックス）のそばに集まった仕事仲間が**安全作業について話し合い**（ミーティング）をすることをいう．
- アメリカの風習を取り入れたもので，安全常会ともいう．

［③KY（KYT・KYK）］

- 職場や作業の中にひそむ**危険要因**や，自ら作り出そうとしている危険要因を，イラストや実際に作業をして見せながら，職場小集団で話し合う安全についての訓練をいう．

［④4S運動］

- 安全の基本となる**「整理」，「整頓」，「清潔」，「清掃」**の頭文字をとったものをいう．作業場所を常にこの4つの状態に保ち，安全活動をすすめる．

［⑤安全パトロール］

- 建設現場の安全を確保するための，組織的な**巡回**をいう．
- 足場，作業床，資機材の保管状況，**不安全行動**の有無等をチェックする．

［⑥安全施工サイクル］

- 工事現場において，毎作業日，毎週，毎月の計画を立て**安全管理活動**を行う．
- 毎作業日の安全朝礼，毎週の週末一斉片付け，毎月の月例安全集会等の活動である．

［⑦安全管理者の職務］

- **作業場等を巡視**し，設備，作業方法等に危険のおそれがあるときは，直ちにその危険を防止するため必要な措置を講じる．

(2) 作業の安全

労働災害を防止するための具体的な内容は，次のとおりである．

［①高所作業車作業］

- **アウトリガー**を十分張り出し，転倒のないようにする．
- 軟弱地盤では，地盤上に鉄板等を敷く．

- かごから**身を乗り出さない**ようにする．

［②移動はしご作業］

- **滑り止め装置**と転移を防止するために固定し，はしごの先端は**60cm以上**突き出す．

［③悪天候時の作業］

- 強風，大雪，大雨等悪天候が予想されるときは，屋外作業を**中止する**．

［④酸素欠乏症防止］

- 酸欠危険場所での作業は，**十分な換気**をする．給気機，排気機を設置する．
- **酸素濃度計**にて18％未満でないことを確認し，できるだけ21％に近づける．
- **酸素欠乏危険作業主任者**に作業を監視させる．
- 入退所時に，作業員人数を確認する．

※「酸素欠乏症等」とは，酸素のほか硫化水素（濃度は10ppm以下）も含む．

［⑤感電災害防止］

- 開路後，**検電器**により停電を確認する．
- 停電確認後，短絡接地器具で三相を確実に**短絡接地**する．
- 開路後，電力用コンデンサ，電力ケーブルの**残留電荷を放電**する．
- 高圧遮断器，配線用遮断器を切ったときは，投入されないよう「作業中」，「**操作禁止**」の札をかけておく．

［⑥漏電による感電防止］

- 電気回路に**漏電遮断器**を設置するとともに，機器の鉄台等には**接地工事**を施す．

［⑦飛来・落下災害防止］

- **3m以上の高所**から物体を投下するときは，適当な**投下設備**を設け，**監視人**を置く等の措置をする．
- 養生ネット，**防護棚**（朝顔）等の防護設備を設ける．
- 外部足場での上下同時作業はしない．

［⑧墜落災害防止］

- 高さが**2m以上**※の箇所で作業するときは，**照度**を確保する．

※高さ2m以上の高さでの作業を「**高所作業**」という．

- 高さが2m以上の作業場所には，**作業床**を設ける．**幅は40cm以上**とし，床材の**すき間は3cm以下**とする．（つり足場では，すき間がないようにする）
- 手摺りの高さは，**85cm以上**とする．

- 脚立と水平面との角度は，**75度以下**とする．
- 脚立の**天板には立たない**．

※墜落災害が高さ2m以上であるのに対し，転落災害は高さが2m未満の高さから人が落ちる災害をいう．一口に「墜落・転落災害」ということもある．

「飛来・落下」は，物体が飛んで来ることによる災害で，「墜落」は人が高所から落ちる災害である．「高所作業の注意点」という出題なら，墜落災害についての記述とする．

［⑨工具の取扱い］

- 電動工具の場合，ケーブルの損傷，**漏電**のないことを確認する．
- 回転工具の場合，巻き込まれるおそれがあるので，**手袋はしない**．

(3) 安全衛生

［①雇入れ時の安全衛生教育（新規入場者教育）］

- 新たに現場に入場した者や作業内容を変更した者に対して行う**安全衛生教育**をいう．
- 点検，作業手順，整理整頓，清潔の保持，緊急時の応急措置，退避等について教育する．
- 参考として，労働安全衛生法には，以下の内容について書かれている．
  - ・作業開始時の点検に関すること
  - ・作業手順に関すること
  - ・整理，整頓，清潔の保持に関すること
  - ・事故時等における応急措置及び退避に関すること

［②熱中症の手当］

- **涼しい場所に移動**させ，塩分を含んだ**水分を飲ませる**．飲めない場合は，救急車の出動を依頼する．

［③中高年齢者についての安全対策］

- 高所作業での従事を制限，配慮する．
- 時間外労働をさせない．
- 夏季の水分補給，休憩等を十分とる．

※中高年の体力的なものに配慮した内容であること．

過去問チャレンジ（章末問題）

問1 **R1** ➡1 電気通信工事

電気通信工事に関する語句を選択欄の中から1つ選び，番号と語句を記入のうえ，施工管理上留意すべき内容について，具体的に記述しなさい．

選択欄

1. 資材の受入検査
2. OTDR（光パルス試験器）の測定
3. UTPケーブルの施工
4. 機器の搬入

解答例 以下は解答例であり，1～4のうち1つだけ記述する．

1. 資材の受入検査
   - ・品名，数量等が注文書通りか確認する．
   - ・製品に傷などの損傷がないか等を確認する．
2. OTDR（光パルス試験器）の測定
   - ・伝送損失，接続損失の規格値を確認し，測定試験ヤードを確保する．
   - ・光ファイバケーブルの接続損失は，測定区間の両側から測定し，その平均値を採用する．
3. UTPケーブルの施工
   - ・UTPケーブルの敷設作業中は，ケーブルに損傷を与えないように行い，延線時及び固定時の許容曲げ半径は，仕上り外径の4倍以上とする．
   - ・UTPケーブルを電線管より引き出す部分には，ブッシングなどを取付け，引き出し部で損傷しないように，スパイラルチューブなどにより保護する．
4. 機器の搬入
   - ・搬入時刻，経路を調整し，必要に応じて監視員を配置し，公衆災害に留意する．
   - ・資材置場か現地据付かなど，事前に検討し，大型機器の場合，搬入時の揚重計画をたてる．

問2 **R1** ➡1 電気通信工事

下図に示す地中埋設管路における光ファイバケーブル布設工事の施工について，(1)，(2) の項目の答えを記述しなさい.

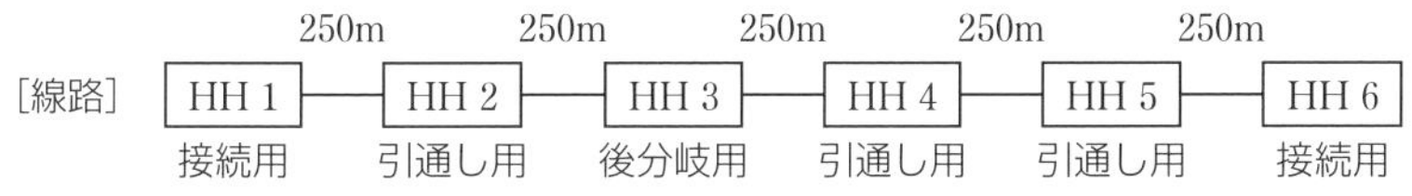

※図中のHHは「ハンドホール」を意味する.

(1) 光ファイバケーブル布設工事の施工において，管内通線の前に行う作業として必要な内容を記述しなさい.

(2) 光ファイバケーブル布設工事の施工において，後分岐用ハンドホールでの施工上の留意点を記述しなさい.

解答例 以下は解答例である.

(1) 管内の清掃を行った後，管路径に合ったマンドリルまたはテストケーブルを用いて通過試験を行う.

(2) 光ファイバケーブルの必要長とクロージャー設置スペースを確保するとともに，災害時等のケーブル移動に際し，キンク断線が生じないようにする.

問3 **R3** ➡1 電気通信工事

LAN配線に用いるケーブルの施工に関する次の記述の [　　] に当てはまる語句を選択欄から選びなさい.

(1) カテゴリ5eのツイストペアケーブルの使用が適当であるイーサネットの規格名称は，[　ア　] である.

(2) [　イ　] は，LAN配線用のツイストペアケーブルの成端に使うコネクタである.

選択欄

10 BASE 5	1000 BASE-T	1000 BASE-SX
10 GBASE-T	SCコネクタ	RJ-45 コネクタ
N型コネクタ	RJ-11 コネクタ	

VI 第2章 施工全般

解説 1000 BASE-T はカテゴリ5eに属し，UTPケーブルの成端には，8P8C（RJ-45）規格のコネクタを使用する．

解答 (1) 1000 BASE-T (2) RJ-45コネクタ

問4 **R2** ⇒2 安全管理

電気通信工事の現場で行う安全管理に関する用語を選択欄の中から2つ選び，解答欄に用語を記入のうえ，「労働安全衛生法令」等に沿った活動内容や対応又は概要について，それぞれ具体的に記述しなさい．

選択欄

1. 4S活動　2. 雇入れ時の安全衛生教育　3. TBM
4. 熱中症の手当　5. 安全管理者の職務

注）TBM（Tool Box Meeting）

解答例 以下は解答例であり，1～5のうち2つを選んで記述する．

1. 4S活動

整理・整頓・清潔・清掃の4つの頭文字をとって名付けたもの．現場の環境を整備することによる，安全活動をいう．

2. 雇入れ時の安全衛生教育

雇い入れ時と作業を変更するときに行う教育．機械等の危険性や取扱い方法，作業手順に関することなどが，労働安全衛生法に定められている．

3. TBM

作業開始前に，現場の職長，作業員などの小集団で安全作業について話し合う活動をいう．

4. 熱中症の手当

涼しい場所に移動させ，塩分を含んだ水分を飲ませる．飲めない場合は，救急車の出動を依頼する．

5. 安全管理者の職務

現場の巡視，TBMなど行い労働者の安全教育を実施する．

図記号

情報通信関係の図記号（JIS）は以下のとおりである．

1 一般

重要度★★★

名称	図記号	摘要
プルボックス	☒	a) 材料の種類，寸法を傍記する． b) ボックスの大小及び形状に応じた表示としてもよい． 例 ☒ SUS 150□×100
配電盤，分電盤及び制御盤	▭	a) 種類を示す場合は，次による． 配電盤　実験盤 分電盤　OA盤 制御盤　警報盤 b) 直流用は，その旨を傍記する． c) 防災電源回路用配電盤等の場合は，二重枠とし，必要に応じ，種別を傍記する． 例 1種 2種

2 構内情報通信網装置

重要度★★★

機号	名称	摘要
RT	ルータ	ルータ以外の機器もこれに準じ ▭ 内に機器名を記入する．
	情報用アウトレット 通信コネクタ×1	通信コネクタ1個以外及び種類は，傍記による． 床面取付け用　二重床用
	複合アウトレット	
DSU	デジタル回線終端装置	
TA	ターミナルアダプタ	
HUB	ハブ	必要に応じ，ポート数を傍記する．例 HUB 12

VI 第3章 図記号

3　構内交換装置

重要度★★★

機　号	名　称	摘　要
Ⓣ	内線電話機	
Ⓣ$_{BT}$	ボタン電話機	
[記号]	集合保安器箱	対数（実装数／容量一列数），形式は，傍記による．
[記号]	転換器	両切り転換器を示す場合は [記号]
[記号]	端子盤	対数（実装数／容量一列数），形式は，傍記による．
MDF	本配線盤	対数（実装数／容量一列数），形式は，傍記による．
ATT	局線中継台	
PBX	交換機	形式は，傍記による． [記号] と表示してもよい．
[記号]	ボタン電話主装置	形式は，傍記による．
[記号]	局線表示盤	局線数は，傍記による．窓数10 [記号]$_{10}$
[記号]	床付電話用アウトレット	
[記号]	壁付電話用アウトレット	通信コネクタの種類は，傍記による．

4　監視カメラ装置

重要度★★

機　号	名　称
[記号]	カメラ
TVM	モニタ
CCTV	監視カメラ装置架
DR	デジタルレコーダ
AVSW	映像切換器

5 テレビ共同受信装置

重要度★★★

機号	名称	摘要
	テレビアンテナ	種類は，傍記による．VFH20素子は VHF 20E
	パラボラアンテナ	種類は，傍記による．BS BS放送用
	混合（分波）器	種類は，傍記による．分波器は
	増幅器	種類は，傍記による．
	1分岐器	
	2分岐器	
	4分岐器	
	2分配器	
	4分配器	
	6分配器	
	8分配器	
	1端子形テレビ端子	傍記Sは上り信号カット機能付き 傍記Wは2,602MHz対応 を示す．
	1端子形直列ユニット F形接栓	傍記Rは終端抵抗器付き 傍記Sは上り信号カット機能付き 傍記Wは2,602MHz対応 を示す．
	ヘッドエンド	HE と表記してもよい
	機器収容箱	

過去問チャレンジ（章末問題）

問1　R1　➡1 一般，2 構内情報通信網装置

電気通信工事の施工図等で使用される記号について，(1)，(2)の日本産業規格（JIS）の記号2つの中から1つ選び，番号を記入のうえ，名称と機能または概要を記述しなさい．

(1) ◩　　(2) RT

解答例　以下は解答例で有り，記号2つの中から1つ選んで解答する．

(1) 名称　分電盤

機能または概要　幹線からの電源を受け，必要な漏電遮断器や配線用遮断器を収納した箱をいう．照明やコンセントなどへ電気を供給する．

(2) 名称　ルータ

機能または概要　異なる通信ネットワーク同士を相互接続する情報通信機器

問2　R2　➡1 一般，2 構内情報通信網装置

電気通信工事の施工図等で使用される記号について，(1)，(2)の日本産業規格（JIS）の記号2つの中から1つ選び，番号を記入のうえ，名称と機能又は概要を記述しなさい．

ただし，名称は，日本語での表記とする．

(1) ⊠　　(2) DSU

注）(1)は一般配線の機材として使用される．

解答例　以下は解答例で有り，記号2つの中から1つ選んで解答する．

(1) プルボックス

多数の電線管が集まる箇所に設け，電線，ケーブルの通線や接続作業を容易にする．

(2) デジタル回線終端装置

ISDN回線のユーザの終端装置であり，回線とユーザ側の機器との通信を可能にする．

問3　**R3**　⇨ 5 テレビ共同受信装置

電気通信工事の施工図等で使用される記号について(1)，(2)の日本産業規格（JIS）の記号2つの中から1つ選び，番号を記入のうえ，名称と機能又は概要を記述しなさい．

(1) 　　(2) 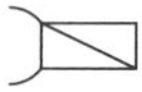

解答例　記号2つの中から1つを選んで解答する．

(1)　壁付のナースコールボタン

ボタンスイッチを押すことにより，病院のナースコールとして鳴動する．

(2)　パラボラアンテナ

凹形（椀形）で，表面が白色に塗られたアンテナで，衛生放送などの受信ができる．

アローネットワーク工程表

アローネットワーク工程表については，一次検定試験のV部3章にある工程表（➡P.245）で詳解しているので，参照のこと．ここでは，**最早開始時刻**と**最遅完了時刻**の計算方法と，例題で解き方を解説する．

1 時刻の求め方

重要度★★★

(1) 最早開始時刻（EST）の求め方

【例題】 図1は，アローネットワーク図である．結合点の上にESTを記入しなさい．

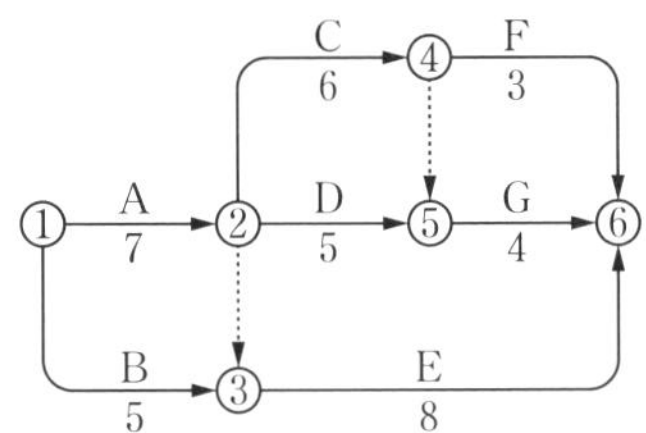

図4・1　アローネットワーク図

［手順］

- ①の上に0を記入する．
- ①～⑥の順に矢線に従い，作業日数を加算する．
- 矢線が2本以上集まる結合点は，**一番大きい数値**を記入する．
- ⑥で終了．この数字が所要工期．図4・2参照．

　※最も日数がかかるルートを**クリティカルパス**という．

　A→C→Gがクリティカルパスである．

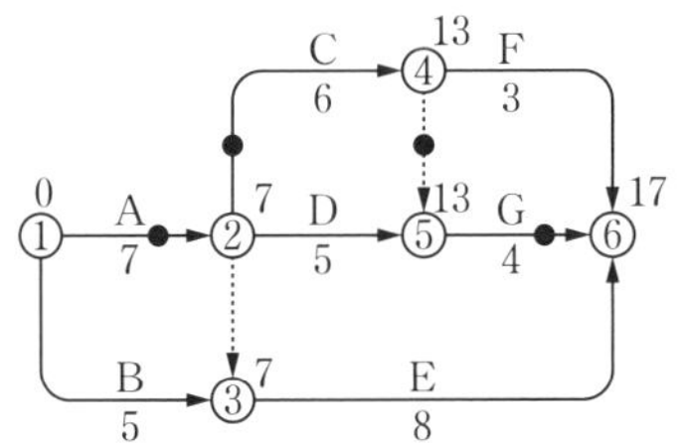

図4・2　ESTを書き込んだもの

(2) クリティカルパスの求め方

次のいずれかの方法がある.

①ESTを求めた後，最後のイベントから遡(さかのぼ)って**長くかかる工程**を探す.

②ESTとLFTを求め，その数値が同じ結合点（イベント）を太線で◯印をつけ，そこを通る作業を書きだし，そのルートのすべてを検証する．最も日数のかかっている作業の連なりがクリティカルパスである.

※偽物が含まれている可能性があるので注意する.

(3) 最遅完了時刻（LFT）の求め方

【例題】 図1は，最早開始時刻を記入したアローネットワーク図である．最遅完了時刻を記入しなさい.

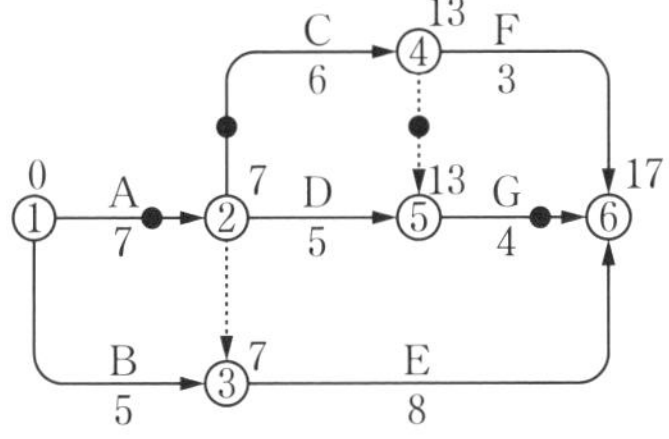

図4・3　ESTを書き込んだ図

［手順］

- ESTの数字の上に記入する．□で囲んだ数字である.
- ①と⑥の上に同じ数字を書く.
- ⑥～①の順にいく．ESTとは逆に，引き算する.
- 結合点から出る矢線が2本以上あるとき，一番小さい数字を記入.

• ①で終了．図4・4参照．

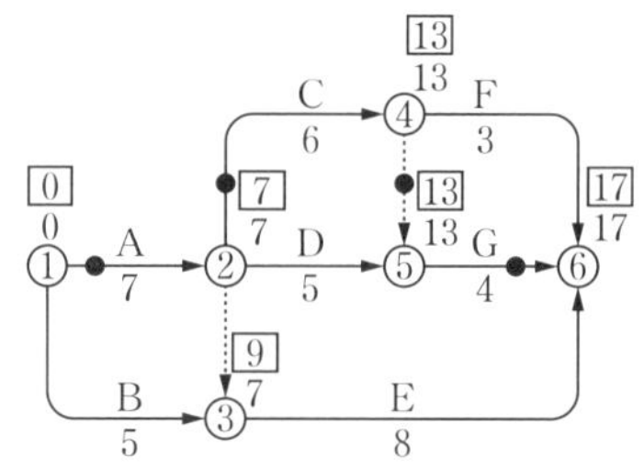

図4・4　ESTの上にLFTを書き込んだ図

【例題1】 図に示すネットワーク工程表において，次の設問の答えを解答欄に記入しなさい．

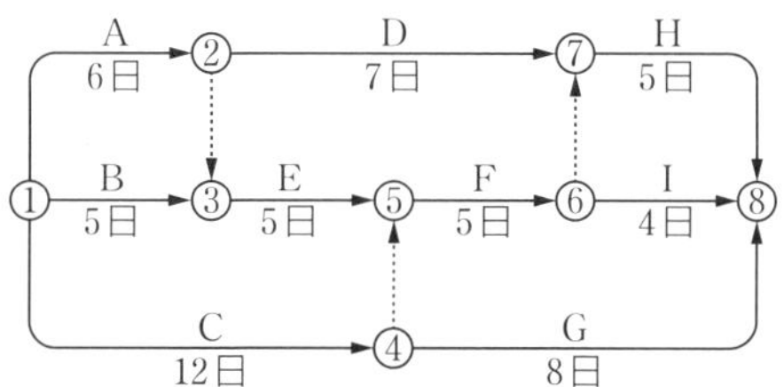

設問1 最早開始時刻（EST）を求めなさい．

設問2 最遅完了時刻（LFT）を求めなさい．

解説 ESTとLFTを，イベント番号の上に記入すると，図のようになる．

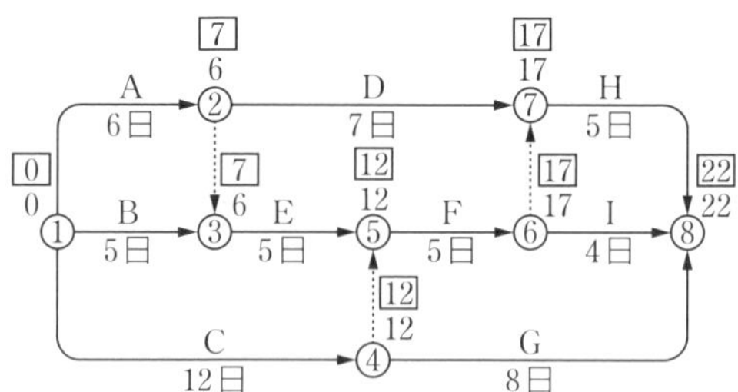

（答）図参照

設問3 所要工期を求めなさい.

解説 ⑧の数字が所要工期である. (答) 22日

設問4 クリティカルパスを，作業名で記入しなさい.

解説 クリティカルパスは，次の2つの方法で求めてみる.

①ESTを求めた後，最後のイベントから遡(さかのぼ)って長くかかる工程を探す.

- ⑧が22日で，入線する矢線は3本あるが，**作業H**が22日かかるルートである.
- ⑦において，17日かかるのは**作業F**である.
- ⑤において，12日かかるのは**作業C**である.

(答) C → F → H

②ESTとLFTを求め，その**数値が同じ結合点（クリティカルイベント）**を太線で○印をつけ，そこを通る作業を書きだし，そのルートのすべてを検証する.

- ①，④，⑤，⑥，⑦，⑧がクリティカルイベントである.
- ①→④…→⑤→⑥→⑧と
  ①→④…→⑤→⑥…→⑦→⑧の2つがクリティカルパスの候補である.
- 順に足して検証すると，①→④…→⑤→⑥→⑧は21日で，①→④…→⑤→⑥…→⑦→⑧は22日である
- 従って①→④…→⑤→⑥…→⑦→⑧がクリティカルパスで，作業名で答えると，C → F → Hとなる.

設問5 作業Eのフリーフロートは何日か.

解説 12（最早開始時刻の12）−5−6＝1日

(答) 1日

設問6 作業Bのトータルフロートは何日か.

解説 7−5−0（最早開始時刻の0）＝2日 (答) 2日

ごろあわせ **エステ は 大入り**

EST　矢線が複数本**入る**結合点には一番**大きい**数字を記入.

ごろあわせ **ロフト から 小出し**
LFT　　矢線が複数本出る結合点には一番小さい数字を記入.

point
ESTとLFTの計算は，すべてが逆である.

【例題2】 図に示すアロー形ネットワーク工程表について，次の問に答えなさい.
ただし，矢線の上段は作業名，下段は所要工期を示す.

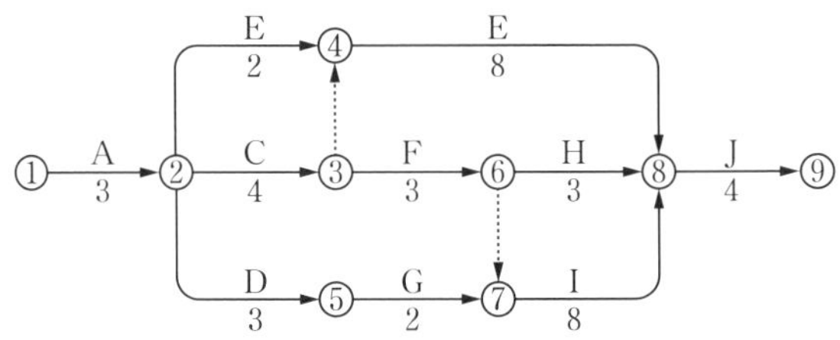

設問1 EST・LFTを結合点（イベント）の上に書きなさい.
設問2 所要工期は何日か.
設問3 クリティカルパスを，作業名で工程順に並べて答えなさい.
設問4 作業Dのフリーフロートは何日か.
設問5 作業Dのトータルフロートは何日か.

解説 EST・LFTを結合点（イベント）の上に書くと，図のようになる.
イベント番号の上の黒字がESTでその上の赤字がLFTである.

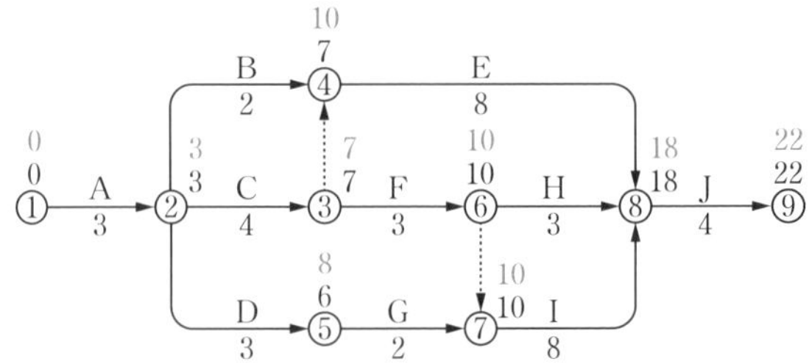

（答）1. 図参照　2. 22日　3. A→C→F→I→J　4. 0日　5. 2日

過去問チャレンジ（章末問題）

問1　R1　➡1 時刻の求め方

下図に示すネットワーク工程表について，(1)，(2)の項目の答えを解答欄に記入しなさい．ただし，○内数字はイベント番号，アルファベットは作業名，日数は所要工期を示す．

(1)　所要工期は，何日か．

(2)　作業Jの所要工期が3日から7日になったときイベント⑨の最早開始時刻は，イベント①から何日目になるか．

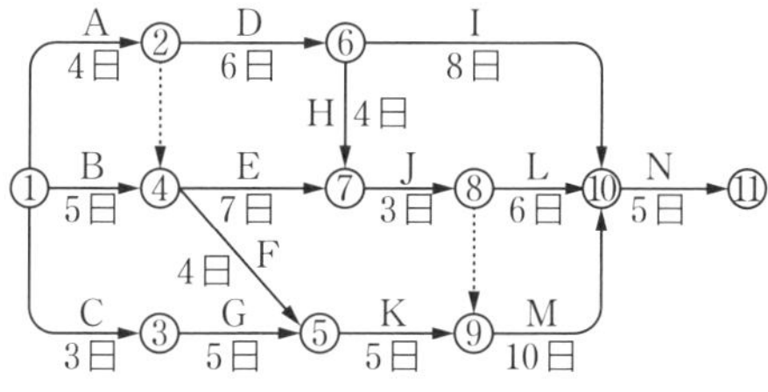

解説　ESTを計算すると下図のようになる．所要工期は32日である．

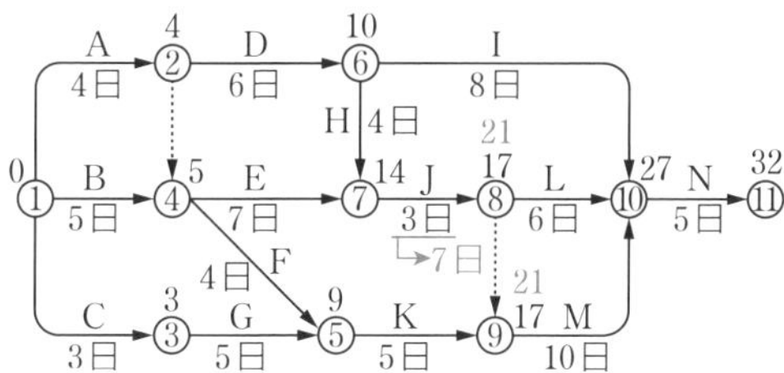

また，Jを4日にすると，⑨の最早開始時刻は赤字の21日となる．

解答　(1) 32日　　(2) 21日目

問2 **R3** ➡1 時刻の求め方

下図に示すネットワーク工程表について，⑴，⑵の項目の答えを解答欄に記入しなさい．

ただし，◯内数字はイベント番号，アルファベットは作業名，日数は所要工期を示す．

⑴ 所要工期は，何日か．

⑵ 作業Gの所要工期が4日から5日になったことに加え，作業Jの所要工期が3日から5日になったときイベント⑦の最遅完了時刻の日数は，何日か．

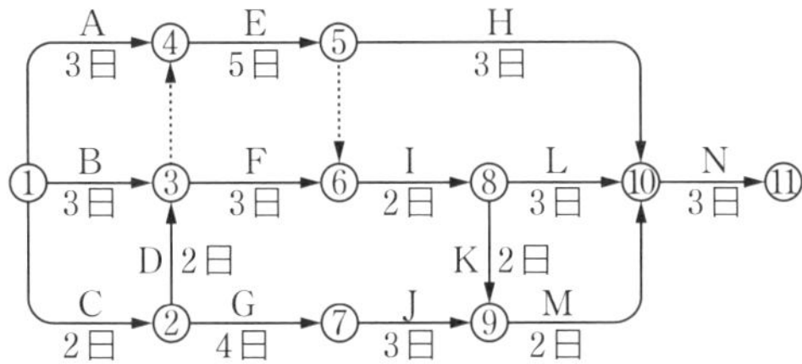

解説 ESTは下図のようになる．また，GとJの作業日数を変えると赤字のようになる．⑦の最早開始時刻は2+5=7で，⑨には7+5=12日に到達する．⑨の最早開始時刻は13日のままであり，⑦の最遅完了時刻は，13−5=8日となる．

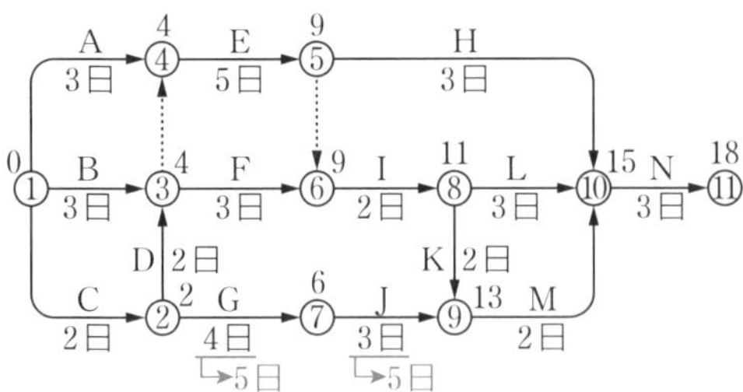

解答 ⑴ 18日 ⑵ 8日

第5章 電気通信用語

1 重要暗記用語　重要度★★★

電気通信工事に関する重要用語は次のとおりである．

(1) 通信

[①光通信]

- 光通信は，0と1の電気信号を**光の点滅に変えて**情報を伝える技術をいう．光は**光ファイバ**と呼ばれる伝送路を通り信号を伝える．
- 光ファイバは，**ガラスや透明なプラスチック**などを使用し，光の伝送路となる**コア**と呼ばれる芯線の周りを，同じ素材で屈折率の異なる**クラッド**で囲み，これを被覆したものである．

[②FTTH（Fiber To The Home）]

- 電話，インターネット，テレビ等の**サービスを統合して提供**する通信サービスの総称をいう．
- 通信事業者の設備からユーザ宅まで光ファイバを引き込み，ONUで光を電気信号に変換してからコンピュータに接続する．
- 最大伝送速度は，上り，下りとも100Mbps～10Gbps程度である．

[③ADSL（Asymmetric Digital Subscriber Line）]

- 非対象デジタル加入者線のことで，光ファイバ回線が普及する以前，**アナログ電話回線**を用いたデータ通信をいう．
- FTTH化前のアクセスシステムで，通信設備センターとユーザ宅を一対のメタルケーブルを使用して伝送する．

[④量子化雑音]

- アナログ信号をデジタル信号（1.0）に変換する際に生じる**誤差**をいう．

[⑤MIMO（Multiple Input Multiple Output）方式]

- 送信側，受信側で，それぞれ**数本のアンテナ**を少しずつ離して設置し，各

VI 第5章 電気通信用語

アンテナから同時刻に同じ周波数で異なる信号を送信する.

- 受信側の各アンテナは複数信号の**合成波を受信**するが，アンテナ間に位置的なずれがあるので，少しずつ異なった波形となる.

[⑥マイクロ波通信]

- マイクロ波の周波数帯域は，通信分野では一般に**3GHz～30GHzの周波数帯**（波長1～10cm）をいい，マイクロ波通信とはその周波数帯を使用して行う無線通信をいう.
- マイクロ波は直線性が強い，伝送容量が大きい等の特性を有しており，特定方向への**長距離伝送**に利用される．市町村の防災無線等に用いられている.

[⑦フェージング現象]

- 地形，気象条件の変化等により，直接波，屈折波，反射波などが多重波となって**互いに干渉**し合う現象をいう.
- マイクロ波無線回線の品質に大きな影響を与える．携帯電話では，特に**干渉性フェージング**が問題となる.

[⑧ダイバーシチ技術]

- 電波を受信する際，複数のアンテナを同時に使い，**電波状況が優れたものを選択**，信号を合成してノイズを除去する技術をいう.
- **フェージングを防止**でき，通信品質が向上する.

[⑨DSRC（Dedicated Short Range Communications）]

- **車両との無線通信**で使用される，**5.8GHz帯**のISM（Industry Science Medical：産業科学医療用）帯を用いた，無線通信技術をいう.
- 道路交通システムで利用され，路側機と車載器間の通信により，ドライバーに各種のサービスが提供されている．高速道路における**ETC**はそのひとつである.

[⑩パケット通信]

- パケットとは，小包みのことである．パケット通信とは，データを**パケットに分割**し，個別に送受信する方式をいう.
- **蓄積交換方式**と呼ばれるものは，送信側の機器はデータを適当な長さに分割し，順番に送信する．中継機器は受け取ったパケットを記憶装置に格納してから，最終的に受信側の機器までパケット群を届ける.

[⑪シリアルインタフェース]

- データ伝送の際，デジタルデータを1ビットずつ**順次伝送**，または，そのような方式を用いる接続口をいう.

[⑫IPマルチキャスト]

- インターネットプロトコルで制御されるネットワーク上で，1カ所から複数の相手に同じデータを**いっぺんに送信**する通信方式をいう.

[⑬携帯電話のハンドオーバ]

- 携帯電話で移動通信する際に，交信する**基地局を切り替える動作**をいう.

[⑭変調方式]

- 変調とは，搬送波（キャリア）に伝えたい情報を乗せることをいい，一般に，電波で変えることができるのは**「振幅」**，**「周波数」**，**「位相」**である.
- 変調方式には，アナログ変調，デジタル変調，パルス変調等がある.

[⑮多重化]

- 一つの回線で複数回線の信号やデータを**同時送受信**することをいい，周波数分割多重，時分割多重，空間分割多重，符号分割多重がある.
- 通信事業者の回線網では，末端に小容量のアクセス回線が多数配線されており，その多数の接続を大容量の回線に束ねる際，多重化技術が利用されている.

[⑯防災行政無線]

- **県及び市町村**が「地域防災計画」に基づき，防災，応急救助，災害復旧に関する業務に使用することを主目的とする無線をいう.
- 平常時には一般行政事務に使用できる無線局である.

[⑰GPS]

- 人工衛星を利用し，人や車等が地球上の**どこにいるのか**を示すシステムをいう.
- 携帯電話やカーナビゲーションシステムに組み込まれ，位置情報を利用した様々なサービスが提供されている.

[⑱UTPケーブル]

- 非シールドの何対かの絶縁線を，ビニルチューブで覆ったツイストペア・ケーブルをいう.
- 非シールドのためノイズに弱く，**電磁誘導障害を受けやすい**ので，電源ケーブルから十分な離隔をとる.

[⑲高周波同軸ケーブル]

- 中心導体とその回りに導体を配した構造で，**高周波の伝送用**として用いられる.

- テレビ受信用として，5C-2Vや，低損失の5C-FB等がある．

［⑳アラミド繊維入ラジオ再放送用ポリエチレン電線（ARE）］

- トンネル内の**ラジオ再放送用誘導線**として使用される．
- 耐食性を有し，可とう性と耐張力性に優れたアラミド繊維を中心に，硬銅線を撚り合わせ，その上にポリエチレンを被覆しており腐食しにくい．

※漏えい同軸ケーブル（LCX：Leaky Coaxial Cable）も同様の目的で使用される．

［㉑Bluetooth］

- スウェーデンのエリクソン社が開発し，IEEE802.15.1として2.4GHz帯の電波を使って**無線通信**を行う規格として標準化したものである．
- クラスにより通信距離等は異なるが，一般的なクラス2では，通信距離10m程度が可能で，障害物があっても通信できる．

（2）情報

［①公開鍵暗号方式］

- 公開鍵と秘密鍵の2つの鍵を使ってデータの**暗号化・復号**を行う暗号方式をいう．
- 暗号化に用いる鍵は公開されるが，復号に用いる鍵は秘密にされ本人しか知らない．

［②フラッシュメモリ］

- データを書き込んだり読み出したりすることができる**記憶装置**の一種である．
- 記憶したデータは電源を切ってもそのまま消えずに残る．データの消去は一瞬でできる．

［③コンピューターウイルス］

- インターネット上に存在する**マルウェア**の一種で，他のファイルに寄生して増殖し，不正な指令を出す．
- 自己伝染機能・潜伏機能・発病機能の3つがウイルスの機能として定義されている．

［④DDoS攻撃］

- 特定のネットワークやコンピュータに機能障害を起こさせる目的で，インターネット上の多数のコンピュータから**一斉に接続要求**を送信して過剰な負荷をかけて攻撃すること.

[⑤スパイウェア]

- パソコン内でユーザの**個人情報や行動を収集**し，外部に送信するプログラムのこと.
- フリーソフトのインストール，添付ファイル等の感染経路から，デバイスに侵入する.

[⑥ワーム]

- マルウェアと呼ばれる**不正プログラム**の一種であり，自分自身の複製を作り，他のコンピュータに感染を広めようとする.
- インターネットを通じてコンピュータに侵入し，他のプログラムに寄生することなく他のコンピュータへの**自身の複製**を試みる.

[⑦RAID5]

- 複数のハードディスクにデータと**パリティ情報**をそれぞれ分散して記録する方式であり，1台のハードディスクが故障しても残りのハードディスクのデータとパリティ情報から元の**データを復元**できる.

(3) ネットワーク

[①LAN]

- ローカル・エリア・ネットワークの略．**企業内情報通信網**，地域内情報通信網のことをいう.
- コンピュータや端末機をケーブルで接続し，情報の共有化，文書，画像等の相互通信を行う.

[②シンクライアントシステム]

- ユーザ側**端末の機能を最低限**にし，データの保存や処理の多くを会社側のサーバ側で行うシステム.
- **リモート勤務**が可能となり，情報漏えい対策やセキュリティ強化の手段として有効である.

[③スイッチングハブ]

- ネットワークの各機器に割り当てられた**MACアドレス**を見て，行き先を振り分ける機器をいう.

[④SIP]
- IPネットワーク上で，相手との**通信経路を確立**するための通信規約をいう．
- 音声通話やテレビ電話のような双方向のリアルタイム通信を行うことができる．

[⑤ONU]
- 光信号と電気信号の**相互変換**を行うもので，光ファイバーを用いた加入者回線網において，加入者宅に設置される．
- スイッチングハブやルータを組み込んだものがある．

[⑥IPv6（IP version 6）]
- IPアドレスは，**OSI第3層**（ネットワーク層）に接続された装置を識別するための情報で，人やデータ，装置などの所在を示す識別番号・符号をいう．
- **128ビットのアドレス空間**で装置を識別するので，IPv4における枯渇問題は解消する．

[⑦冗長化]
- ネットワークにおいて**代替用の設備**を用意し，故障や障害が発生した場合にもサービスを継続的に提供できるようにすることをいう．
- 複数の機器で構成して冗長化する機器冗長化，設備間の通信経路を冗長化する通信経路冗長化，および両者を組合せた冗長化がある．

[⑧IoT（Internet of Things）]
- **様々な物に通信機能を持たせ**，インターネット経由で通信することをいう．IoT機器は膨大な数となり，様々な場所に分散して配置される．
- 低コスト，低消費電力のICチップの製造，ソフトウェアの開発，LPWA（Low Power Wide Area）技術が不可欠となる．

[⑨PON]
- 通信事業者の光ファイバを**複数の加入者宅**へ，光スプリッタを用いて光信号のまま分岐接続する方式である．
- 分岐装置がメディア変換等を行わず**電源不要**の単純な構造である．

（4）放送

[①CATV]
- テレビ放送の地域共聴としての再送信のほか，空きチャンネルを利用して自主番組放送を行うことも可能な，ケーブルによる**有線放送システム**をいう．

• チャンネル数30～50のテレビ番組を有線で送ることもできる.

[②CATVのヘッドエンド]

• CATV事業者が受信した地上波テレビ放送, 衛星放送等の音声, 映像, データを, 契約した**視聴者宅に再送信**するための設備をいう.

[③STB]

• ケーブルテレビ放送, 衛星放送等を視聴する際, 基地局から発信された放送信号を**テレビモニターに表示**させる装置のことをいう.

[④衛星テレビ放送]

• 赤道上空36,000 kmにある人工衛星からの電波によるテレビ放送をいう.
• 視聴するには, パラボラアンテナ, 専用チューナー, テレビ受信機が必要である.

過去問チャレンジ（章末問題）

問1　R1　➡1 重要暗記事項

電気通信工事に関する用語を選択欄の中から2つ選び，解答欄に番号と用語を記入のうえ，技術的な内容について，それぞれ具体的に記述しなさい．

ただし，技術的な内容とは，定義，特徴，動作原理，用途，施工上の留意点などをいう．

選択欄

1. ONU	2. SIP
3. 衛星テレビ放送	4. 防災行政無線
5. GPS	6. 公開鍵暗号方式

注）ONU（Optical Network Unit）
SIP（Session Initiation Protocol）
GPS（Globa1 Positioning System）

解答例　以下は解答例であり，1～6のうち2つを選んで記述する．

1. ONU

①光信号と電気信号の相互変換を行うもので，光ファイバーを用いた加入者回線網において，加入者宅に設置される．

②スイッチングハブやルータを組み込んだものがある．

2. SIP

①IPネットワーク上で，相手との通信経路を確立するための通信規約をいう．

②音声通話やテレビ電話のような双方向のリアルタイム通信を行うことができる．

3. 衛星テレビ放送

①赤道上空36,000 kmにある人工衛星からの電波によるテレビ放送をいう．

②視聴するには，パラボラアンテナ，専用チューナー，テレビ受信機が必要である．

4. 防災行政無線
①県及び市町村が「地域防災計画」に基づき，防災，応急救助，災害復旧に関する業務に使用することを主目的とする無線をいう．
②平常時には一般行政事務に使用できる無線局である．

5. GPS
①人工衛星を利用し，人や車などが地球上のどこにいるのかを示すシステムをいう．
②携帯電話やカーナビゲーションシステムに組み込まれ，位置情報を利用した様々なサービスが提供されている．

6. 公開鍵暗号方式
①公開鍵と秘密鍵の2つの鍵を使ってデータの暗号化・復号を行う暗号方式をいう．
②暗号化に用いる鍵は公開されるが，復号に用いる鍵は秘密にされ本人しか知らない．

問2 **R2** ⇒1 重要暗記事項

電気通信工事に関する用語を選択欄の中から2つ選び，解答欄に用語を記入のうえ，技術的な内容について，それぞれ具体的に記述しなさい．
ただし，技術的な内容とは，定義，特徴，動作原理などをいう．

選択欄

1. FTTH	2. 導波管
3. CDMA	4. パリティチェック方式
5. ルータ	6. IPS

注）FTTH（Fiber To The Home）
CDMA（Code Division Multiple Access）
IPS（Intrusion Prevention System）

解答例 以下は解答例であり，1～6のうち2つを選んで記述する．

1. FTTH
住宅等のユーザまで，光ファイバを引き込み，ONUで光を電気信号に変えてからコンピュータに接続する．

2. 導波管
円形または方形の金属製の管で，マイクロ波はその間の中を伝播する．挿入損失が小さく，大電力伝送が可能である．

3. CDMA
多重無線通信の一つで，ユーザごとに異なる符号（拡散符号）が割り当てられるため，秘匿性が高い．

4. パリティチェック方式
伝送路でデータの誤りが発生していないことを確認するもの．ビット列に含まれる1の数が，奇数か偶数かチェックする．

5. ルータ
異なるネットワーク間の接続・中継に用い，データの転送経路を選択・制御するL3スイッチをいう．

6. IPS
インターネットやコンピュータへの不正アクセスを検知し，自動遮断，管理者へ通報するシステムをいう．

法規

1　建設業法

重要度★★★

(1) 目的

建設業を営む者の資質の向上，建設工事の**請負契約の適正化**を図ることによって，建設工事の適正な施工を確保し，**発注者を保護**するとともに，建設業の健全な発達を促進し，もって公共の福祉の増進に寄与することを目的とする．

(2) 指定建設業

建設業は全部で**29業種**ある．そのうち，施工技術の総合性，施工技術の普及状況その他の事情を考慮して，政令で定められている建設業が**指定建設業**といい，7業種ある．

舗装工事業　　土木工事業　　建築工事業　　鋼構造物工事業
管工事業　　造園工事業　　電気工事業

(3) 許可

［建設業の許可を受ける場合］

建設業を行う場合，原則として建設業許可を受ける必要がある．

①営業所ごとに一定の資格または実務経験を有する専任の技術者をおく．
②1つの都道府県に営業所 → **都道府県知事**の許可
③2つ以上の　〃　　　　→ **国土交通大臣**の許可
④更新は**5年**ごとに受ける．

2つ以上の都道府県に営業所を設けて業務を行う場合，国土交通大臣の許可であり，各都道府県知事の許可ではない．

［許可を受けなくてもよい（軽微な工事）］

次の場合は，建設業許可を受けなくても建設業を行うことができる．

①建築一式工事

1,500万円未満の工事，または150 m^2 未満の木造住宅工事

②建築一式工事以外の工事（電気通信工事等）

500万円未満の工事

（4）一般建設業と特定建設業

建設業には一般建設業と特定建設業がある．

発注者から直接請け負う電気通信工事業者がその一部を下請けさせ，その下請総額が**4,500万円以上**※となる場合は，特定建設業の許可が必要である．その他は一般建設業の許可でもよい．

※建築一式工事業の場合は，7,000万円以上．

発注者から直接請け負わない場合，下請金額が4,500万円以上でも一般建設業でよい．

（5）見積り

建設業者は，建設工事の**注文者**から請求があったときは，**請負契約**が成立するまでの間に，建設工事の**見積書**を提示しなければならない．

建設業者は，建設工事の**請負契約**を締結するに際して，工事内容に応じ，工事の種別ごとに**材料費**・労務費その他の**経費**の内訳を明らかにして，建設工事の見積りを行うよう努めなければならない．

(6) 請負契約

①建設工事の請負契約の**当事者**は，各々の**対等な立場**における**合意**に基づき，**公正**な契約を締結し，信義に従って，**誠実**にこれを**履行**しなければならない．

②請負代金の全部又は一部の前金払又は**出来形**部分に対する**支払い**の定めをするときは，その支払いの時期及び方法を，書面に記載する．

③委託その他いかなる**名義**をもってするかを問わず，**報酬**を得て建設工事の完成を目的として締結する契約は，建設工事の**請負契約とみなして**，この法律の規定を適用する．

(7) 請負契約書の記載事項

①工事内容

②請負代金の額

③工事着手の時期及び工事完成の時期

④請負代金の全部又は一部の前金払又は**出来形**部分に対する**支払**の定めをするときは，その支払の時期及び方法

⑤工事完成後における請負代金の支払いの時期及び方法

⑥契約に関する紛争の解決方法　ほか

VI 第6章 法規

(8) 附帯工事

建設業者は，許可を受けた**建設業**に係る建設工事を請け負う場合においては，当該建設工事に**附帯**する他の**建設業**に係る建設工事を請け負うことができる．

(9) 標識の記載事項

建設業者が建設現場に掲げる標識には，次の事項を表示する．

①**一般建設業**または**特定建設業**の別

②許可年月日，**許可番号**及び**許可を受けた建設業**

③商号または名称

④**代表者**の氏名
⑤ **主任技術者**または**監理技術者**の氏名
※店舗にあっては，①～④を表示する．

(10) 現場代理人と監督員

[現場代理人]

請負人は，請負契約の履行に関し工事現場に現場代理人を置く場合においては，当該現場代理人の**権限**に関する事項及び当該現場代理人の行為についての**注文者**の請負人に対する**意見**の申出の方法を，**書面**により注文者に**通知**しなければならない．

現場代理人は，請負者（代表取締役社長）の代理人として，権限の一部を委譲され，現場で施工管理を行う．主任技術者，監理技術者，専門技術者を**兼ねることができる**．

[監督員]

発注者の代理人で，監督員をおく場合，請負人に通知する．現場代理人との連絡は，書面にて行う．

(11) 主任技術者・監理技術者

発注者から直接建設工事を請け負った特定建設業者（電気通信業者等）は，下請契約の額が**4,500万円以上**※になる場合，**監理技術者**をおく．その他の場合は主任技術者をおく．
※建築一式工事は7,000万円以上．

point

発注者から直接請負わない場合，下請けに出す額が4,500万円以上でも，主任技術者でよい．

ごろあわせ　**監督のしこ名**

監理技術者　特定建設業　4,500　7,000

(12) 主任技術者・監理技術者の職務

主任技術者及び**監理技術者**は，工事現場における建設工事を適正に実施するため，当該建設工事の**施工計画**の作成，**工程管理**，**品質管理**その他の**技術上**の管理及び当該建設工事の施工に従事する者の**技術上**の**指導監督**の職務を誠実に行わなければならない．

工事現場における建設工事の施工に従事する者は，**主任技術者**または**監理技術者**がその職務として行う**指導**に従わなければならない．

(13) 専任

1件あたりの額が**4,000万円以上**※（電気通信工事等）の場合，主任技術者または監理技術者は専任とする．

※建築一式工事は，8,000万円以上．

専任は他の工事との掛け持ちはできず，原則として工期が一部でも重複すると専任とならない．専任の場合，監理技術者は監理技術者講習を修了し，監理技術者資格者証の交付を受けている者であることが必要である．

ごろあわせ **専任 よせ 痩せる**

専任 4,000 8,000

(14) 元請負人・下請負人

①注文者は，請負人に対して，建設工事の施工につき著しく不適当と認められる**下請負人**があるときは，その**変更**を請求することができる．ただし，あらかじめ注文者の書面による承諾を得て選定した**下請負人**については，この限りでない．

②元請負人は，その請け負った建設工事を施工するために必要な**工程の細目**，**作業方法**その他元請負人において定めるべき事項を定めようとするときは，あらかじめ，**下請負人の意見**をきかなければならない．

③特定建設業者は，その請け負った建設工事の下請負人である建設業を営む

者が同項に規定する規定に違反していると認めたときは，当該建設業を営む者に対し，当該違反している事実を指摘して，その**是正**を求めるように努めるものとする．

④元請負人は，下請負人からその請け負った建設工事が**完成**した旨の通知を受けたときは，当該**通知を受けた日から20日以内**で，かつ，できる限り短い期間内に，その**完成**を確認するための**検査**を完了しなければならない．

⑤**発注者**から直接建設工事を請け負った**特定建設業者**は，当該建設工事の下請負人が，その下請負に係る建設工事の施工に関し，この法律の規定または建設工事の施工もしくは建設工事に従事する**労働者**の使用に関する法令の規定で，政令で定めるものに違反しないよう，当該下請負人の**指導**に努めるものとする．

⑥元請負人は，**前払金**の支払を受けたときは，下請負人に対して，**資材**の購入，**労働者**の募集その他建設工事の着手に必要な費用を**前払金**として支払うよう適切な配慮をしなければならない．

⑦元請負人は，**請負代金**の**出来形**部分に対する支払または工事完成後における支払を受けたときは，当該支払の対象となった建設工事を施工した下請負人に対して，当該元請負人が支払を受けた金額の**出来形**に対する割合及び当該下請負人が施工した**出来形**部分に相応する下請代金を，当該支払を受けた日から**一月**以内で，かつ，できる限り短い期間内に支払わなければならない．

⑧元請負人が**特定建設業者**の場合，元請負人は，建設工事の**完成**を確認した後，下請負人が申し出たときは直ちに，当該建設工事の目的物の引渡しを受け，その申出の日から**50日以内**に下請代金を支払わなければならない．

過去問チャレンジ（章末問題）

問1　R1　⇒1 建設業法

「建設業法」に定められている建設工事の請負契約の当事者が，契約の締結に際し書面に記載すべき事項に関する次の記述において，[　　] に当てはまる語句を選択欄から選びなさい．

「請負代金の全部又は一部の前金払又は [　ア　] 部分に対する [　イ　] の定めをするときは，その [　イ　] の時期及び方法」

選択欄

完成	引渡	出来形	既済
支払	振込	受領	決済

解説　請負代金の全部又は一部の前金払又は出来形部分に対する支払いの定めをするときは，その支払いの時期及び方法を，書面に記載する．

解答　ア　出来形　　イ　支払

問2　R2　⇒1 建設業法

「建設業法」に定められている検査及び引渡しに関する次の記述において，[　　] に当てはまる語句を選択欄から選びなさい．

「元請負人は，下請負人からその請け負った建設工事が完成した旨の [　ア　] を受けたときは，当該 [　ア　] を受けた日から [　イ　] 日以内で，かつ，できる限り短い期間内に，その完成を確認するための検査を完了しなければならない．」

選択欄

報告	書面	通知	連絡
30	20	14	10

解説 元請負人は，下請負人からその請け負った建設工事が完成した旨の通知を受けたときは，当該通知を受けた日から20日以内で，かつ，できる限り短い期間内に，その完成を確認するための検査を完了しなければならない．

解答　ア　通知　　イ　20

問3　**R4**　➡1 建設業法

「建設業法」に定められている建設工事の請負契約の原則に関する次の記述において，[　　]に当てはまる語句を選択欄から選びなさい．

「建設工事の請負契約の[　ア　]は，各々の[　イ　]における合意に基づいて公正な契約を締結し，審議に従って誠実にこれを履行しなければならない．

選択欄

発注者	建設業者	当事者	受注者
仕様書及び図面	対等な立場	工事現場	設計図書

解説 建設工事の請負契約の当事者は，各々の対等な立場における合意に基づき，公正な契約を締結し，信義に従って，誠実にこれを履行しなければならない．

解答　ア　当事者　　イ　対等な立場

第7章 労働関係法令

1 労働安全衛生法

重要度 ★★

(1) 目的

この法律は，**労働基準法**と相まって，**労働災害の防止**のための危害防止基準の確立，責任体制の明確化及び自主的活動の促進の措置を講ずる等その防止に関する総合的計画的な対策を推進することにより職場における**労働者の安全と健康**を確保するとともに，**快適な職場環境**の形成を促進することを目的とする．

(2) 雇い入れ時の教育事項（新規入場者教育）

事業者は，労働者を雇い入れたとき，また労働者の作業内容を変更したときは，当該労働者に対し，その従事する業務に関する安全または衛生のための教育を行わなければならない．

雇い入れ時の教育内容は以下の通りである．

①作業開始時の**点検**に関すること．

②**作業手順**に関すること．

③整理，整頓および**清潔の保持**に関すること．

④事故時等における応急措置及び**退避**に関すること．

(3) 安全衛生教育

事業者は，新たに職務につくこととなった**職長**その他の作業中の労働者を直接指導または監督する者（作業主任者を除く．）に対し，**安全または衛生のための教育**を行わなければならない．

①**作業方法の決定**及び労働者の配置に関すること．

②労働者に対する指導または**監督の方法**に関すること．

③**労働災害を防止**するため必要な事項．

(4) 高所作業等

①高さまたは深さが**1.5mをこえる箇所**で作業を行うときは，安全に昇降するための設備を設ける．

②**高さが2m以上**の箇所で作業するときは，**照度**を確保する．

③**高さが2m以上での作業**で，強風，大雨，大雪等悪天候により危険が予想される時は**作業を中止**する．

④**高さが2m以上**の作業場所には，作業床を設ける．**幅は40cm以上**とし，床材の**すき間は3cm以下**とする．（つり足場では，すき間がないように）手摺りの高さは85cm以上とする．

⑤高さが3m以上の高所から物体を投下するときは，適当な投下設備を設け，監視人を置く等，労働者の危険を防止するための措置を講ずる．

⑥脚立と水平面との角度は，**75度以下**とする．

⑦つり足場で脚立を用いてはいけない．

高所作業とは，足場の高さが2m以上の場所での作業をいう．

(5) 架設通路

①勾配は**30°以下**とする．ただし，階段，または高さが2m未満で丈夫な手掛けを設けたものはよい．

②勾配が**15°を超える**ものには，踏さんその他の滑り止めを設ける．

④高さが**8m以上の登りさん橋**には，**7m以内ごとに踊場**を設ける．

(6) 作業主任者の職務

①作業を直接指揮すること．

②器具，工具，用具等の点検と不良品の除去．

③墜落制止用器具，保護帽等の使用状況の監視．

(7) 作業主任者の種類

労働災害を防止するための管理を必要とする作業について選任する．

都道府県労働局長の免許を受けた者か，登録を受けた者が行う**技能講習**を修了した者をいう．特別の教育では不可である．

①ガス溶接作業主任者…免許

②地山の掘削作業主任者（高さ2m以上）
③土止め支保工作業主任者
④型枠支保工の組立て等作業主任者
⑤足場の組立て等作業主任者（高さ5m以上）
⑥酸素欠乏危険作業主任者
⑦石綿作業主任者　ほか
} 技能講習

(8) 酸素欠乏場所での作業

①酸素欠乏とは，空気中の酸素が**18%未満**の状態をいう（大気中には，約21%の酸素がある）．

②酸素欠乏等とは，上の状態（酸素欠乏）または空気中の**硫化水素の濃度**が**10 ppm**（100万分の10）を超える状態をいう．

(9) 移動式クレーンの運転

①つり上げ荷重5トン以上　→　免許
②1トン～5トン未満　→　技能講習
③1トン未満　→　特別の教育

(10) 事業者が選任する者

事業者が選任する者は，事業所（建設現場）の形態，規模によって選任すべき者が異なる．

［単一の事業所］

1. 総括安全衛生管理者 ― 従業者が**100人以上**で選任
2. 安全管理者 ――――― 従業者が**50人以上**で選任
3. 衛生管理者 ――――― 従業者が**50人以上**で選任
4. 産業医 ――――――― 従業者が**50人以上**で選任

（2.・3. → 安全衛生委員会※）

※安全衛生委員会は，安全委員会と衛生委員会に区分されることもある．

事業所規模が，10人～49人の場合，安全衛生推進者を置く．

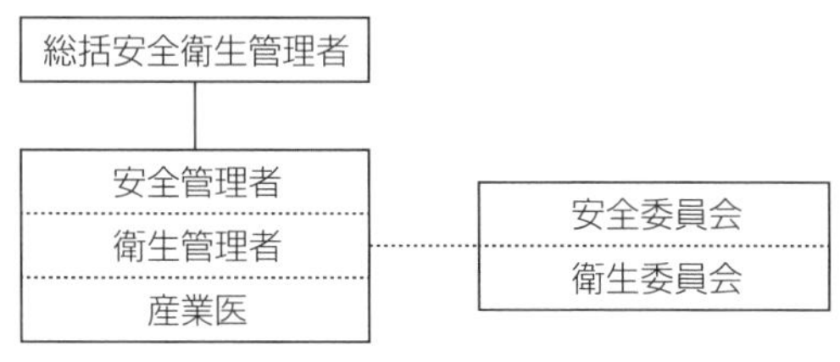

図7・1　単一事業所内の組織

［複数の事業所］

元請け，下請けの合計で常時**50人以上**が働いている場合，次の組織を編成する．

1. 統括安全衛生責任者 ― 特定元方事業者（元請負人）の社員から選任
2. 元方安全衛生管理者 ― 技術的補佐として，特定元方事業者（元請負人）の社員から選任
3. **安全衛生責任者** ――― 下請負人の社員から選任

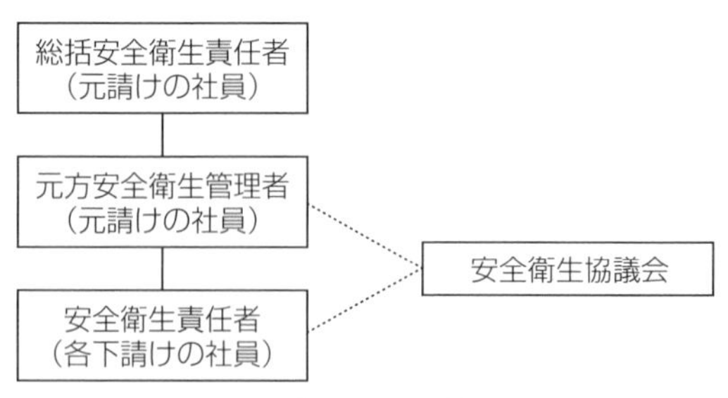

図7・2　建設現場の組織

〈モデルケース〉

複数の企業が1つの事業場（現場）で作業をする．

①元請社員　17人
②下請A社の社員　53人
③下請B社の社員　21人
　合計91人

元請負人 → 全体で50人以上なので，統括安全衛生責任者と元方安全衛生管理者を選任する．また，安全衛生推進者を置く．

下請A社 → 安全衛生責任者を選任する．また，安全管理者，衛生管理者，産業医，安全衛生委員会を置く．

下請B社 → 安全衛生責任者を選任する．また，安全衛生推進者を置く．

(11) 安全衛生責任者の職務

①**統括安全衛生責任者**との**連絡**

②統括安全衛生責任者から**連絡**を受けた事項の関係者への**連絡**

③当該**請負人**がその仕事の一部を他の**請負人**に請け負わせている場合における当該他の請負人の安全衛生責任者との作業間の**連絡**及び調整

［労働安全衛生法まとめ］

● 総括安全衛生管理者

□　事業者は，常時100人以上の労働者を使用する事業場において，**総括安全衛生管理者**を選任し，労働者の危険または健康障害を防止する措置に関することを統括管理させなければならない．

□　事業者は，**100人以上**の建設業の事業場には，総括安全衛生管理者を選任すべき事由が発生した日から**14日**以内に，総括安全衛生管理者を選任しなければならない．

● 安全管理者

□　事業者は，常時**50人以上**の労働者を使用する建設業の事業場にあっては，**安全管理者**を選任し，その者に労働者の危険防止，安全教育，労働災害再発防止対策等の安全に係る技術的事項を管理させなければならない．

● **産業医**

□ 事業者は，常時**50人以上**の労働者を使用する事業場ごとに，医師のうちから**産業医**を選任し，その者に労働者の健康管理，作業環境の維持管理に関すること等を行わせなければならない．

● **安全委員会・衛生委員会**

□ 建設業の事業者は，常時**50人以上**の労働者を使用する事業場ごとに，労働者の危険を防止するための基本となるべき対策に関すること，労働災害の原因及び再発防止対策で安全に係わるものに関すること等を調査審議させ，事業者に対し意見を述べさせるため，**安全委員会**を設けなければならない．

□ 事業者は，常時**50人以上**の労働者を使用する事業場ごとに，労働災害の原因及び再発防止対策で，衛生に係るものに関すること等を調査審議させ，事業者に対し意見を述べさせるため，**衛生委員会**を設けなければならない．

● **事業者**

□ 事業者は，**労働者**が墜落するおそれのある場所，**土砂等**が崩壊するおそれのある場所等に係る**危険を防止**するために必要な措置を講じなければならない．

● **特定元方事業者**

□ 特定元方事業者は，その労働者及び関係請負人の労働者の作業が同一の場所において行われることによって生じる**労働災害を防止**するために行う作業場所の巡視は，**毎作業日**に少なくとも**1回**，これを行わなければならない．

● **統括安全衛生責任者**

□ 特定元方事業者は，下請を含めた現場の労働者の数が，常時，**50人以上**の建築現場には，**統括安全衛生責任者**を選任し，その者に元方安全衛生管理者の指揮をさせるとともに，協議組織の設置，作業間の連絡調整，作業場所の巡視等の事項を統括管理させなければならない．

● **元方安全衛生管理者**

□ 統括安全衛生責任者を選任した事業者は，厚生労働省令で定める資格を有する者のうちから**元方安全衛生管理者**を選任し，その者に統括安全衛生責任者が統括管理すべき事項のうち技術的事項を管理させなければならない．

● **安全衛生責任者**

□ 下請けが存在する統括安全衛生責任者を選任しなければならない建築現場において，統括安全衛生責任者を選任すべき事業者以外の請負人で，当該仕事を自ら行う者は，**安全衛生責任者**を選任し，統括安全衛生責任者との連絡等を行わなければならない．

□ 安全衛生責任者の職務

①統括安全衛生責任者との**連絡**

②統括安全衛生責任者から**連絡**を受けた事項の関係者への**連絡**

③当該**請負人**がその仕事の一部を他の**請負人**に請け負わせている場合における当該他の**請負人**の安全衛生責任者との作業間の**連絡**及び調整

● **記録の保存**

□ 事業者は，安全委員会，衛生委員会または安全衛生委員会における議事で重要なものに係る記録を作成して，これを**3年間保存**しなければならない．

□ 事業者は，常時50人以上の労働者を使用する事業場において，安全委員会，衛生委員会または安全衛生委員会を毎月1回以上開催し，その議事で重要なものに係る記録を作成して，これを**3年間保存**しなければならない．

● **作業主任者**

□ 事業者は，高さ5m以上の足場組立作業に従事する作業員の指揮をさせるために，当該作業に関する技能講習を修了した足場の組立等の**作業主任者**を選任しなければならない．

● **クレーン**

□ 事業者は，移動式クレーンについては，移動式クレーン明細書に記載されているジブの**傾斜角**の範囲をこえて使用してはならない．

● **技能講習**

□ 作業床の高さが**10m以上**の高所作業車の運転（道路上を走行させる運転を除く.）の業務は，当該業務に関わる技能講習を修了した者に行わせなければならない．

□ 事業者は，制限荷重が1トン以上の揚貨装置またはつり荷重が1トン以上のクレーン，移動式クレーンもしくはデリックの**玉掛け**の業務については，技能講習を修了した者その他厚生労働省令で定める資格を有する者でなければ，当該業務につかせてはならない．

□　事業者は，つり上げ荷重が1トン以上のクレーン，移動式クレーンもしくはデリックの玉掛けの業務については，**技能講習**を終了した者，職業能力開発促進法による玉掛け科の訓練（通信の方法によって行うものを除く．）を修了した者，または厚生労働大臣が定める者でなければ，当該業務に就かせてはならない．

● **特別の教育**

□　事業者は，足場組立作業（地上または堅固な床上における補助作業を除く）に従事する労働者に対して当該作業に対する安全のための**特別の教育**を行わなければならない．

□　事業者は，酸素欠乏危険場所における作業に係る業務に労働者をつかせるときは，当該労働者に対し，**特別の教育**を行わなければならない．

□　事業者は，つり上げ荷重が1トン未満の移動式クレーンの運転（道路上を走行させる運転を除く）の業務につかせるときは当該労働者に対して，当該業務に対する安全のための**特別の教育**を行わなければならない．

● **酸素欠乏**

□　事業者は，酸素欠乏危険作業に労働者を従事させる場合は，当該作業を行う場所の空気中の酸素濃度を**18％以上**に保つように換気しなければならない．

□　事業者は，酸素欠乏危険場所において作業を行う場合，その日の作業を開始する前に，当該作業場における空気中の酸素（第二種酸素欠乏危険作業に係る作業場にあっては，酸素及び硫化水素）の濃度を測定し，その記録を**3年間保存**しなければならない．

● **墜落・転落**

□　事業者は，高さが**2m以上**の箇所で作業を行う場合において，労働者に安全帯等を使用させるときは，安全帯等を安全に取り付けるための設備等を設けなければならない．また，高さが**2m以上**の箇所で作業を行う場合において，強風，大雨，大雪等の悪天候のため，当該作業の実施について危険が予想されるときは，当該作業に労働者を従事させてはならない．

□　事業者は高さ2m以上の作業床の端で，墜落により労働者に危険を及ぼすおそれのある箇所には，高さ**85cm以上**の手すり等を設ける．

□　足場（一側足場を除く）における高さが3mの作業場所の作業床は，つり足場の場合を除き，その幅は**40cm以上**とし，床材間のすき間は**3cm以下**としなければならない．

● **飛来・落下**

□ 事業者は，高層建築場等の場所で，その上方において他の労働者が作業を行っているところにおいて作業を行うときは，物体の飛来または落下による労働者の危険を防止するため，当該作業に従事する労働者に**保護帽**を着用させなければならない．

● **照度**

□ 事業者は，高さが**2m以上**の箇所で作業を行うときは，当該作業を安全に行うために必要な照度を保持しなければならない．

● **仮設照明**

□ 事業者は，移動電線に接続する手持型の電灯，仮設の配線または移動電線に接続する架空吊り下げ電灯等には，感電の危険及び電球の破損による危険を防止するため，**ガード**を取り付けなければならない．

● **物体の投下**

□ 事業者は，高さ**3m以上**の高所から物体を投下するときは，適当な投下設備を設け，労働者の危険を防止するための措置を講じなければならない．

● **誘導**

□ 事業者は，明り掘削の作業を行う場合において，運搬機械等が，労働者の作業箇所に後進して接近するとき，または転落するおそれのあるときは，**誘導者**を配置し，その者にこれらの機械を**誘導**させなければならない．

● **架設通路**

□ 事業者は，架設通路の勾配を**30度以下**としなければならない．ただし，階段を設けたものまたは高さが**2m未満**で丈夫な手掛を設けたものはこの限りではない．

● **昇降設備**

□ 事業者は，高さまたは深さが**1.5mをこえる**箇所で作業を行うときは，当該作業に従事する労働者が安全に昇降するための設備等を設けなければならない．ただし，安全に昇降するための設備等を設けることが作業の性質上著しく困難なときは，この限りでない．

● **健康診断**

□ 事業者は，常時使用する労働者に対し，**1年**以内ごとに1回，定期に，医師による健康診断を行わなければならない．

● **労働基準監督署**

□ 事業者は，安全管理者を選任したときは，遅滞なく所轄の**労働基準監督署長**に所定の報告書を提出しなければならない．

2 労働基準法 重要度★★

(1) 労働条件の明示

使用者は，**労働契約の締結**に際し，**労働者**に対して賃金，労働時間その他の**労働条件を明示**しなければならない．この場合において，賃金及び労働時間に関する事項その他の厚生労働省令で定める事項については，厚生労働省令で定める方法により明示しなければならない．

(2) 未成年者の労働契約

①**親権者**又は**後見人**は，未成年者に代って労働契約を締結してはならない．

②親権者もしくは後見人又は行政官庁は，労働契約が未成年者に不利であると認める場合においては，将来に向ってこれを解除することができる．

(3) 徒弟の弊害排除

①使用者は，徒弟，見習，養成工その他**名称の如何を問わず**，**技能の習得**を目的とする者であることを理由として，労働者を酷使してはならない．

②使用者は，**技能の習得**を目的とする労働者を家事その他**技能の習得**に関係のない作業に従事させてはならない．

過去問チャレンジ（章末問題）

問1　R-1　　→1 労働安全衛生法

「労働安全衛生規則」に定められている安全衛生責任者の職務に関する次の記述において，［　　］に当てはまる語句を選択欄から選びなさい．

(1)　統括安全衛生責任者との［　ア　］
(2)　統括安全衛生責任者から［　ア　］を受けた事項の関係者への［　ア　］
(3)　当該［　イ　］がその仕事の一部を他の［　イ　］に請け負わせている場合における当該他の［　イ　］の安全衛生責任者との作業間の［　ア　］及び調整

選択欄

相談	連絡	協議	通知
請負人	発注者	受注者	代理人

解説　安全衛生責任者は，元請け，下請け合計が，常時50人以上の建設現場において，下請け会社の事業者が専任する者である．職務としては次の事項がある．

(1)　統括安全衛生責任者との連絡
(2)　統括安全衛生責任者から連絡を受けた事項の関係者への連絡
(3)　当該請負人がその仕事の一部を他の請負人に請け負わせている場合における当該他の請負人の安全衛生責任者との作業間の連絡及び調整

解答　ア　連絡　　イ　請負人

問2　R-3　　→2 労働基準法

「労働基準法」に定められている労働条件の明示に関する次の記述において，［　　］に当てはまる語句を選択欄から選びなさい．

「使用者は，［　ア　］に際し，［　イ　］に対して賃金，労働時間その他の労働条件を明示しなければならない．この場合において，賃金及び労働時間に関する事項その他の厚生労働省令で定める事項については，厚生労働省令で定める方法により明示しなければならない．

選択欄

雇用保険の届出	労働契約の締結	従業者の募集
新規雇用者の就業	当事者	被雇用者
労働者	新規採用者	

解説 使用者は，労働契約の締結に際し，労働者に対して賃金，労働時間その他の労働条件を明示しなければならない．この場合において，賃金及び労働時間に関する事項その他の厚生労働省令で定める事項については，厚生労働省令で定める方法により明示しなければならない．

解答　ア　労働契約の締結　　イ　労働者

問3　R-4

➡ 2 労働基準法

「労働基準法」に定められている徒弟の弊害排除に関する次の記述において，[　　]に当てはまる語句を選択欄から選びなさい．

使用者は，徒弟，見習，養成工その他［　ア　］を問わず，［　イ　］を目的とする者であることを理由として，労働者を酷使してはならない．

［　イ　］を目的とする労働者を家事その他［　イ　］に関係のない作業に従事させてはならない．

選択欄

職業	職種	雇用形態	名称の如何
技能実習	技術の習得	技能の習得	職業の訓練

解説 使用者は，徒弟，見習，養成工その他名称の如何を問わず，技能の習得を目的とする者であることを理由として，労働者を酷使してはならない．

使用者は，技能の習得を目的とする労働者を家事その他技能の習得に関係のない作業に従事させてはならない．

解答　ア　名称の如何　　イ　技能の習得

電気通信関連法規

1 電気通信事業法

重要度 ★

(1) 目的

この法律は，**電気通信事業の公共性**にかんがみ，その運営を適正かつ合理的なものとするとともに，その公正な競争を促進することにより，**電気通信役務の円滑な提供**を確保するとともにその利用者の利益を保護し，もって電気通信の健全な発達及び国民の利便の確保を図り，公共の福祉を増進することを目的とする．(第1条)

(2) 用語の定義

[①電気通信]

有線，無線その他の**電磁的方式**により，符号，音響または影像を送り，伝え，または受けることをいう．

[②電気通信設備]

電気通信を行うための機械，器具，線路その他の**電気的設備**をいう．

[③電気通信役務]

電気通信設備を用いて他人の**通信を媒介**し，その他電気通信設備を他人の通信の用に供することをいう．

[④電気通信事業]

電気通信役務を他人の需要に応ずるために提供する事業をいう．

[⑤電気通信事業者]

電気通信事業を営むことについて，登録を受けた者及び規定による届出をした者をいう．

[⑥電気通信業務]

電気通信事業者の行う電気通信役務の提供の業務をいう．

(3) 各種規定

[①検閲の禁止]

電気通信事業者の取扱中に係る通信は，**検閲してはならない**.

[② 秘密の保護]

- 電気通信事業者の取扱中に係る**通信の秘密**は，侵してはならない.
- 電気通信事業に従事する者は，在職中電気通信事業者の取扱中に係る通信に関して知り得た他人の秘密を守らなければならない．その職を退いた後においても，同様とする.

[③利用の公平]

電気通信事業者は，電気通信役務の提供について，不当な**差別的取扱い**をしない.

[④基礎的電気通信役務の提供]

基礎的電気通信役務を提供する電気通信事業者は，その適切，公平かつ安定的な提供に努める.

[⑤重要通信の確保]

- 電気通信事業者は，**天災，事変その他の非常事態が発生**し，または発生するおそれがあるときは，災害の予防もしくは救援，交通，通信もしくは電力の供給の確保または**秩序の維持**のために必要な事項を内容とする通信を優先的に取り扱わなければならない．公共の利益のため緊急に行うことを要するその他の通信であって総務省令で定めるものについても，同様とする.
- 前項の場合において，電気通信事業者は，必要があるときは，総務省令で定める基準に従い，電気通信業務の一部を停止することができる.
- 電気通信事業者は，第一項に規定する通信（以下「重要通信」という.）の円滑な実施を他の電気通信事業者と相互に連携を図りつつ確保するため，他の電気通信事業者と電気通信設備を相互に接続する場合には，総務省令で定めるところにより，重要通信の優先的な取扱いについて取り決めることその他の必要な措置を講じなければならない.

(4) 事業用電気通信設備規則

電気通信事業法に基づき，事業用電気通信設備規則が定められている．

〚①故障検出〛

事業用電気通信設備は，電源停止，共通制御機器の動作停止その他電気通信役務の提供に直接係る**機能に重大な支障を及ぼす故障等**の発生時には，これを直ちに検出し，当該事業用電気通信設備を維持し，または運用する者に通知する機能を備えなければならない．

〚②耐震対策〛

事業用電気通信設備の据付けに当たっては，通常想定される規模の**地震による転倒または移動を防止**するため，床への緊結その他の**耐震措置**が講じられなければならない．

〚③電源設備〛

事業用電気通信設備の**電源設備**は，平均繁忙時に事業用電気通信設備の消費電流を安定的に供給できる容量があり，かつ，**供給電圧または供給電流**を常に事業用電気通信設備の**動作電圧または動作電流**の変動許容範囲内に維持できるものでなければならない．

〚④停電対策〛

事業用電気通信設備は，通常受けている電力の供給が停止した場合においてその取り扱う通信が停止することのないよう**自家用発電機または蓄電池**の設置その他これに準ずる措置が講じられていなければならない．

2 有線電気通信法

重要度 ★

(1) 目的

この法律は，**有線電気通信設備の設置及び使用**を規律し，有線電気通信に関する秩序を確立することによって，公共の福祉の増進に寄与することを目的とする．

(2) 用語の定義

[①有線電気通信]

送信の場所と受信の場所との間の線条その他の導体を利用して，**電磁的方式**により，符号，音響または影像を送り，伝え，または受けることをいう．

[②有線電気通信設備]

有線電気通信を行うための機械，器具，線路その他の電気的設備（無線通信用の有線連絡線を含む.）をいう．

(3) 有線電気通信設備の届出

[①提出書類]

有線電気通信設備を設置しようとする者は，次の事項を記載した書類を添えて，設置の工事の開始の日の**2週間前まで**（工事を要しないときは，設置の日から2週間以内）に，その旨を総務大臣に届け出なければならない．

- 有線電気通信の方式の別
- 設備の設置の場所
- 設備の概要

届出に係る有線電気通信設備が次に掲げる設備に該当するときは，上記のほか，その使用の態様その他総務省令で定める事項を併せて届け出なければならない．

- 2人以上の者が共同して設置するもの
- 他人の設置した有線電気通信設備と相互に接続されるもの
- 他人の通信の用に供されるもの

(4) 変更工事

変更の工事を行う場合，工事開始の日の**2週間前まで**に，その旨を総務大臣に届け出る．

ただし，次の有線電気通信設備については，適用しない．

①事業用電気通信設備

②放送法に規定する放送を行うための有線電気通信設備

③設備の一の部分の設置の場所が，他の部分の設置の場所と同一の構内または同一の建物内であるもの
④警察事務，消防事務，水防事務，航空保安事務，海上保安事務，気象業務，鉄道事業，軌道事業，電気事業，鉱業その他政令で定める業務を行う者が設置するもの
⑤その他，総務省令で定めるもの

(5) 技術基準

①有線電気通信設備は，政令で定める**技術基準に適合**するものでなければならない．
②有線電気通信設備は，他人の設置する有線電気通信設備に妨害を与えないようにすること．
③有線電気通信設備は，**人体に危害**を及ぼし，または**物件に損傷**を与えないようにすること．

(6) 設備の検査等

①総務大臣は，この法律の施行に必要な限度において，有線電気通信設備を設置した者からその設備に関する報告を徴し，またはその職員に，その事務所，営業所，工場若しくは事業場に立ち入り，その設備若しくは帳簿書類を**検査**させることができる．
②立入検査をする職員は，その**身分を示す証明書を携帯**し，関係人に提示しなければならない．
③検査の権限は，犯罪捜査のために認められたものと解してはならない．

3 有線電気通信設備令

重要度 ★★

(1) 用語の定義

[①電線]

有線電気通信を行うための**導体**であって，強電流電線に重畳される通信回

線に係るもの以外のものをいう.

[②絶縁電線]

絶縁物のみで**被覆されている電線**をいう.

[③ケーブル]

光ファイバ並びに光ファイバ以外の絶縁物及び保護物で被覆されている電線をいう.

[④強電流電線]

強電流電気の伝送を行うための導体をいう.

[⑤線路]

送信の場所と受信の場所との間に設置されている電線及びこれに係る中継器，その他の機器をいう.

[⑥支持物]

電柱，支線，つり線その他電線または強電流電線を支持するための工作物をいう.

[⑦離隔距離]

線路と他の物体（線路を含む）とが，気象条件による位置の変化により最も接近した場合におけるこれらの物の間の距離をいう.

[⑧音声周波]

周波数が**200 Hz を超え，3,500 Hz 以下**の電磁波をいう.

[⑨低周波]

周波数が**200 Hz 以下**の電磁波をいう.

[⑩高周波]

周波数が**3,500 Hz を超える**電磁波をいう.

[⑪絶対レベル]

1の皮相電力の1mWに対する比をdBで表わしたものをいう.

[⑫平衡度]

通信回線の中性点と大地との間に起電力を加えた場合におけるこれらの間に生ずる電圧と通信回線の端子間に生ずる電圧との比をdBで表わしたものをいう.

(2) 通信回線の平衡度

通信回線（導体が光ファイバであるものを除く）の平衡度は，原則として**1000 Hz**の交流において**34 dB以上**とする．

(3) 線路の電圧

通信回線の線路の電圧は，**100 V以下**とする※.

※電線としてケーブルのみを使用する場合や，人体に危害を及ぼさない場合等は除外.

(4) 屋内電線

屋内電線（光ファイバを除く）と大地との間及び屋内電線相互間の絶縁抵抗は，直流100 Vの電圧で測定した値で，**1 MΩ以上**であること．

(5) 通信回線の電力

通信回線の電力は次のとおりである．

- 音声周波のときはプラス10 dB以下
- 高周波のときはプラス20 dB以下

ごろあわせ

お父(とう)	子	連れ
音10 dB	高周波	20 dB

(6) 架空電線の支持物

架空電線の支持物は，他人の設置した架空電線または架空強電流電線を挟み，またはこれらの間を通ることがないようにする．

架空強電流電線（当該架空電線の支持物に架設されるものを除く）との間の離隔距離は次による．

表8・1　支持物の離隔

架空強電流電線の使用電圧及び種別		離隔距離
低圧		30 cm
高圧	強電流ケーブル	30 cm
	その他の強電流電線	60 cm

(7) 架空電線の高さ

架空電線の高さは，次による．

表8・2　架空電線の高さ

架空線の状況		離隔距離
道路上		5 m
		4.5 m※1
	歩道	2.5 m※2
横断歩道上		3 m以上
鉄道または軌道を横断		6 m以上
河川横断		舟行に支障を及ぼすおそれがない高さ

※1交通に支障を及ぼすおそれが少ない場合で工事上やむを得ないとき．
※2歩道と車道との区別がある道路の歩道上．

(8) 離隔

[①架空電線]

架空電線の離隔は次による．

表8・3　架空電線の離隔

架空強電流電線の使用電圧及び種別		離隔距離
低圧	高圧強電流絶縁電線，特別高圧強電流絶縁電線 強電流ケーブル	30 cm※
	強電流絶縁電線	60 cm※
高圧	強電流ケーブル	40 cm
	高圧強電流絶縁電線，特別高圧強電流絶縁電線	80 cm

※緩和規定あり

架空電線は，他人の設置した架空電線，建造物との離隔距離が30 cm以下となるように設置しない．その他人の承諾を得たときは，この限りでない．

[②地中電線]

地中電線は，原則として，地中強電流電線との離隔距離が30cm（電圧が7000Vを超えるときは，60cm）以下にしない．

[③海底電線]

海底電線は，他人の設置する海底電線または海底強電流電線との水平距離が500m以下となるように設置しない．その他人の承諾を得たときは，この限りでない．

(9) 足場金具

架空電線の支持物には，取扱者が昇降に使用する足場金具等を地表上**1.8m未満**の高さに取り付けてはならない．ただし，次の場合はこの限りでない．

- 足場金具等が支持物の内部に格納できる構造であるとき．
- 支持物の周囲に取扱者以外の者が立ち入らないように，さく，塀その他これに類する物を設けるとき．
- 支持物を，人が容易に立ち入るおそれがない場所に設置するとき．

(10) 保護網

[①第1種保護網]

特別保安接地工事（接地抵抗が**10Ω以下**となるように接地する工事をいう）をした金属線による網状のものであること．

[②第2種保護網]

保安接地工事（接地抵抗が**100Ω以下**となるように接地する工事をいう）をした金属線による網状のものであること．

保護網と架空電線との垂直離隔距離は，60cm（工事上やむを得ない場合であって，第2種保護網については，30cm）以上とする．

(11) 有線電気通信設備の保安

線電気通信設備は，総務省令で定めるところにより，**絶縁機能**，**避雷機能**その他の保安機能を持たなければならない．

4 端末設備等規則

重要度 ★★★

端末設備の機器の金属製の台及び筐体(きょうたい)は，接地抵抗が**100 Ω以下**となるように接地しなければならない．ただし，安全な場所に危険のないように設置する場合にあっては，この限りでない．

5 電波法

重要度 ★★

(1) 目的

この法律は，電波の公平且つ能率的な利用を確保することによって，公共の福祉を増進することを目的とする．

(2) 用語

[①電波]

300万メガヘルツ以下の周波数の電磁波をいう．

[②無線電信]

電波を利用して，符号を送り，または受けるための通信設備をいう．

[③無線電話]

電波を利用して，音声その他の音響を送り，または受けるための通信設備をいう．

[④無線設備]

無線電信，無線電話その他電波を送り，または受けるための電気的設備をいう．

[⑤無線局]

無線設備及び無線設備の操作を行う者の総体をいう．ただし，受信のみを目的とするものを含まない.

〚⑥**無線従事者**〛

無線設備の操作またはその監督を行う者であって，総務大臣の免許を受けたものをいう.

(3) 免許の申請

無線局の**免許を受けようとする者**は，申請書に，次に掲げる事項を記載した書類を添えて，**総務大臣**に提出しなければならない.

①目的
②開設を必要とする理由
③通信の相手方及び通信事項
④無線設備の設置場所
⑤電波の**型式**並びに希望する周波数の**範囲**及び空中線電力
⑥希望する運用許容時間
⑦無線設備の工事設計及び工事落成の予定期日
⑧運用開始の予定期日

(4) 検定

次に掲げる無線設備の機器は，原則として，その型式について，総務大臣の行う検定に合格したものでなければ，施設してはならない.

①周波数測定装置
②船舶のレーダー
③船舶地球局の無線設備の機器
④航空機に施設する無線設備の機器　　ほか

検定の申請は以下による.

①検定の申請は，検定を受けようとする機器の製造者が申請書，取扱説明書及び検査成績書，受検機器一台を添えて，総務大臣に提出する.
②取扱説明書には，次に掲げる事項を記載する.
- 機器の構成

- 規格
- 機器の操作方法
- 機器の保守方法
- 総合系統図
- 部品の配置を示す図または写真
- 外観を示す図または写真（寸法を記入）

検定の期限は，試験機器の故障等特別の事由がない限り，申請を受理した日から3カ月以内に行う．

検定に合格したら，総務大臣は，これを型式検定合格とし，無線機器型式検定合格証書を申請者に交付するとともに，次に掲げる事項を告示する．

①型式検定合格の判定を受けた者の氏名または名称
②機器の名称
③機器の型式名
④検定番号
⑤型式検定合格の年月日

検定不合格の場合，総務大臣は，型式検定不合格とし，その旨を理由を付した文書をもって申請者に通知し，速やかにその機器を引き取らなければならない．

(5) 秘密の保護

何人も法律に別段の定めがある場合を除くほか，特定の相手方に対して行われる無線通信を傍受してその存在もしくは内容を漏らし，又はこれを**窃用**してはならない．

過去問チャレンジ（章末問題）

問1 R-1 ➡ 3 有線電気通信設備令

「端末設備等規則」に定められている接地抵抗に関する次の記述において，[　　]に当てはまる数値を選択欄から選びなさい．

「端末設備の機器の金属製の台及び筐体は，接地抵抗が[　　　]Ω以下となるように接地しなければならない．ただし，安全な場所に危険のないように設置する場合にあっては，この限りでない．

選択欄

10	30	100	150

解説 端末設備の機器の金属製の台及び筐体は，原則として，接地抵抗が100Ω以下となるように接地しなければならない．

解答　100

問2 R-4 ➡ 3 有線電気通信設備令

「有線電気通信設備令」に定められている有線電気通信設備の保安に関する次の記述において，[　　]に当てはまる語句を選択欄から選びなさい．

有線電気通信設備は，総務省令に定めるところにより，絶縁機能，[　　　]その他の保安機能を持たなければならない．

選択欄

避雷機能	監視機能	接地機能	遮へい機能

解説 絶縁機能，避雷機能その他の保安機能を持たなければならない．

解答　避雷機能

問3 R-2

「電波法」に定められている免許の申請に関する次の記述において，[　　]に当てはまる語句を選択欄から選びなさい．

「無線局の免許を受けようとする者は，申請書に，次に掲げる事項を記載した書類を添えて，総務大臣に提出しなければならない．

・電波の[　ア　]並びに希望する周波数の[　イ　]及び空中線電力」

選択欄

種類	偏位	波長	範囲
型式	偏差	幅	減衰

解説 「無線局免許の申請書に記載する」事項のひとつとして，書類電波の型式並びに希望する周波数の範囲及び空中線電力がある．

解答　ア　型式　　イ　範囲

〈著者略歴〉
関 根 康 明 （せきね　やすあき）
電気通信大学卒業後、事務所ビル、学校、公園等の設計、現場監理、高等技術専門校指導員等を経て、現在、一級建築士事務所 SEEDO（SEkine Engineering Design Office）代表。株式会社 SEEDO 代表取締役。全国各地への出張講習やリモート講習にて，国家資格取得の支援を行っている。
取得している主な国家資格は，1 級電気工事施工管理技士，1 級管工事施工管理技士，1 級建築施工管理技士，1 級建築士，建築設備士，建築物環境衛生管理技術者等。
著書は，『ポケット版 ビル管理試験一問一答出る問 2000』（オーム社）など，30 冊を超える。
SEEDO ホームページ：seedo.jp

これだけマスター
2 級電気通信工事施工管理技士

2024 年 3 月 25 日　　第 1 版第 1 刷発行

著　　者　関 根 康 明
発 行 者　村 上 和 夫
発 行 所　株式会社 オーム社
　　　　　郵便番号　101-8460
　　　　　東京都千代田区神田錦町 3-1
　　　　　電話　03(3233)0641(代表)
　　　　　URL https://www.ohmsha.co.jp/

組版　BUCH⁺　　印刷・製本　三美印刷
ISBN978-4-274-23168-1　Printed in Japan